"十二五"普通高等教育本科国家级规划教材
教育部高等学校轻工与食品学科教学指导委员会推荐教材

功能食品学

刘静波　林松毅　主编
夏文水　主审

化学工业出版社
·北京·

内 容 提 要

从当前国内外发展状况看，功能食品研发焦点围绕在功能性食品评价、有效成分检测和鉴伪、功能因子高效分离与制备及其生物活性稳态化等。本教材特色是集中在功能性食品评价技术的研究、功能性食品有效成分检测和鉴伪技术的研究、食品功能因子高效分离与制备关键技术的研究、功能因子生物活性稳态化技术等国内外最新的研究成果。全书详细论述了功效成分基本理论、功能活性成分高效分离与制备技术、功能性成分生物活性的稳态化技术、功能性食品评价技术、功能性有效成分检测和鉴伪、典型功能性食品的生产技术等内容。

本书被教育部高等学校轻工与食品学科教学指导委员会推荐为特色教材，可供高等院校食品科学与工程、食品质量与安全、生物工程、生物技术、营养、医疗、生化及其相关专业的本科生、研究生参考教材，同样也适用于从事功能食品研究、开发、教学、生产及销售人员工作所需。

图书在版编目（CIP）数据

功能食品学/刘静波，林松毅主编. —北京：化学工业出版社，2008.2（2023.1重印）

"十二五"普通高等教育本科国家级规划教材

教育部高等学校轻工与食品学科教学指导委员会推荐教材

ISBN 978-7-122-01988-2

Ⅰ. 功… Ⅱ. ①刘…②林… Ⅲ. 疗效食品-食品化学-高等学校-教材 Ⅳ. TS201.2

中国版本图书馆 CIP 数据核字（2008）第 010060 号

责任编辑：赵玉清 文字编辑：尤彩霞
责任校对：周梦华 装帧设计：史利平

出版发行：化学工业出版社（北京市东城区青年湖南街 13 号 邮政编码 100011）
印 装：北京虎彩文化传播有限公司
787mm×1092mm 1/16 印张 13½ 字数 343 千字 2023 年 1 月北京第 1 版第 10 次印刷

购书咨询：010-64518888 售后服务：010-64518899
网 址：http://www.cip.com.cn
凡购买本书，如有缺损质量问题，本社销售中心负责调换。

定 价：39.00 元

《功能食品学》编写人员名单

主　编：刘静波　林松毅

副主编：郭顺堂　赵谋明　王昌禄　迟玉杰　张丽萍　刘玉明

参加编写人员（按汉语拼音排序）：

车振明	西华大学
迟玉杰	东北农业大学
冯　颖	沈阳农业大学
郭顺堂	中国农业大学
林松毅	吉林大学
刘静波	吉林大学
刘玉明	中国海洋大学
邱芳萍	长春工业大学
王昌禄	天津科技大学
张东杰	黑龙江八一农垦大学
张丽萍	黑龙江八一农垦大学
赵谋明	华南理工大学

主　审：夏文水　　　　　江南大学

前　言

功能食品研发已经成为国际食品科技界的前沿和热点问题之一。随着社会的进步、经济的发展和人民生活水平的不断提高，人们对食品的追求已不再局限于解决温饱、享受美食、满足口腹之欲。尤其是对于因社会、生存环境、职业等因素造成的亚健康状态人群，一些慢性疾病患者，处于生长发育期的儿童，全身器官系统功能逐渐低下的老年人群，越来越希望通过膳食获得某些特殊功效。人们期望直接通过膳食起到预防疾病，或者促进身体健康的作用。特别在现代慢性疾病日趋严重的今天，人们对食品的这种期望更为强烈。功能性食品就是在此背景下诞生并迅速发展起来的，它除了具有一般食品皆具备的营养价值和感官功能外，还具有调节人体生理活动、促进健康的效果，如延缓衰老，改善记忆，抗疲劳，减肥，美容，调节血脂、血糖、血压等方面。从当前国内外发展状况看，重点围绕在功能性食品评价、有效成分检测和鉴伪、功能因子高效分离与制备及其生物活性稳态化等问题。

在高等学校食品科学与工程专业、食品质量与安全专业等相关专业本科培养方案中已经明确《功能食品学》为专业必修/限选课程，同时也是营养与功能食品研究方向的硕士/博士研究生的学位必选课程。为了更好满足相关专业的功能食品学课程内容的基本要求，本教材特色主要体现在对功能性食品评价技术的研究、功能性食品有效成分检测和鉴伪技术的研究、食品功能因子高效分离与制备关键技术的研究、功能因子生物活性稳态化技术的研究方面予以提供国内外最新的研究成果，并在教材编写过程中力求做到知识体系更加完善、教材结构体系更加完整、专业适用层次更加清晰、理论研究与操作性更加鲜明。因此，本教材被教育部高等学校轻工与食品学科教学指导委员会推荐为特色教材。

本教材适用于食品科学与工程、食品质量与安全等相关专业的本科生教学，同样适用于食品科学与工程、农产品加工与贮藏等相关专业等营养与功能食品研究方向的硕士/博士研究生教学需要。

本书编写出版得到了2006～2010教育部高等学校轻工与食品学科教学指导委员会和化学工业出版社的大力支持和帮助，被教指委列为推荐教材，也得到了吉林大学等高校同仁们的关心和鼓励，再次向给予本书支持和帮助的所有人员表示衷心的感谢！

由于编者水平有限，不妥疏漏之处，恳请各位专家、学者批评指正。

刘静波

于吉林大学

2007 年 12 月 17 日

目　　录

第一章 绪 论

功能性食品（functional foods）代表着 21 世纪食品的一种发展潮流。它的诞生及发展不仅反映了现代人们对自身健康的一种觉醒，而且也是人类面对现代文明所带来的一些"危机"（生活压力增加、环境污染加剧以及化学品的广泛使用等）的一种对策，同时也反映了人们一种返璞归真、重新崇尚"药食同源"的理念。

功能性食品的研究与开发是近年来食品领域的发展前沿。随着社会的进步、经济的发展和人民生活水平的不断提高，人们对食品的追求已不再局限于解决温饱、享受美食、满足口腹之欲。尤其是对于因社会、生存环境、职业等因素造成的亚健康状态人群和一些慢性疾病患者，处于生长发育期的儿童，全身器官系统功能逐渐下降的老年人群，越来越希望通过膳食获得某些特殊功效。人们期望直接通过膳食起到预防疾病，或者促进身体健康的作用。特别在现代慢性疾病日趋严重的今天，人们对食品的这种期望更为强烈。功能性食品就是在此背景下诞生并迅速发展起来的，它除了具有一般食品皆具备的营养价值和感官功能外，还具有调节人体生理活动、促进健康的效果，如延缓衰老，改善记忆，抗疲劳，减肥，美容，调节血脂、血糖、血压等方面。

第一节 功能食品的定义与定位

一、功能食品的定义

1. 功能食品定义

功能食品在国际上尚不存在统一的名称和定义，如表 1-1 所示。

表 1-1 不同国家对功能食品的定义

国 家	称 谓	定 义
中国	保健食品（大陆）	表明具有特定保健功能的食品，即适宜于特定人群使用、具有调节机体功能、不以治疗疾病为目的的食品
	特殊营养食品（台湾）	强化某一类营养素，用于特殊状况的营养需求补充的食品
美国	健康食品 设计食品 功能食品 药物食品 营养药效食品	含有生物活性物质，可有效预防/治疗疾病，增进人体健康的食品
日本	特殊营养食品	以能够补充营养成分为目的，适合乳儿用、幼儿用、孕妇用、病人用的特殊用途食品，可作明确的标示，以供人们挑选
欧盟	特殊营养食品	含有特殊营养成分或经过特殊的生产加工工艺，使其营养价值明显区别于一般食品的一类食品

目前，欧洲对功能食品的定义基本上已得到国际普遍的公认，即为"如果能较好地确证一种食品除提供通常的营养效果之外，还能以一种促进机体健康或降低疾病风险的方式有益

地影响机体中的一种或一种以上的靶功能（target functions），那么这种食品可以被认为是一种功能食品"，也有健康食品（functional foods）和保健食品（health food）等名称。

功能性食品是以一种或多种可食性天然物质（植物、动物、微生物及其代谢产物）及其功能因子为主要原料，按相关标准和规定的要求进行设计，经一系列食品工程技术手段和工艺处理加工而成，既具有一般食品的营养和感官特性，又对人体具有特定生理调节和保健功能的一类食品。

2. 功能食品必须具备的基本条件

日本功能食品专家千叶英雄认为，功能食品还必须具备6项基本条件，即：①制作目标明确（具有明确的保健功能）；②含有已被阐明化学结构的功能因子（或称有效成分）；③功能因子在食品中稳定存在，并有特定存在的形态和含量；④经口服摄取有效；⑤安全性高；⑥作为食品为消费者所接受。

3. 功能食品的保健效果应达到的标准

功能食品欲达到预期的保健效果还应该满足下列标准，即：

①功能食品应该可改善人群的膳食，以及维持/促进健康；

②功能食品或其组分的保健效果应该有一个清楚的医学以及营养基础；

③根据医学以及营养知识，应该可定义功能食品或其一种组分的适合日摄取量；

④根据经验，功能食品或其组分应该安全（服用）；

⑤根据功能食品的物化性质以及定性/定量分析测定方法，其组分应该非常明确；

⑥与那些相类似食品中的营养组分相比，功能食品的营养组分应该没有明显的损失；

⑦功能食品应该包含于日常膳食当中，而不是仅偶尔被摄食；

⑧产品应该以一种正常食品的形态出现，而不是其他形态，如丸药或胶囊；

⑨功能食品及其组分不应该是那些仅用作一种医药的食品或其组分。

二、功能食品的定位

目前，健康已成为全世界人民共同关注的话题。健康状况衡量可分为疾病、亚健康、健康三种水平，如图1-1所示。功能食品的定位是力求使人们的亚健康状态恢复至健康状态，如图1-2所示。

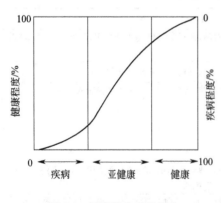

图1-1　健康及疾病的概念

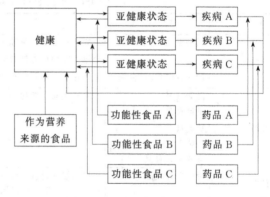

图1-2　功能性食品的定位

1. 正确理解功能食品的要素

（1）在属性方面　功能食品必须是食品，必须无毒、无害，符合应有的食品要求，而且在日常膳食中渴望达到的消费量就能显示效果。

（2）在成分和加工方面　可以是含有某种成分的天然食品，或者是食物中添加了某些成分，或者是通过食品工艺技术去除了其中某种成分的食品。

（3）在功能方面　功能食品在功能方面不仅具有明确的、具体的，而且经过科学验证是肯定的保健功能。通常是针对某方面功能需要调节的特定人群而研制生产的，所以可能只适用于某些特定人群，如限定年龄、性别或限定遗传结构的人群，不可能对所有人都有同样作用。

（4）其他方面　不以治疗为目的，不能取代药物对病人的治疗作用，而且功能食品的特定功能也不能取代人体正常的膳食摄入和对各类必需营养素的需求。

2. 功能食品与一些营养食品存在差异

人体维持健康当然少不了一定的营养食品，然而营养食品不能使人体的亚健康状态向健康状态转变，而功能食品却可以。另外，中国、日本以及韩国把很多常见的食品确认为是一类健康食品。当然，健康食品与功能食品两者的概念也会有所差异，功能食品务必是一类健康食品，而健康食品的范畴往往大于功能食品。图 1-3 所示的是功能性食品术语与其他相关术语的内涵范围差异。

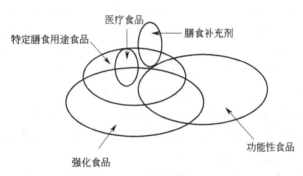

图 1-3　功能性食品的术语与其他相关术语间的内涵差异

3. 功能食品与药品的定位是显著不同的

功能食品定位与药品定位显著不同，功能性食品定位是力求使人们的亚健康状态恢复至健康状态，然而药品的定位却只是对已出现的疾病进行治疗。其差异主要表现在以下几点。

① 功能食品不以治疗为目的，不能取代药物对病人的治疗作用。功能食品重在调节机体内环境平衡与生理节律，增强机体的防御功能，以达到保健康复的目的，而不追求短期临床疗效。

② 功能食品要达到现代毒理学上的基本无毒或无毒水平，对适用对象在正常摄入范围内不能带来任何不良反应，食用是安全的。而作为药品，则允许一定程度的不良反应存在。

③ 功能食品无需医生的处方，对食用人群无剂量的限制，可按机体的正常需要自由摄入。

总之，需要从适用人群方面来认识功能食品定位与普通食品以及药品的定位是有区别的。普通食品为一般人所服用，人体从中摄取各类营养素，并满足色、香、味、形等感官需求；药物为病人所服用，以达到治疗疾病的目的；而功能食品通过调节人体生理功能，促使机体由亚健康状态向健康状态恢复，达到提高健康水平的目的。

第二节　功能食品的特征与分类

一、功能性食品的特征

按照我国目前对保健食品的相关规定和标准要求，可将其特征归纳为以下几个方面。

① 功能食品首先必须是食品。具备食品的法定特征，要求所选用原料和辅料中农药、兽药和生物毒素的残留限量应符合相应国家标准或行业标准的规定。

② 功能食品至少应具有调节人体机能作用的某一种功能，并通过相应国家标准或行业标准规定要求的动物或人群功能试验，证明功能因子确实有效，具有明显、稳定的调节人体机能的作用。

③ 功能食品中除所含有的功能因子（functional factor）应达到可靠的有效含量外，还应含有类属食品（相应的普通食品）应有的营养素。对于新一代功能食品，不仅要求功效成分明确，而且要求功效成分含量明确。至于在现代技术条件下不能明确功效成分的，应确定与保健功能有关的主要原料的名称，至于营养素的种类和含量目前没有统一规定。

④ 产品在外观和感官特性上，应具有类属食品的基本特性（组织状态、口感和滋味、气味），能为消费者所接受。

⑤ 产品的配方设计和生产工艺科学合理。原料中所含有的或所添加的功能因子应明确其化学结构和特性，在加工、储藏和运输过程中具有良好的稳定性。因为功效成分是功能食品功能作用的物质基础，一种功能可能由多种功效成分产生，不同的功效成分产生同一个功能的机理可能不同，在人体内的代谢也往往不同，对人体其他功能的影响也可能不一样。因此，只有明确了功效成分，才有可能根据不同人身体情况选用适合于自己的功能食品，避免对身体造成不良影响。功能不明确、不稳定者不能作为功能食品，而且特定功能食品并不能取代人体正常的膳食摄入和对各类所必需的营养素的要求。

⑥ 产品应具有良好的食用安全性，保证对人体不产生任何急性、亚急性或慢性危害。功能性食品要达到现代毒理学上的基本无毒或无毒水平，对适用对象在正常摄入范围内不能带来任何毒副作用，食用是安全的。

⑦ 产品应表明适合食用的人群和合理的摄入量。功能食品通常是针对需要调整某方面机体功能的特定人群而研制生产的，一般需按产品说明（或标签）规定的人群食用量，不存在所谓"老少皆宜"的功能食品。如低脂高钙食品适宜于老人，不适宜于儿童；减肥食品只适宜于肥胖人群，不适宜于消瘦的人群等。

⑧ 产品必须通过卫生部国家食品和药品监督管理局批准。功能食品有一个严格的界定，它必须有特定质量指标与检测方法，由卫生部指定的专门单位进行功能性评价及检验。同时，在我国还必须经过一套严格的申报手续和审批程序。

二、功能性食品的分类

功能性食品因其原料和功能因子的多样性，使其产品类型多样而丰富，在人体生理机能的调节作用、产品生产工艺、产品形态等方面表现各不相同，因此，功能性食品的分类有多种方法，我国多是按调节人体机能的作用来分类。

1. 按所选用原料不同分类

功能性食品按所选用的原料不同，在宏观上可分为植物类、动物类和微生物（益生菌）类。目前可选用原料的种类主要在卫生部先后公布的"既是食品又是药品"的名录和"允许在保健食品添加的物品"以及"益生菌保健食品用菌名单"中选择。

2. 按功能性因子种类不同分类

功能性食品按功能性因子种类不同，可分为多糖类、功能性甜味料类、功能性油脂类、自由基清除剂类、维生素类、肽与蛋白质类、益生菌类、微量元素类以及其他（如二十八烷醇、植物甾醇、皂苷）类功能性食品。

3. 按保健作用不同分类

功能性食品按保健作用不同，卫生部 2000 年 1 月 14 日颁发卫法监发［2000］第 20 号"卫生部关于调整保健食品功能管理和审批范围的通知"中将受理功能明确为即免疫调节、延缓衰老、调节血脂、调节血糖、调节血压、改善记忆、改善视力、改善胃肠功能、促进生长发育、辅助抑制肿瘤、改善骨质疏松、抗疲劳、促进泌乳、改善营养性贫血、耐缺氧、抗辐射、抗突变、改善睡眠、美容、减肥、清咽利喉、解毒和对化学性肝损伤有辅助保护作用等 23 类。

据报道，目前保健食品的功能评审受理范围已由卫生部转由国家食品药品监督管理局（SFDA）管理，只有 27 类功能正式作为保健食品功能受理：增强免疫功能，抗氧化功能，辅助改善记忆功能，辅助降血糖功能，改善睡眠功能，改善营养性贫血功能，对化学性肝损伤有辅助保护功能，祛痤疮功能，祛黄褐斑功能，改善皮肤水分功能，改善皮肤油分功能，缓解视疲劳功能，促进泌乳功能，清咽功能，增加骨密度功能，缓解体力疲劳功能，对辐射危害有辅助保护功能，减肥功能，辅助降血脂功能，改善生长发育功能，调节肠道菌群功能，促进消化功能，通便功能，对胃黏膜有辅助保护功能，促进排铅功能，提高缺氧耐受力功能，辅助降血压功能，补充营养素功能。

4. 按产品形态不同分类

功能性食品按产品形态不同，可分为饮料类、口服液类、酒类、冲剂类、片剂类、胶囊类和微胶囊类等功能性食品。目前，我国市场上的保健食品的产品属性，有的是传统的食品属性，如保健酒、保健茶等，也有的是以胶囊、片剂等以往人们认为的药品属性形式，可以说我国保健食品产业的发展赋予了食品以胶囊和片剂、冲剂等新的产品属性。据 2001 年我国报批的保健食品中，以胶囊、片剂为多，且 42.1% 保健食品含有中药成分，70% 产品采用非食品形态。

第三节　功能食品的发展历程

一、功能食品发展的历史沿革

目前"功能食品"已成为一个国际性术语。自它诞生起很多国家或地区的官方及学术界都非常重视它的发展，而且寄予了极大的希望。其中，欧洲一些国家及国际生命科学学会欧洲分会（ILSI）对功能食品的国际化作了较大的贡献。ILSI 所提出的对功能食品定义的建议、研发功能食品的科学依据和思路得到了全世界公认，成为功能食品的主流。

19 世纪 60 年代，日本率先提出保健食品，日本厚生省提出定义是："保健食品是具有与生物防御、生物节律调整、防止疾病、恢复健康等有关的功能因子，经过设计加工，对生物体有明显调整功能的食品"。

1984～1986 年期间，在日本教科文部赞助的有关食品功能的系统分析以及开发项目的有关报告中首次引入"功能食品"术语。

1989 年 4 月厚生省进一步明确了功能食品的定义："其成分对人体能充分显示身体防御功能，调节生理节律以及预防疾病和促进康复等有关调节功能的工程化食品。"

1995 年 9 月，由联合国粮农组织（FAO）、世界卫生组织（WHO）、国际生命科学研究所（ILSI）共同举办的东西方功能食品第一届国际科研会在新加坡举行，会议制定了功能食品的生产规章，讨论了地区功能食品工作网及关于功能食品共同感兴趣的问题及其研究领域，比较集中在有利于脑营养功能的益智食品、延缓衰老的食品和控制糖尿病的饮食等研究领域。

1996 年，日本学者 Arai 陈述道："任何一种功能食品应该用于一种处于有预兆阶段的疾病的预防，而不是作为已处于发展阶段的疾病的治疗。"尽管日本最早提出并发展了功能食品，然而自己却不采用该名称，而改用"特定保健用食品"（FOSHU）。不过，日本特定保健用食品的发展经验是目前"功能食品"国际主流的雏形和基础。

鉴于功能食品全球化的发展趋势以及有效管理的需要，2001 年日本吸取欧洲功能食品研发的经验，采用崭新的"保健营养功能食品"名称。目前，美国重点发展婴幼儿食品、老年食品和传统食品。日本重点发展的是降血压、改善动脉硬化、降低胆固醇等与调节循环系统有关的食品。

2003 年 12 月，全球华人功能食品科技大会在中国深圳举行，会议讨论了国际功能食品的现状、功能食品的科学评价等。

二、我国功能食品的发展历程

我国功能食品的发展历史悠久，但关于食疗的资料较为分散，又偏重于实践经验，缺少功能机制的研究，加之在祖国医学理论指导下注重研究食品的"健身、养生"、"防病治病"等功效作用，这与现代营养学存在着较大差距，因而限制了功能食品的发展。

我国的功能食品研究步伐相对滞后，尽管 1995 年公布了《功能食品管理办法》条例，然而离目前功能食品主流还存在较大的差距。

现阶段，我国功能食品仍然存在低水平重复现象，产品的市场竞争力较差；基础研究不够；主要采用非传统的食品形态，价格偏高；管理机制不完善，监督管理难度较大；竞争手段欠合理，缺少诚信，夸大产品功效等问题。

21 世纪我国功能食品的发展趋势主要围绕在：大力开发第三代功能食品；加强高新技术在功能食品生产中的应用；开展多学科的基础研究与创新性产品的开发；重视对功能食品基础原料的研究；产品向多元化方向发展；实施名牌战略等。

总之，纵观我国功能食品的发展，大体经历了初级起步阶段、迅速发展阶段和规范提高阶段，开发和生产的功能食品大致可分为三代。

第一代功能食品：为初级功性能食品，仅根据食品中的营养素成分或强化的营养素来推知该类食品的功能，未经严格的实验证明或严格的科学论证。这代功能食品大多建立在经验基础上或传统的养生学理论之上。这代功能食品包括各类强化食品及滋补食品。

第二代功能食品：要求经过动物和人体实验证明其具有某种生理调节功能的食品，强调科学性与真实性。目前我国市场上的功能食品大多属于此类。第二代功能食品比第一代功能食品有了较大的进步，其特定的功能有了科学的实验基础。为了保证其功能的稳定、可靠，其生产工艺要求更科学、更合理，以避免其功效成分在加工过程中被破坏或转化。

第三代功能食品：不仅需要经过人体及动物试验证明其具有某种生理功能，而且需要确知具有某种保健功能的功能因子（或有效成分），以及该因子的结构、含量、作用机制和在食品中的稳定性。这类产品在我国市场上不多见，是今后功能食品研究和开发的重点。

第四节　国内外功能性食品的研究焦点问题

随着人们生活节奏日趋加快、生活压力不断剧增、饮食习惯显著变化，人们经常表现出诸多不适的症状，如疲劳、沮丧，以及更为常见的厌烦；工业高度机械化、家务活不断减少、以车代步等体力锻炼严重不足，将导致很多人群出现心虚、头昏、肥胖，甚至高血压、高血脂等诸多现代疾病；大气污染日趋严重、化学肥料广泛使用、精加工食品的普及等现象将广泛地引起很多人群摄入常量营养素过高，微量营养素或其他有益的非营养素过低等营养失衡现象的不断涌现，对功能食品的需求也将越来越多。因此，功能食品的设计和开发是一个关键课题，也是一个科学性挑战，必须依赖于与食物成分的目标功能、可能性调节相关的基础科学知识。功能食品本身不是可以普遍适用的，以食物为基础的方式必定要受到本土化考虑的影响。相反，用于功能食品的科学基础上的方式则有普遍性。

功能性食品的研究和开发路线与方法通常都从以下几个方面着手：

① 从动植物基料中提取、分离纯化，制备功能活性成分；

② 对纯化后的功能活性成分的性质及结构进行鉴定；

③ 确定功能活性成分的量效与构效的关系，对功能活性成分做出功能性评价；

④ 研究功能活性成分食用安全性；

⑤ 研究和开发功能性食品；

⑥ 考虑和研究功能活性成分的综合利用，降低环境污染，加大环境保护措施。

在研究和开发功能性食品，特别是第二、第三代功能性食品，首先必须研究功能活性成分的量效、构效和功能活性成分的保持。为此，要从富含功能活性成分的动、植物体基料中提取、分离纯化，制备功能活性成分，然后对其进行性质和结构鉴定，研究它的量效与构效，以便对功能活性成分进行功能性评价，才能在生产中有效地、有目的地开发出具有真正特殊功效的功能性食品。

研究焦点一：国家"十一五"技术攻关内容与要求

为贯彻《国家中长期科学和技术发展规划纲要》精神，全面提升我国功能食品科技创新能力，推动我国功能食品的健康发展，科技部启动了"十一五"国家科技支撑计划"功能性食品的研制和开发"重点项目，旨在通过对功能食品关键技术的研究与产业化示范，增强我国功能食品的原始创新能力和国际竞争力，提升功能食品产业的整体发展水平，规范功能食品行业的发展，提高人民身体素质和营养健康水平。

《"十一五"国家科技支撑计划"功能性食品的研制和开发"重点项目课题申请指南》中指出重点围绕功能性食品评价、有效成分检测和鉴伪、功能因子高效分离与制备及其生物活性稳态化等问题，设置共性关键技术研究类课题 4 个；围绕减肥、辅助降血脂、降血压、降血糖、抗氧化、改善记忆等功能性食品的产品创制与加工关键技术，设置产业化示范课题 5 个；围绕我国功能食品发展的重大科技战略问题，研究构建我国功能性食品中长期发展的科技支撑体系，设置战略研究课题 1 个。

（一）功能性食品重大关键和共性技术研究课题 4 项，即功能性食品评价技术的研究；功能性食品有效成分检测和鉴伪技术的研究；食品功能因子高效分离与制备关键技术的研究；功能因子生物活性稳态化技术的研究。

（二）功能性食品重大新产品研制开发与产业化示范课题 5 项，即辅助降血脂、降血压、降血糖功能食品的研究与产业化；抗氧化功能食品的研究与产业化；减肥功能食品的研究与产业化；辅助改善老年记忆功能食品的研究及产业化；功能化传统食品研究与产业化示范。

（三）功能性食品发展战略研究课题 1 项，即功能性食品资源分析评估与科技发展战略研究。

课题1——功能性食品评价技术的研究

1. 主要研究内容

(1) 功能因子体外生物评价技术的研究 将细胞生物学和分子生物学的理论与技术引入到功能食品评价过程中，利用细胞培养及离体实验等方法，建立功能因子体外快速评价体系。

(2) 功能因子作用机理的研究 利用现代生物学等实验手段，研究功能因子的量效关系及其安全用量，阐明功能因子的代谢途径和作用机理。

(3) 功能食品的功效关系动物模型的研究 研究功能食品动物评价体系，建立适合功能食品特点的实验动物模型。采用人工半合成饲料、对喂技术、全素代谢实验技术等营养生理学的方法，以动物实验手段集中观察、评价功能食品对机体的总体功能。

(4) 临床与社会评价体系的建立 利用循证医学和人体试食试验等手段，研究建立与药物评价方法不同的临床评价体系和社会评价体系。

2. 技术经济指标

(1) 主要针对抗氧化、减肥、辅助降血脂、降血压、降血糖等功能因子，建立5～10个有效、快捷的体外功能评价指标。

(2) 建立暴露评估模型和危害剂量-反应模型，确定5～10个功能因子的量效关系和安全性用量，并阐明其代谢途径和作用机理。

(3) 利用循证医学和人体试食试验等手段建立功能食品的评价体系。

课题2——功能食品有效成分检测和鉴伪技术的研究

1. 主要研究内容

(1) 功能食品有效成分和标志成分及违禁添加成分的快速检测技术 应用理化方法和免疫方法等研究建立常见减肥、降压、抗疲劳等功能食品中有效成分、标志成分及违禁添加成分的快速检测技术，建立与检测方法配套的样品快速前处理技术。

(2) 功能食品有效成分和标志成分指纹图谱技术 应用理化指纹图谱技术、蛋白指纹图谱技术和生物指纹图谱等技术，研究建立不饱和脂肪酸类、多酚类、黄酮类、多糖类、蛋白类等功能因子有效成分和标志成分的指纹图谱库，快速鉴别功能食品中非原始有效成分和标志成分。

(3) 功能因子原料来源及主要高附加值食品媒介鉴伪技术研究 应用现代分子生物学技术和现代仪器分析技术，研究建立黄酮类、多糖类、多肽类、不饱和脂肪酸类等功能因子原料来源和主要高附加值功能食品的真伪鉴别技术体系。

2. 技术经济指标

(1) 建立功能食品有效成分、标志成分及违禁添加成分毛细管电泳、GC-MS、HPLC-MS和免疫法等快速检测技术3～5种，配套前处理技术3～5种，快速检测技术灵敏度不低于$200\mu g/kg$。

(2) 建立不饱和脂肪酸类、黄酮类、多糖类功能性食品有效成分和标志成分指纹图谱2～3套。

(3) 建立功能因子原料来源及主要高附加值食品媒介实时荧光PCR、生物芯片、分子标记、GC-MS和HPLC-MS等鉴伪技术5～10种，研制相关检测试剂盒3～5种，特异性检测灵敏度不低于1%（质量分数）。

课题3——食品功能因子高效分离与制备关键技术的研究

1. 主要研究内容

（1）食品功能因子高效提取技术研究　研究蛋白、多糖、油脂、黄酮等功能因子的超声波、微波等现代高效辅助萃取技术和超临界流体萃取技术、分子蒸馏技术、膜分离技术等提取分离技术，建立多因素的传质模型，获取具有普适性的优化提取分离工艺。

（2）功能因子工业化连续分离和高纯度制备关键技术研究　研究开发适合大规模物料反应和提取于一体的高效、连续式集成技术和装备，建立连续分离的优化工艺和参数；研究和建立连续分离和纯化的高分辨工业色谱技术、模拟移动床技术，开发适合特定功能因子分离的亲和树脂和交换介质，研究开发连续分离下的进样、泵送和回收系统以及配套组件和装置。研究功能性活性物质的串联纯化技术，建立和开发生产条件下多手段集成性高纯度功能因子制备的技术。

（3）功能因子绿色高效低成本生产技术研究　开展以细胞培养、亚临界流体（水）萃取为代表的绿色、清洁和低能耗制备和提取技术，以过热蒸汽和热泵干燥为代表的余热回收技术，以替代冷冻干燥的微波-升华干燥、真空喷雾干燥等节能干燥技术，建立食品功能因子绿色高效低成本生产的示范工艺和技术等绿色高效低成本生产技术研究。

2. 技术经济指标

（1）建立 3～4 种食品功能因子的高效提取分离集成技术，获得 10～15 个产品的优化提取分离工艺；在分子水平上阐释生物活性物质在分离过程中的结构、性质和生物效价变化，获取具有普适性规律的提取分离模型 3～5 个。

（2）建立 4～5 种功能因子的多式串联纯化技术，功能食品用低聚糖、多糖纯度≥90%，黄酮、功能性色素、活性肽纯度≥95%，产品能够达到国家食品药品监督管理局的相关要求。

（3）建立适应工业化规模的连续分离和制备技术，完善工业化色谱分离的材料、组件和装备，建立 4～5 种功能因子的连续分离的优化工艺和过程参数。

（4）建立食品功能因子绿色、高效和低成本生产的示范工艺 2～3 套，示范生产线 1 条；每条生产线规模达到 3～5 吨/年，活性成分资源利用率＞80%。

课题 4——功能因子生物活性稳态化技术的研究

1. 主要研究内容

（1）食品组分相互作用及功能因子活性保持技术的研究　研究主要食品成分和常用食品添加剂对一些主要功能因子活性的影响；功能因子配方中不同成分及环境因素对其活性的影响。研究功能因子配方的不同物理状态对功能因子的稳定性影响。研究食品加工中功能因子的动态稳定监控技术、互配增稳、增效等技术。

（2）功能食品包埋保护技术的研究　针对维生素、多酚、不饱和脂肪酸、多肽等易氧化易变性的功能因子，重点开展新型微胶囊壁材开发、微胶囊成型技术、多重组装包埋技术、微乳化等包埋保护技术的研究。

（3）功能食品稳定化储存技术的研究　为达到功能食品稳定化储存的目的，延长产品货架期，重点研究玻璃化相态变化特点，开发低温保藏技术和活性包装等储存技术。

2. 技术经济指标

（1）建立 3～5 个能够使易氧化、易变性功能因子稳定的食品体系。

（2）筛选出 2～3 种新包埋壁材，产品性能达到国家食品药品监督管理局的相关要求。

（3）建立 3～5 种功能食品稳定化保存技术。

课题 5——辅助降血脂、降血压、降血糖功能食品的研究与产业化

1. 主要研究内容

（1）功能食品素材的研究　从谷物、杂粮、传统中药材、果蔬、动物产品、菌类、藻类

和生物油脂等天然产物及其副产品中筛选出功能显著、安全性高的辅助降血脂、降血压、降血糖的功能食品素材。

（2）功能因子的提取、分离纯化技术研究　重点研究功能食品素材中辅助降血脂、降血压、降血糖功能因子的提取、分离纯化技术。

（3）功能因子的结构与作用机理研究　重点研究辅助降血脂、降血压、降血糖功能因子的结构与生物活性间的构效关系，研究功能因子的作用机理。

（4）功能食品的研制与产业化　开展辅助降血脂、降血压、降血糖功能食品功能因子提取、分离及纯化的工业化生产工艺研究；研制系列产品；制定产品质量标准；建立产业化示范生产线，培育优势品牌。

2. 技术经济指标

（1）探明 4～6 种辅助降血脂、降血压、降血糖功能因子的结构、构效关系和作用机理；开发 4～6 种功能因子绿色、高效提取新技术，生产过程无环境污染，活性成分利用率＞80％。

（2）研究食品载体及功能食品辅料的选择，开发出 4～6 种功能因子明确、安全性高、效果显著的辅助降血脂、降血压、降血糖功能食品，制定产品质量标准，其辅助降血脂、降血压、降血糖功能及安全性均达到国家食品药品监督管理局的相关要求。

（3）建立辅助降血脂、降血压、降血糖功能因子提取分离的示范生产线 1～2 条，功能食品产业化示范生产线 1～2 条，培育优势品牌 1～2 个。每条功能因子提取分离的示范生产线年产 4～8t 规模，功能食品的生产能力每条生产线达到 20～30 吨/年。

课题 6——抗氧化功能食品的研究与产业化

1. 主要研究内容

（1）抗氧化功能食品素材的研究　采用体内外评价技术，从果蔬和药食同源资源等素材中筛选具有抗氧化活性的功能因子，确定具有开发价值的功能素材，建立相应的原料分析标准，研究并确定功能素材的最佳采收期，保存条件以及原材料真伪的鉴定技术。

（2）抗氧化功能因子提取和分离技术　创建抗氧化功能因子的定性和定量分析方法，建立抗氧化功能因子提取、分离新技术，研究鉴定相关功能因子的化学结构。建立产业化示范生产线。

（3）功能因子的抗氧化作用机理研究和抗氧化功能食品的功能及安全性评价　采用体内和体外评价方法，在分子、细胞和动物水平上，研究抗氧化功能因子的构效关系，对抗氧化功能食品的功能及安全性毒理学进行评价，确定量效关系，明确作用机理。

（4）抗氧化功能食品的生产技术研究和产业化　选择和确定抗氧化功能食品的食品载体、辅料，研究不同功能因子的互配与加工和储藏过程中功能因子结构和活性的保持与稳定性，确定保持高活性和良好风味与质地的抗氧化功能食品的制备技术。制定抗氧化功能食品的质量标准，建立抗氧化功能食品生产的示范基地。

2. 技术经济指标

（1）开发功能因子明确、安全性高、效果显著的抗氧化功能食品 1～4 种，其抗氧化功能和安全性达到国家食品药品监督管理局的相关要求。

（2）开发 1～3 种抗氧化功能因子的绿色、高效提取新技术，活性成分资源利用率＞80％。并建立 1～3 条抗氧化功能因子提取分离的示范生产线，每条生产线规模达到 5～8 吨/年，提取物中不同功能因子的含量大于 75％。

（3）建立 1～2 个抗氧化功能食品产业化示范基地，功能食品的生产能力每条生产线达到 10～15 吨/年，功能食品中各种功能因子含量达到有效安全剂量，制定质量标准，培育优势品牌 1～2 个。

课题 7——减肥功能食品的研究与产业化

1. 主要研究内容

（1）减肥功能食品素材的研究　从动植物、微生物中筛选出功能显著、安全性高的减肥功能食品素材。

（2）减肥功能因子的提取、分离纯化技术研究　研究功能食品素材中减肥功能因子的提取、分离纯化技术，建立具有良好减肥功能因子的准确、快速、灵敏的定性和定量分析方法。

（3）减肥功能因子的结构与作用机理研究　鉴定功能因子的化学结构；以导致单纯性肥胖的生理机制为基础，研究减肥功能因子的结构与生物活性间的构效关系，明确功能因子的量效关系，并探讨作用机制。

（4）减肥功能食品的研制与产业化　开展减肥功能食品功能因子提取、分离及纯化的工业化生产工艺研究；研制系列产品；制定产品质量标准；建立功能食品产业化示范生产线，培育优势品牌。

2. 技术经济指标

（1）探明 3～5 种减肥功能因子的结构、构效关系和作用机理。开发 3～5 种功能因子绿色、高效提取新技术，生产过程无环境污染，活性成分资源利用率＞80％。

（2）研究食品载体及功能食品辅料的选择，开发出 3～5 种功能因子明确、安全性高、效果显著的减肥产品，制定质量标准，其减肥功能及安全性均达到国家食品药品监督管理局的相关要求。

（3）建立减肥功能因子提取分离的示范生产线 1～2 条，功能食品产业化示范生产线 1～2 条，培育优势品牌 1～2 个。每条功能因子提取分离的示范生产线年产 1～2t，每条功能食品产业化示范生产线年产 5～10t。

课题 8——辅助改善老年记忆功能食品的研究及产业化

1. 主要研究内容

（1）辅助改善老年记忆功能食品素材的研究　从动植物和微生物发酵产品中筛选出具有辅助改善老年记忆功能的素材；明确功能因子；建立相应原材料的质量标准和鉴伪技术。

（2）辅助改善老年记忆功能因子的提取分离纯化技术　采用现代分离技术，研究和开发功能因子提取、分离、纯化的工业化清洁生产新技术；建立示范生产线；制定质量标准。

（3）辅助改善老年记忆功能因子的结构及作用机理　鉴定辅助改善老年记忆功能因子的化学结构；以导致老年学习记忆受损的病理生理机制为基础，明确辅助改善老年记忆功能因子的量效关系，探讨保护作用机制。

（4）辅助改善老年记忆功能食品的制备技术研究　研制和开发辅助改善老年记忆功能食品的绿色生产新技术及功能因子的稳态化技术；开发辅助改善老年记忆功能食品；完成功能食品的功能评价和安全性毒理学评价；制定相应产品的质量标准；建立功能食品产业化示范基地。

2. 技术经济指标

（1）开发功能因子明确、安全性高、效果显著的辅助改善老年记忆的纯天然功能食品 1～2 种，制定产品质量标准，其辅助改善老年记忆的功能及安全性达到国家食品药品监督管理局要求。

（2）开发 1～2 种辅助改善老年记忆功能因子的绿色、高效纯化新技术，所得功能因子的纯度达到 96％以上，并建立 1～2 条示范生产线，每条生产线规模达到 20～30 吨/年，资源利用率达 85％以上。

（3）建立 1 条辅助改善老年记忆功能食品的示范生产线，生产能力达到 30～50 吨/年，培育优势品牌 1～2 个。

课题 9——功能化传统食品研究与产业化示范

1. 主要研究内容

（1）传统食品的保健功能发掘与开发　研究传统发酵食品的微生物组成及相互作用关系、代谢特点和功能菌种组配，确定主要功能菌株和功能因子；研究建立发酵动力学模型，实现发酵过程中目标途径代谢通量的优化控制；针对我国传统发酵食品和药食同源地方传统食品的加工现状和原料特点，通过复配含有功能因子的食品素材，明确传统食品的营养价值和保健功能，开发具有增强免疫力、缓解疲劳等作用的功能食品新产品。

（2）功能化传统食品的加工技术提升研究　研究传统食品加工技术条件对功能因子稳定性的影响，分析功能因子在传统食品加工中的动态变化模式，提高其生物利用率，建立保持其生物活性的最佳条件；探讨功能化传统食品加工新工艺和新技术，研制口感好、功能效果稳定的功能化传统食品，并明确产品的安全性和功能性。

（3）功能化传统食品的产业化示范　研发分别具有增强免疫力、缓解疲劳等作用的功能性传统食品新产品，制定产品标准，建立工业化稳定高效生产的品质控制技术体系，通过建立产业化示范生产线，培育功能性传统食品优势品牌。

2. 技术经济指标

（1）研制出具有增强免疫力、抗肿瘤和缓解疲劳等作用的功能化传统食品 5～10 种，达到国家食品药品监督管理局的标准。

（2）建立功能化传统食品产业化示范生产线 1～2 条，生产能力达到 1～2 万吨/年，培育优势品牌 1～2 个。

课题 10——功能性食品资源分析评估与科技发展战略研究

1. 主要研究内容

（1）功能食品资源的调查评估研究　调查分析研究我国功能食品的资源、分布情况，考察我国用于功能食品生产的资源可靠性和可持续发展状况。

（2）国内外功能食品生产、管理和评价体系的政策措施调查研究　分析国内外功能食品生产企业现状和存在的差距，调查国内外功能食品的管理模式和功能食品评价体系，寻找国内功能食品在管理模式和评价体系与国外发达国家之间存在的差距。

（3）功能食品行业发展的重大关键技术需求存在的问题研究　针对目前国内消费者对功能食品的信任危机、市场管理的混乱程度以及评价体系中存在的问题，提出合理而快速发展我国功能食品的重大关键技术需求。

（4）功能食品的科技发展战略对策研究　提出科学普及和有效食用功能食品的合理方案，针对功能食品资源、研发程序、生产过程安全性评价和监管、功能食品的评价体系及生产流通领域中的监管问题，提出有效合理的针对性政策措施。

2. 技术经济指标

（1）评估我国功能食品生产资源的状况，提出其可靠性和可持续发展的对策。

（2）明确我国在功能食品行业中存在的问题，以及与世界发达国家在功能食品生产、管理和评价体系中存在的主要差距。

（3）提出功能食品在未来 5～10 年内的科技发展对策。

研究焦点二：功能食品的开发策略问题

功能食品科学作用是刺激功能食品研究和开发（图 1-4）。

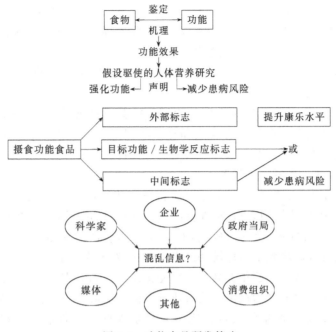

图 1-4　功能食品研发策略

1. 升级换代产品

功能食品研究与开发是应用食品科学、营养学、生理学、药理学、毒理学、生物化学、免疫学、微生物学、中药学及生物工程等多种学科的基本理论和研究手段，从器官、组织、细胞、分子、量子水平上研究功能因子的作用机理，探索功能成分的量效和构效关系，为功能食品的开发奠定理论基础。一方面需要挖掘我国中医药宝库中许多值得借鉴的经验和保健配方，应用先进的科学技术，加以科学验证，阐明其作用机理，为具有中国特色的功能食品的开发提供借鉴；另一方面需要对功能食品的功效、功能活性因子的稳定性以及在功能食品中有效态势的保持进行准确评价，以便进一步设计、开发出效果更为确切的创新性功能食品，推动我国功能食品的升级换代。

2. 第三代功能食品与国际接轨

我国的功能食品大部分是建立在食疗基础之上，一般都采用多种既是药品又是食品的中药加工而成，目前卫生部审查批准的功能食品大部分为第二代功能食品。但第二代功能食品的功能因子非常复杂，作用机制也难以阐述清楚，因而缺乏生命力，难以与国际接轨，国际竞争力很弱。第三代功能食品具有功效成分明确、含量可以测定、作用机制清楚、研究资料充实、保健效果肯定等特点，是今后研究开发的方向，若能够加强新工艺、新设备及高新技术如微胶囊技术、热压重组技术、膜分离技术、超临界 CO_2 萃取技术、生物技术等在功能食品中的研究应用，必将实现我国功能食品生产技术的快速更新，提高产品档次和在国际市场上的竞争力。

第五节　功能性食品法规与管理

一、保健食品管理的法律法规与标准

《中华人民共和国食品卫生法》以及《保健食品管理办法》对保健食品的定义、申报保健食品的要求、保健食品的审批工作程序、保健食品的生产经营、保健食品标签、说明书及广告宣传、保健食品的监督管理等内容做出了明确规定。另外营养素补充剂作为保健食品的补充剂类型（如补钙、补铁、补充多种维生素、矿物质等），并入保健食品管理。

法律——《中华人民共和国食品卫生法》。

规章——《保健食品管理办法》。1996 年 3 月 15 日卫生部发布了《保健食品管理办法》，并于 1996 年 6 月 1 日起正式实施。

规范性文件——《保健食品功能学评价程序和检验方法规范》、《保健食品评审技术规程》、《保健食品通用卫生要求》、《保健食品标识的规定》、《生产组合式保健食品的规定》，以及《保健食品管理中若干问题的通知》等一系列文件。

标准——《保健食品良好生产规范》。

自 1996 年我国卫生部发布了"保健食品管理办法"以来，对我国功能食品加强了监督管理以保证功能食品的质量，并对功能食品、功能食品说明书实行审批制度，要求功能食品的配方组成及用量必须具有科学依据，具有明确的功效成分，如在现有的技术条件下不能明确功效成分，应确定与保健功能有关的主要原料名称。自 1996 年实施此管理办法至今，功能食品的科技含量逐年提高，对功能食品的"功效成分"也逐渐由只提供"保健功能有关的原料名称"而上升为提供"功效成分"的含量或有关原料的特征成分的含量，这样就在最低限度上对功能食品的质量进行了有科学依据的质量监督。在此基础上要求今后的功能食品必须有明确的"功效成分"。这是对功能食品的质量实行监督管理的重要措施之一。

对功能食品进行严格、全面的质量检验，是控制该类食品质量、保证消费者安全、维护消费者权益的重要环节。根据功能食品的概念和质量控制的要求，功能食品质量检验内容应包括以下几方面。

① 同类普通食品的项目检验　功能食品首先是食品，所以一般食品所检验项目也是功能食品必检的项目，包括产品感官性状、物理性质、化学组成与营养成分，卫生指标包括常见有害化学物质和微生物检验。

② 有效成分的检验　作为具有特定营养保健功能的功能食品，必定含有一种或几种有效物质，其含量的多少直接影响产品功能效果。因此，对其进行检验对保证产品质量具有重要意义，也是功能食品区别于普通食品所特有的内容。

③ 安全性毒理学评价　功能食品为了发挥其特有的保健功能效果，在配方中常常使用各种原料资源，有时必须加入一些非食物成分或非食用物质。所以，它的食用安全性是必须优先要考虑的。《食品安全性毒理学评价程序》中的检验指标、方法和要求同样适用于功能食品。

④ 功能学检验　营养保健功效是功能食品必备的属性，是区别于普通食品的灵魂。检验营养保健功效是功能食品检验内容中必检的、特有的重要部分，只有用规范化检验方法得出阳性即有效的检验结果，才能成为名副其实的、符合质量要求的功能食品。

⑤ 产品稳定性的检验　产品的稳定性是其质量的重要评价指标之一，是核定产品保质期的主要依据。稳定性的检验也是功能食品检验的必检内容。

⑥ 其他　作为功能食品质量的工艺保证，产品生产流程中的"危害分析关键控制点"即 HACCP 体系被广泛采用。

检验方法规范化对客观、公正、准确的评价功能食品有着极为重要的作用。检验方法的主要依据为：

① 符合《中华人民共和国食品卫生法》第二十条、第二十二条和第二十三条的规定；

② 体现功能食品的概念；

③ 以全面有效编制功能食品质量为目标，制订检测方法规范。

二、功能食品的管理

我国在 1996 年就发布了《功能食品管理办法》，中国食品药品管理局（SFDA）又于 2005 年制订发布了《功能食品注册管理办法（试行）》。这两个"办法"是根据《中华人民共和国食品卫生法》的有关规定制定的，对我国境内申请国产或进口功能食品的注册以及生产经营作出了详细的规定。

（一）功能食品的申报和审批

1. 对功能食品的基本要求

功能食品必须符合以下几个方面的要求。

① 经必要的动物/人群功能试验，证明其具有明确、稳定的保健作用。

② 各种原料及其产品必须符合食品卫生要求，对人体不产生任何急性、亚急性或慢性危害。

③ 配方的组成及用量必须具有科学依据，具有明确的功效成分。如在现有技术条件下不能明确功效成分，则应确定与保健功能有关的主要原料名称。

④ 标签、说明书及广告不得宣传疗效作用。

2. 功能食品的申请

申请人在申请功能食品注册之前，应当做相应的研究工作，并将样品及其有关的资料上报国家食品药品监督管理局。

申请功能食品注册应提供下列申报资料。

（1）功能食品注册申请表。

（2）申请人身份证、营业执照或者其他机构合法登记证明文件的复印件。

（3）提供申请注册的功能食品的通用名称与已经批准注册的药品名称不重名的检索材料（从国家食品药品监督管理局政府网站数据库中检索）。

（4）申请人对他人已取得的专利不构成侵权的保证书。

（5）提供商标注册证明文件（未注册商标的不需提供）。

（6）产品研发报告（包括研发思路、功能筛选过程、预期效果等）。

（7）产品配方（原料和辅料）及配方依据；原料和辅料的来源及使用的依据。

（8）功效成分/标志性成分、含量及功效成分/标志性成分的检验方法。

（9）生产工艺简图及其详细说明和相关的研究资料。

（10）产品质量标准及其编制说明（包括原料、辅料的质量标准）。

（11）直接接触产品的包装材料的种类、名称、质量标准及选择依据。

（12）检验机构出具的试验报告及其相关资料，即：①试验申请表；②检验单位的检验受理通知书；③安全性毒理学试验报告；④功能学试验报告；⑤兴奋剂、违禁药物等检测报告（申报缓解体力疲劳、减肥、改善生长发育功能的注册申请）；⑥功效成分检测报告；⑦稳定性试验报告；⑧卫生学试验报告；⑨其他检验报告（如原料鉴定报告、菌种毒力试验报告等）。

（13）产品标签、说明书样稿。

（14）其他有助于产品评审的资料。

（15）两个未启封的最小销售包装的样品。

在提交申请资料时,应当注意下列事项:

① 以补充维生素、矿物质为目的的功能食品的注册申请,不需提供功能评价试验报告;

② 以真菌、益生菌、核酸、酶制剂、氨基酸螯合物或国家限制使用的野生动植物等为原料的产品,还必须按照有关规定提供相关的文件、证明或资料;

③ 如果申报的功能不在 SFDA 公布的功能项目范围内的,还必须提供与新功能相关的资料;

④ 申请进口功能食品注册,除根据使用原料和申报功能的情况按照国产功能食品申报资料的要求提供资料外,还必须提供生产国(地区)有关机构出具的该产品生产、注册、销售以及有关标准等中文和原文文件。

3. 功能食品的审查和注册

功能食品由国家食品药品监督管理局根据申请人的申请,依照法定程序、条件和要求,对申请注册的功能食品的安全性、有效性、质量可控性以及标签说明书内容等进行系统评价和审查,并决定是否准予其注册。

国家食品药品监督管理局确定的检验机构负责申请注册的功能食品的安全性毒理学试验、功能学试验(包括动物试验/人体试食试验)、功效成分或标志性成分检测、卫生学试验、稳定性试验等,并承担样品检验和复核检验等具体工作。国家食品药品监督管理局组织食品、营养、医学、药学和其他技术人员对申报资料进行技术审评和行政审查,并作出审查决定。准予注册的,向申请人颁发《国产保健食品批准证书》或《进口功能食品批准证书》。

省、自治区、直辖市(食品)药品监督管理部门受国家食品药品监督管理局委托,负责对国产功能食品注册申请资料的受理和形式审查,对申请注册的功能食品试验和样品试制的现场进行核查,组织对样品进行检验。

(二)功能食品的生产经营

1. 生产的审批与组织

在生产功能食品前,食品生产企业必须向所在地的省级卫生行政部门提出申请,经省级卫生行政部门审查同意并在申请者的卫生许可证上加注"××功能食品"的许可项目后方可进行生产。未经 SFDA 审查批准的食品,不得以保健食品名义生产经营,未经省级卫生行政部门审查批准的企业,不得生产功能食品。

功能食品生产者必须按照批准的内容组织生产,不得改变产品的配方、生产工艺、企业产品质量标准,以及产品名称、标签、说明书等。功能食品的生产过程、生产条件必须符合相应的食品生产企业卫生规范或其他有关卫生要求。选用的工艺应能保持产品功效成分的稳定性。加工过程中功效成分不损失、不破坏、不转化和不产生有害的中间体应采用定型包装。直接与功能食品接触的包装材料或容器必须符合有关卫生标准或卫生要求,有利于保持功能食品功效成分的稳定。

功能食品经营者采购功能食品时,必须索取 SFDA 发放的《功能食品批准证书》复印件和产品检验合格证。采购进口功能食品应索取《进口功能食品批准证书》复印件及口岸进口食品卫生监督检验机构的检验合格证。

2. 产品标签、说明书及广告宣传

功能食品标签和说明书必须符合国家有关标准和要求,并标明下列内容。

① 保健作用和适宜人群。

② 食用方法和适宜的食用量。

③ 储藏方法。

④ 功效成分的名称及含量。在现有技术条件下，不能明确功效成分的，则必须标明与保健功能有关的原料名称。

⑤ 功能食品批准文号。

⑥ 功能食品标志。

⑦ 有关标准或要求所规定的其他标签内容。功能食品的名称应当准确、科学，不得使用人名、地名、代号及夸大或容易误解的名称，不得使用产品中非主要功效成分的名称。功能食品的标签、说明书和广告内容必须真实，符合其产品质量要求。不得有暗示可使疾病痊愈的宣传。严禁利用封建迷信进行功能食品的宣传。未经 SFDA 审查批准的食品，不得以功能食品名义进行宣传。

（三）功能食品的监督管理

根据《食品卫生法》以及 SFDA 和卫生部有关规章和标准，各级卫生行政部门应加强对功能食品的监督、监测及管理，对已经批准生产的功能食品可以组织监督抽查，并向社会公布抽查结果。

SFDA 可根据以下情况确定对已经批准的功能食品进行重新审查，即：

① 科学发展后，对原来审批的功能食品的功能有认识上的改变；

② 产品的配方、生产工艺以及保健功能受到可能有改变的质疑；

③ 功能食品监督、监测工作的需要，经审查不合格者或不接受重新审查者，由 SFDA 撤销其《功能食品批准证书》；合格者，原证书仍然有效。

④ 保健食品生产经营者的一般卫生监督管理，按照《食品卫生法》及有关规定执行。

（四）对工厂、从业人员及设施的要求

1998 年，我国颁布了国家标准《功能食品良好生产规范》（GB 17405—1998）。对生产功能食品的企业人员、设施、原料、生产过程、成品储存与运输、品质和卫生管理方面的基本技术要求做出规定。

1. 厂房与厂房设施

功能食品厂的总体设计、厂房与设施的一般性设计、建筑和卫生设施应符合食品企业通用卫生规范的要求。

① 厂房应按生产工艺流程及所要求的洁净级别进行合理布局，同一厂房和邻近厂房进行的各项生产操作不得相互妨碍。

② 必须按照生产工艺和卫生、质量要求，划分洁净级别，原则上分为一般生产区、十万级区。十万级洁净级区应安装具有过滤装置的相应的净化空调设施。

③ 净化级别必须满足生产加工功能食品对空气净化的需要。生产片剂、胶囊、丸剂，以及不能在最后容器中灭菌的口服液等产品应当采用十万级洁净厂房。

④ 厂房、设备布局与工艺流程三者应衔接合理，建筑结构完善，并能满足生产工艺和质量、卫生的要求；厂房应有足够的空间和场所，以安置设备、物料；用于中间产品、待包装品的储存间应与生产要求相适应。

⑤ 洁净厂房的温度和相对湿度应与生产工艺要求相适应。

⑥ 洁净厂房内安装的下水道、洗手间及其他卫生清洁设施不得对功能食品的生产带来污染。

⑦ 洁净级别不同的厂房之间、厂房与通道之间应有缓冲设施。应分别设置与洁净级别相适应的人员和物料通道。

⑧ 原料的前处理（如提取、浓缩等）应在与其生产规模和工艺要求相适应的场所进行，并装备有必要的通风、除尘、降温设施。原料的前处理不得与成品生产使用同一生产厂房。

⑨ 功能食品生产应设有备料室，备料室的洁净级别应与生产工艺要求相一致。

⑩ 洁净厂房的空气净化设施、设备应定期检修，检修过程中应采取适当措施，不得对功能食品的生产造成污染。

⑪ 生产发酵产品应具备专用发酵车间，并应有与发酵、喷雾相应的专用设备。

⑫ 凡与原料、中间产品直接接触的生产用工具、设备应使用符合产品质量和卫生要求的材质。

2. 对从业人员的要求

① 功能食品生产企业必须具有与所生产的功能食品相适应的医药学（或生物学、食品科学）等相关专业知识的技术人员和具有生产及组织能力的管理人员。专职技术人员的比例应不低于职工总数的 5%。

② 主管技术的企业负责人必须具有大专以上或相应的学历，并具有功能食品生产及质量、卫生管理的经验。

③ 功能食品生产和品质管理部门的负责人必须是专职人员。应具有与所从事专业相适应的大专以上或相应的学历，有能力对功能食品生产和品质管理中出现的实际问题，作出正确的判断和处理。

④ 功能食品生产企业必须有专职的质检人员，质检人员必须具有中专以上学历。采购人员应掌握鉴别原料是否符合质量、卫生要求的知识和技能。

⑤ 从业人员上岗前，必须经过卫生法规教育及相应技术培训，企业应建立培训及考核档案。企业负责人及生产、品质管理部门负责人还应接受省级以上卫生监督部门有关功能食品的专业培训，并取得合格证书。

⑥ 从业人员必须进行健康检查，取得健康证后方可上岗，以后每年必须进行一次健康检查。

⑦ 从业人员上岗必须按要求做好个人卫生。

（五）产品监控与品质管理

1. 生产过程的监控

（1）原料　功能食品生产所需原料的购入、使用等应制定验收、储存、使用、检验等制度，并由专人负责。原料必须符合食品卫生要求，原料的品种、来源、规格和质量应与批准的配方及产品企业标准相一致。采购原料必须按有关规定索取有效的检验报告单，属食品新资源的原料需索取卫生部批准证书。以菌类经人工发酵制的菌丝体，或菌丝体与发酵产物的混合物及微生态类原料，必须索取菌株鉴定报告、稳定性报告及菌株不含耐药因子的证明资料。以藻类、动物及动物组织器官等为原料的，必须索取品种鉴定报告。从动、植物中提取的单一有效物质或以生物、化学合成物为原料的，应具有该物质的理化性质及含量的检测报告。对于含有兴奋剂或激素的原料，应具有其含量检测报告。经放射性辐射的原料，应具有辐照剂量的有关资料。

原料的运输工具等应符合卫生要求。应根据原料特点，配备相应的保温、冷藏、保鲜、防雨防尘等设施，以保证质量和卫生需要。运输过程不得与有毒、有害物品同车或同一容器混装。

原料购进后对来源、规格、包装情况进行初步检查，按验收制度的规定填写入库卡，入库后应向质检部门申请取样检验。

各种原料应按待检、合格、不合格分类存放，并有明显标志。合格备用的原料还应按不同批次分开存放。不得将相互影响风味的原料储存在同一库内。

对有温度、湿度及特殊要求的原料应按规定条件储存，一般原料的储存场所或仓库，地面应平整，便于通风换气，有防鼠、防虫设施。

应制定原料的储存期，采用先进先出的原则。对不合格或过期原料应加注标志并及早处理。

以菌类经人工发酵制的菌丝体或以微生态类为原料的产品，应严格控制菌株保存条件，菌种应定期筛选、纯化，必要时进行鉴定，防止杂菌污染、菌种退化和变异产毒。

（2）操作规程　工厂应结合自身产品的生产工艺特点，制定生产工艺规程及岗位操作规程。生产工艺规程需符合功能食品加工过程中功效成分不损失、不破坏、不转化和不产生有害中间体的工艺要求，其内容应包括产品配方、各组分的制备、成品加工过程的主要技术条件及关键工序的质量和卫生监控点，如成品加工过程中的温度、压力、时间、pH 值、中间产品的质量指标等。岗位操作规程应对各生产主要工序规定具体操作要求，明确各车间、工序和个人的岗位职责。生产车间的生产技术和管理人员应按照生产过程中各关键工序控制项目及检查要求，对每批次产品从原料配制、中间产品产量、产品质量和卫生指标等情况进行记录。

（3）原辅料的领取和投料　生产前的原料必须进行严格的检查，核对品名、规格、数量，对于霉变、生虫、混有异物、感官性状异常、不符合质量标准要求的原料不得投产使用。凡规定有储存期限的原料，过期不得使用。液体的原辅料应过滤除去异物，固体原辅料需粉碎，过筛的应粉碎至规定细度。

车间工作人员按生产需要领取原辅料，根据配方正确计算、称量和投料，配方原料的计算、称量及投料必须两人复核后记录备查。生产用水的水质必须符合生活饮用水卫生标准的规定，对于特殊规定的工艺用水应按工艺要求进一步纯化处理。

（4）配料和加工　产品配料前，需检查配料罐及容器管道是否清洗干净、是否符合工艺所要求的标准。利用发酵工艺生产用的发酵罐、容器及管道必须彻底清洁、消毒处理后，方能用于生产。每一班次都应做好器具清洁、消毒记录。

生产操作应衔接合理，传递快捷、方便，防止交叉污染。应将原料处理、中间产品加工、包装材料和容器的清洁、消毒、成品包装和检验等工序分开设置。同一车间不得同时生产不同的产品，不同工序的容器应有明显标记，不得混用。

生产操作人员应严格按照一般生产区与洁净区的不同要求，搞好个人卫生。生产人员因调换工作岗位有可能导致产品污染时，必须更换工作服、帽、鞋，重新进行消毒。用于洁净区的工作服、帽、鞋等必须严格清洗、消毒，每日更换，并且只允许在洁净区内穿用，不准带出区外。

原辅料进入生产区，必须经过物料通道进入。凡进入洁净厂房、车间的物料，必须除去外包装。若外包装脱不掉，则要擦洗干净或换成室内包装桶。

配制过程原辅料必须混合均匀，需要热熔化、热提取或蒸发浓缩的物料必须严格控制加热温度和时间。需要调整含量、pH 值等技术参数的中间产品，调整后须对含量、pH 值、相对密度、防腐剂等重新测定复核。

各项工艺操作，应在符合工艺要求的良好状态下进行。口服液、饮料等液体产品生产过程需要过滤的，应注意选用无纤维脱落且符合卫生要求的滤材，禁止使用石棉作滤材。胶囊、片剂、冲剂等固体产品，需要干燥的应严格控制烘房（箱）的温度与时间，防止颗粒熔融与变质；粉碎、压片、筛分或整粒设备，应选用符合卫生要求的材料制作，并定期清洗和维护，以避免铁锈及金属污染物的污染。

产品压片、分装胶囊和冲剂、液体产品的灌装等均应在洁净室内进行，应控制操作室的温度、湿度。手工分装胶囊应在具有相应洁净级别的有机玻璃罩内进行，操作台不得低于0.7m。配制好的物料必须放在清洁的密闭容器中，及时进入灌装、压片和分装胶囊等工序，需储存的不得超过规定期限。

(5) 包装容器的洗涤、灭菌和保洁　应使用符合卫生标准和卫生管理办法规定允许使用的食品容器、包装材料、洗涤剂、消毒剂。使用的空胶囊、糖衣等原料必须符合卫生要求，禁止使用非食用色素。产品包装用各种玻璃瓶（管）、塑料瓶（管）、瓶盖、瓶垫、瓶塞、铝塑包装材料等，凡是直接接触产品的内包装材料均应采取适当方法清洗、干燥和灭菌，灭菌后应置于洁净室内冷却备用。储存时间超过规定期限的应重新洗涤、灭菌。

(6) 产品杀菌　各类产品的杀菌应选用有效的杀菌或灭菌的设备和方法。对于需要灭菌又不能热压灭菌的产品，可根据不同工艺和食品卫生要求，使用精滤、微波、辐照等方法，以确保灭菌效果。采用辐照灭菌方法时，应严格按照辐照食品卫生管理办法的规定，严格控制辐照吸收剂量和时间。应对杀菌或灭菌装置内温度的均一性、可重复性等定期做可靠性验证，对温度、压力等检测仪器定期校验。在杀菌或灭菌操作中，应准确记录温度、压力及时间等指标。

(7) 产品灌装或装填　每批待灌装或装填产品，应检查其质量是否符合要求，计算产出率，并与实际产出率进行核对。若有明显差异，必须查明原因，在得出合理解释并确认无潜在质量事故后，经品质管理部门批准后方可按正常产品处理。液体产品灌装，固体产品的造粒、压片及装填应根据相应要求在洁净区内进行。除胶囊外，产品的灌装、装填必须使用自动机械装置，不得使用手工操作。灌装前应检查灌装设备、针头、管道等，是否用新鲜蒸馏水冲洗干净、消毒或灭菌。操作人员必须经常检查灌装及封口后的半成品质量，随时调整灌装（封）机器，保证灌封质量。凡需要灭菌的产品，从灌封到灭菌的时间，应控制在工艺规程要求的时间限度内。瓶装液体制剂灌封后应进行灯检。每批灯检结束后，必须做好清场工作，剔除品应标明品名、规格和批号，置于清洁容器中交专人负责处理。

(8) 包装　功能食品的包装材料和标签应由专人保管，每批产品标签凭指令发放、领用、销毁的包装材料应有记录。经灯检和检验合格的半成品，在印字或贴签过程中，应随时抽查，印字要清晰，贴签要贴正、贴牢。成品包装内，不得夹放与食品无关的物品。产品外包装上，应标明最大承受压力（质量）。

(9) 标识　产品标识必须符合功能食品标识规定和食品标签通用标准的要求，产品说明书、标签的印制等应与 SFDA 批准的内容相一致。

(10) 成品的储存和运输　储存与运输的一般性卫生要求应符合食品企业通用卫生规范的要求。成品储存方式及环境应避光、防雨淋，温度、湿度应控制在适当范围，并避免撞击与振动。

含有生物活性物质的产品应采用相应的冷藏措施，并以冷链方式储存和运输。非常温下保存的功能食品，如某些微生态类功能食品，应根据产品不同特性，按照要求的温度进行贮运。

仓库应有收、发货检查制度。成品出厂应执行"先产先销"的原则，成品入库应有存量记录。成品出库应有出货记录，内容至少包括批号、出货时间、地点、对象、数量等，以便发现问题及时回收。

2. 产品品质管理

工厂必须设置独立的与生产能力相适应的品质管理机构，直属工厂负责人领导。各车间设专职质检员，各班组设兼职质检员，形成一个完整而有效的品质监控体系，负责生产全过程的品质监督。

（1）品质管理制度的制定与执行 品质管理机构必须制定完善的管理制度，品质管理制度应包括以下内容。

① 原辅料、中间产品、成品以及不合格品的管理制度。

② 原料鉴别与质量检查、中间产品的检查、成品的检验技术规程，如质量规格、检验项目、检验标准、抽样和检验方法等管理制度。

③ 留样观察制度和实验室管理制度。

④ 生产工艺操作核查制度。

⑤ 清场管理制度。

⑥ 各种原始记录和批生产记录管理制度。

⑦ 档案管理制度，应切实可行、便于操作和检查。

⑧ 必须设置与生产产品种类相适应的检验室和化验室，应具备对原料、半成品、成品进行检验所需的房间、仪器、设备和器材，并定期检查，使其经常处于良好状态。

（2）原料的品质管理 必须按照国家或有关部门规定设质检人员，逐批次对原料进行鉴别和质量检查，不合格者不得使用。要检查和管理原料的存放场所，存放条件不符合要求的原料不得使用。

（3）加工过程的品质管理 找出制造过程中的危害分析关键控制点，至少要监控下列环节，并做好记录。

① 投料的名称与质量或体积。

② 有效成分提取工艺中的温度、压力、时间、pH 值等技术参数。

③ 中间产品和成品的产出率及质量规格。

④ 直接接触食品的内包装材料的卫生状况。

⑤ 成品灭菌方法的技术参数。

要对重要的生产设备和计量器具定期检修，用于灭菌设备的温度计、压力计至少半年检修一次，并做检修记录。应具备对生产环境进行监测的能力，并定期对关键工艺环境的温度、湿度、空气净化度等指标进行监测。应具备监测生产用水的能力，并定期监测。对品质管理过程中发现的异常情况，应迅速查明原因做好记录，并加以纠正。

（4）成品的品质管理

① 必须逐批次对成品进行感官卫生及质量指标的检验，不合格者不得出厂。

② 应具备产品主要功效因子或功效成分的检测能力，并按每次投料所生产的产品因子或主要功效成分进行检测，不合格者不得出厂。

③ 每批产品均应有留样，留样应存放于专设的留样库或区内，按品种、批号分类存放，并有明显标志。应定期进行产品的稳定性实验。

④ 必须对产品的包装材料、标志、说明书进行检查，不合格者不得使用。检查和管理成品库房存放条件，不得使用不符合存放条件的库房。

（5）品质管理的其他要求

① 应对用户提出的质量意见和使用中出现的不良反应详细记录，做好调查处理并做记录备查。

② 必须建立完整的质量管理档案，设有档案柜和档案管理人员，各种记录分类归档，保存 2～3 年备查。

③ 应定期对生产和质量进行全面检查，对生产和管理中操作规程、岗位责任制进行验证。

④ 对检查或验证中发现的问题进行调整，定期向卫生部门汇报产品的生产质量情况。

（6）卫生管理

工厂应按照食品企业通用卫生规范的要求，做好除虫、有毒有害物处理、污水污物处理、副产品处理等卫生管理工作。

第二章 功效成分基本理论

现代科学研究表明，天然食物中除含有蛋白质、碳水化合物、脂肪、维生素和某些矿物质等营养功能活性成分外，尚含有一些功效成分（如多糖、低聚糖、黄酮和功能性油脂等），来源主要有如下三个渠道。

一是已认知或以前未曾强调过其功能的已知营养素，如维生素 A、维生素 E、维生素 C、胡萝卜素、硒等抗氧化剂等。

二是存在于天然食品中的成分，以前不仅未承认其为营养物质，而且对其保健功能也未能认知。例如有降血脂、抗氧化、提高免疫力、抑制肿瘤等多种保健功能的大豆异黄酮、大豆皂苷；有改善肠道菌群、改善消化与便秘、降低热值和防龋作用的各种低聚糖；存在于食用植物中，以前统称为"植物化学物"的多酚类、植物甾醇、花青苷、叶绿素、功能性多糖等。

三是来自中药材的功效成分。我国已批准的 4000 多种保健食品中，原料中没有用中药材的极少。国外对功效成分也日益重视，正在成为开发的热点。

第一节 功效成分的分类

功效成分（functional composition），是指在功能食品中能通过激活酶的活性或其他途径，调节人体机能的物质。必须强调的是功能食品的功效成分应与该产品保健功能相对应，并应含有其功效成分的最低有效含量，必要时应控制其有效成分的最高限量。

目前功能食品的功效成分主要包括以下成分。

① 活性多糖 如膳食纤维、芦荟多糖、香菇多糖、灵芝多糖等。

② 功能性甜味剂 如单糖、低聚糖、多元糖醇和强力甜味剂等。

③ 活性脂类 可分为功能性水生动物油脂、功能性植物油脂、功能性昆虫油脂、功能性微生物油脂、重构油脂等。油脂中的功能活性成分有功能性脂肪酸（如花生四烯酸、DHA、EPA、亚麻酸）、磷脂、油脂替代品、胆碱、二十八烷醇、角鲨烯等。

④ 活性蛋白质 免疫球蛋白、乳铁蛋白等。

⑤ 氨基酸与活性肽 如牛磺酸、精氨酸、大豆多肽、谷胱甘肽、酪蛋白磷酸肽、降血压肽、促进钙吸收肽、易消化吸收肽等。

⑥ 无机盐及微量元素 如钙、铁、锌、硒、锗、铬等。

⑦ 维生素 如维生素 A、维生素 C、维生素 D、维生素 E 等。

⑧ 活性菌 如乳酸菌、双歧杆菌和酪酸菌等。

⑨ 藻类 如螺旋藻、腺孢藻等。

⑩ 自由基清除剂 包括非酶类清除剂和酶类清除剂等，如超氧化歧化酶（SOD）、谷胱甘肽过氧化酶等。

⑪ 黄酮和酚类 如银杏黄酮、大豆异黄酮、茶多酚、甘草黄酮、葛根素等。

⑫ 皂苷 如大豆皂苷、人参皂苷等。

⑬ 醇类　如二十八烷醇、肌醇、植物甾醇等。

⑭ 功能性食用色素　如姜黄素、番茄红素等。

⑮ 其他　如大蒜素、环磷酸腺苷、有机酸等。

第二节　功效成分的生物学功能

一、蛋白质、多肽和氨基酸

(一) 大豆多肽

大豆多肽 (soy peptide) 即"肽基大豆蛋白水解物"的简称,是大豆蛋白质经蛋白酶作用后,再经特殊处理而得到的蛋白质水解产物。大豆多肽通常由 3～6 个氨基酸组成,相对分子质量主要分布在 300～700 范围内。大豆多肽中必需氨基酸组成与大豆蛋白质完全一样,含量丰富且平衡,易被人体消化吸收,并具有防病、调节人体生理机能的作用。大豆多肽较之相同组成的氨基酸及其母本蛋白,具有许多独特的理化性质与生物学活性,如易吸收性和低过敏原性、降低血脂和胆固醇、降低血压、增强肌肉运动力和加速肌红蛋白恢复、促进脂肪代谢等作用,已逐渐成为 21 世纪的健康食品。

大豆多肽的主要生物学功能如下。

(1) 易吸收性及营养价值高　大豆多肽不仅具有与大豆蛋白质相同的必需氨基酸组成,而且其消化吸收特性比蛋白质更好。分别以 25% 的大豆多肽、乳白蛋白、氨基酸混合物水溶液定量滞留于大鼠胃中作基准,经 1h 后测定消化道内的残留量。结果表明,大豆多肽具有吸收速度快和吸收率高的特性。

(2) 降低血脂和胆固醇的作用　早在 20 世纪初人们研究表明,大豆蛋白具有降低血脂和胆固醇的作用,而实验研究表明大豆多肽降低血脂和胆固醇的效果强于大豆蛋白。

大豆多肽降低血清胆固醇表现有以下几个特点:①对于胆固醇值正常的人,没有降低胆固醇作用;②对于胆固醇值高的人,具有降低总胆固醇值的功效;③胆固醇值正常的人,在食用高胆固醇含量的蛋、肉、动物内脏等食品时,也有防止血清胆固醇值升高的作用;④能降低总胆固醇中有害的 LDL、VLDL 值,但不会降低有益的 HDL 值。

(3) 低过敏原性　由于食物或食物组分中过敏原的存在,导致 IgE 传递的特异性过敏反应。食物过敏反应通常表现为慢性或急性消化道疾病、呼吸道疾病(如哮喘、阵发性鼻炎等)、皮肤不适(如特应性湿疹、接触性皮炎等)甚至是过敏性休克。食物过敏可由多种蛋白引起。大豆蛋白也有可能导致典型的过敏反应。过敏原在通常的消化过程中是稳定的,因此,要消除或降低蛋白的过敏原就必须在体外将蛋白降解,其最有效方法是蛋白质的酶降解。根据大豆蛋白中的过敏原的特征,所使用的降解酶除应具有一般蛋白酶的特点外,还应具有能降解"疏水性蛋白核"的内切酶和包括胰蛋白酶抑制剂在内的大豆过敏原的活性。通过酶免疫测定法 (ELISA 法) 对大豆多肽的抗原性进行测定,结果表明,大豆多肽的抗原性较原大豆蛋白低,为原大豆蛋白的 1/1000～1/100。这一点在临床上具有较高的实用价值,可作为食品易过敏人群的一种比较安全的蛋白物料。

(4) 降低血压的作用　高血压是一种以动脉收缩压或舒张压升高为特征的临床综合征,常伴有心脏、血管、脑和肾脏等器官结构和功能改变。血管中的血管紧张素转换酶 (ACE) 能使血管紧张素 X 转换成为 Y,后者能使末梢血管收缩,外周阻力增加,从而引起高血压。大豆多肽能抑制 ACE 的活性,防止末梢血管收缩,因而具有降血压作用,其降压作用平稳，不会出现药物降压过程中可能出现的大的波动，尤其对原发性高血压患者具有显著的疗效。同时，大豆多肽对血压正常的人没有降压作用，对正常人是无害的。

（5）增强肌肉运动力和加速肌红蛋白恢复的作用　运动员在剧烈运动初期，首先消耗体内储存的三磷酸腺苷（ATP）和肌酸磷酸（CP），然后分解糖原，经苯丙酸转变为乳酸，在这期间还可产生 ATP，将能量储存起来。这一过程是在体内无氧状态下进行的，当氧供给充分时，乳酸经三羧酸循环水解成 CO_2 并产生能量。ATP、CP、糖原在体内的储存量与肌肉量成比例关系。

要使运动员的肌肉有所增加，必须要有适当的运动刺激和充分的蛋白质补充。因此在运动前、运动中及运动后增加蛋白质的供给量，均可以补充体内消耗的蛋白质。而且由于肽易于吸收，能被迅速利用，因此抑制或缩短了体内"负氮平衡"的副作用。尤其在运动前和运动中，肽的添加还可减慢肌蛋白的降解，维持体内正常蛋白质的合成，减轻或延缓由运动引发的其他生理功能的改变，达到抗疲劳效果。另外，刺激蛋白质合成所需成长激素通常在运动后 15～30min 之间以及睡眠后 30min 时分泌达到顶峰。若能在这段时间内适时提供消化吸收性良好的多肽作为肌肉蛋白质的原料将是非常有效的。

（6）促进脂肪代谢的效果　摄食蛋白质比摄食脂肪、糖类更易促进能量代谢，而大豆多肽促进能量代谢的效果比蛋白质更强。日本小松龙夫等人在对儿童肥胖症患者进行减肥实验期间，采取低能量膳食的同时，以大豆多肽为补充食品，结果发现比单纯用低能量膳食更能加速皮下脂肪的减少。此外，以肥胖动物模型做试验，发现大豆多肽不仅能有效地减少体脂，而且也能保持骨骼肌重量的稳定，故大豆多肽常被作为减肥食品。

（7）其他作用　大豆多肽有促进微生物增殖的效果，并能促进其有益代谢物的分泌的作用。大豆多肽能促进乳酸菌、双歧杆菌、酵母菌、霉菌及其他菌类的增殖，增强面包酵母的产气作用，并能增加发酵产品的风味，改善产品的品质。

此外，大豆多肽对 α-葡萄糖苷酶有抑制作用，对蔗糖、淀粉、低聚糖等糖类的消化有延缓作用，能够控制机体内血糖的急剧上升，因此具有降低血糖的作用。

（二）超氧化物歧化酶

超氧化物歧化酶（superoxide dismutase，SOD）是一种能够清除机体中过多自由基的活性物质，可能与机体的衰老、肿瘤发生、自身免疫性疾病和辐射防护等有关。SOD 是金属酶，无抗原性，不良反应较小，是一种医疗价值很高的酶，目前已应用于治疗多种炎症，特别是类风湿性关节炎、慢性多发性关节炎及放射性治疗后的炎症，同时还被应用于功能食品、化妆品、牙膏等。SOD 按其分子中金属辅基不同至少可分为 Cu·Zn-SOD、Mn-SOD 和 Fe-SOD 三种。

SOD 在生物界中分布极广，目前已从细菌、藻类、真菌、昆虫、鱼类、高等植物和哺乳动物等生物体内分离得到 SOD。在食物中，超氧化物歧化酶主要存在于肝脏等多种动物组织以及菠菜、银杏、番茄等植物中。

SOD 的主要生物学功能如下。

（1）抗氧化、抗衰老作用　SOD 作为能催化超氧阴离子歧化的自由基清除剂，具有辅助延缓衰老的作用。随着机体的老化，SOD 的含量会逐步下降，适时地补充外源性 SOD 可清除机体内过量的超氧阴离子自由基，辅助延缓由于自由基侵害而出现的多种衰老现象。

（2）提高机体对疾病的抵抗力　SOD 能预防或减轻由氧自由基引发的多种疾病，主要集中在预防和减轻辐射损伤、炎症、氧中毒、关节病、缺血再灌注损伤、老年白内障、糖尿病等多种疾病上。

（三）谷胱甘肽

谷胱甘肽（glutathione，GSH）是由谷氨酸、半胱氨酸和甘氨酸组成的三肽，是机体内最主要的、含量最丰富的含巯基的低分子肽，是维持机体内环境稳定不可缺少的物质。GSH 广泛存在于动物肝脏、血液、酵母、小麦胚芽等中。小麦胚芽及动物肝脏中含量高达 $100\sim1000mg/100g$，人血液中的含量为 $26\sim34mg/100g$，鸡血中含 $58\sim73mg/100g$、猪血中含 $10\sim15mg/100g$、狗血中含 $14\sim22mg/100g$。另外，在许多蔬菜、薯类和谷物中也含有 GSH。

GSH 具有很多生理功能，如参与解毒、维持红细胞完整、保护肝细胞、促进肝功能、参与机体代谢等，近年来对其开发和应用备受关注。GSH 的生物学功能主要包括：

① 能有效地清除自由基，防止自由基对机体的侵害；

② 能与体内的有毒物、重金属、致癌物结合，促其排出体外，故谷胱甘肽对肝脏也具有解毒功能，我国医药监督局将谷胱甘肽批准为治疗肝炎的辅助治疗药物；

③ GSH 过氧化酶是一种含硒酶，它能消除脂类过氧化物，是重要的抗氧化剂；

④ 对放射线、放射性药物或抗肿瘤药物引起的白细胞减少症能够起到有力的保护作用；

⑤ 可防止皮肤老化及色素沉着，减少黑色素的形成。

（四）牛磺酸

牛磺酸（taurine）是一种含硫氨基酸，分子量较小，无抗原性，易吸收。牛磺酸以游离氨基酸的形式普遍存在于动物体内各种组织中，海洋生物体内含量很高，哺乳动物的神经、肌肉和腺体组织中的含量也比较高，牛磺酸在脑内的含量明显高于其他脏器组织。坚果和豆科植物的籽实如黑豆、蚕豆、嫩豌豆、扁豆及南瓜籽中也含有丰富的牛磺酸。

近年来对牛磺酸在生物体内的分布、代谢、营养功能、作用机制等方面做了许多研究，结果表明，牛磺酸具有广泛的生物学功能，主要有以下几方面。

① 促进脑细胞 DNA，RNA 的合成、增加神经细胞膜的磷脂酰乙醇胺含量和脑细胞对蛋白质的利用率，从而促进脑细胞尤其是海马细胞结构和功能的发育，增强学习记忆能力。

② 改善视神经功能 牛磺酸占视网膜中氨基酸总量的 50%，是光感受器发育的重要营养因子，缺乏牛磺酸会引起光感受器的退化，使光传导功能受到抑制。

③ 促进脂类物质消化吸收 牛磺酸参与胆酸盐代谢，可协助中性脂肪、胆固醇、脂溶性维生素及其他脂溶性物质的消化吸收。

④ 抗氧化作用 牛磺酸能增强机体对自由基的清除能力，保护组织细胞免受过氧化作用的损伤，并具有稳定细胞膜的作用。

⑤ 免疫调节作用 牛磺酸可促进人淋巴细胞的增殖，还可以促进白介素 IL-2 的产生，增加 γ-干扰素的产生。

（五）酪蛋白磷酸肽（CPP）和调节血压肽

CPP 具有促进钙铁吸收、促进儿童生长发育、改善骨质疏松、促进骨折康复、预防儿童佝偻病等的功能。

调节血压肽是近年受各方关注的肽，包括酪蛋白的 12 肽、7 肽、6 肽；鱼贝类的 11 肽、8 肽；植物原料低相对分子质量（1000 以下）的大豆蛋白肽；玉米醇溶蛋白的玉米蛋白肽等。广州轻工业研究所很早就开始生产酪蛋白磷酸肽 CPP，目前国内已有多家生产，已列入 GB-2760 国家使用卫生标准。

二、功能性糖类物质

(一) 膳食纤维

膳食纤维 (dietary fiber, DF) 一般是指那些不被人体所消化吸收的碳水化合物。膳食纤维是一类复杂的混合物，按照其溶解性可分为水溶性膳食纤维 (SDF) 和水不溶性膳食纤维 (IDF) 两大类。SDF 的组成主要是一些胶类物质，如阿拉伯胶、琼脂、果胶、树胶等。IDF 的主要成分是纤维素、半纤维素、木质素和植物蜡等，它们是植物细胞壁的组成成分，存在于禾谷类和豆类种子的外皮及植物的茎和叶中。

膳食纤维的主要生物学功能如下。

(1) 预防便秘 膳食纤维可促进肠道蠕动，减少有害物质与肠壁的接触时间，尤其是果胶类吸水浸胀后，使大肠内容物的体积相对增加，有利于粪便排出。此外，膳食纤维在肠腔中被细菌产生的酶所降解，产生二氧化碳并使酸度增加、粪便量增加以及加速肠内容物在结肠内的转移而使粪便易于排出，从而达到预防便秘的作用。

(2) 调节肠内菌群和辅助抑制肿瘤作用 膳食纤维可改善肠内菌群，使双歧杆菌等有益菌活化、繁殖，从而抑制肠内有害菌的繁殖，并吸收有害菌所产生的二甲基联氨等致癌物质。膳食纤维还能促使多种致癌物随粪便一起排出，降低致癌物的浓度。

(3) 调节血脂 膳食纤维能结合胆酸使胆固醇向胆酸转化，促进胆酸的排泄，降低血浆胆固醇及甘油三酯的水平，从而预防动脉粥样硬化和冠心病等心血管疾病的发生。

(4) 减轻有害物质所导致的中毒和腹泻 膳食纤维可减缓许多有害物质对肠道的损害作用，从而减轻中毒程度。

(5) 调节血糖 膳食纤维中的可溶性纤维可延缓消化道对糖类的消化吸收，抑制餐后血糖值的上升，改善组织对胰岛素的敏感性。不溶性食物纤维能促进人体胃肠吸收水分，使人产生饱腹感，改善糖耐量。

(6) 控制肥胖 大多数富含膳食纤维的食物，仅含有少量的脂肪，且膳食纤维能与部分脂肪酸结合，使脂肪酸的吸收减少。因此，在控制能量摄入的同时，摄入富含膳食纤维的膳食对控制超重和肥胖有一定的作用。

膳食纤维有许多重要的生理功能，若人体摄入不足或缺乏会导致肠道及心血管代谢方面的很多疾病，而膳食中足够数量的纤维会保护人体免遭这些疾病的侵害，因此，膳食纤维成了继蛋白质、脂肪、碳水化合物、矿物质、维生素等之后被建议列为影响人体健康所必需的"第七大营养素"。膳食纤维可来源于多种植物性食物，如小麦麸、燕麦麸、玉米麸等谷物麸皮，糖甜菜纤维，角豆荚和角豆胶，香菇、木耳等多种食用菌以及各种水果、蔬菜等。

(二) 活性多糖

多糖 (也称多聚糖)，指含有 10 个以上糖基的聚合物，是由许多单糖经过糖苷键结合而成的多聚化合物。单糖的个数被称之为聚合度 (DP)，DP<100 的多糖为数不多，而大多数多糖的 DP 值为 200～300；纤维素也是一种多糖，它的 DP 值可达 7000～15000。作为功能食品功效成分使用的活性多糖主要是从一些植物和食用真菌中制备得到的，种类繁多。

1. 植物多糖

常见的植物多糖有茶多糖、枸杞多糖、魔芋甘露聚糖、银杏叶多糖、海藻多糖、香菇多糖、银耳多糖、灵芝多糖、黑木耳多糖、茯苓多糖等，植物多糖具有明显的机体调节功能和防病作用，因而日益受到人们的重视。

植物多糖的主要生物学功能如下。

(1) 抑制肿瘤作用 一些多糖对癌细胞具有很强的抑制作用，具有抗肿瘤活性。例如香菇多糖已作为原发性肝癌等恶性肿瘤的辅助治疗药物，金针菇多糖、云芝多糖、猪苓多糖、竹荪多糖、茯苓多糖等也都具有不同程度的抗癌活性。

(2) 调节免疫功能 许多多糖可显著提高机体巨噬细胞的吞噬指数，并可刺激抗体的产生，从而增强人体的免疫功能。

(3) 延缓衰老作用 金针菇多糖、银耳多糖等可显著降低机体心肌组织的脂褐素的含量，增加脑和肝脏组织的 SOD 酶活力，从而起到延缓机体衰老的作用。

(4) 抗疲劳作用 某些多糖具有降低机体乳酸脱氢酶活性的作用，可使肝糖原含量显著增加而提高机体的运动能力，并使机体在运动后各项指标迅速恢复正常，因而具有抗疲劳作用。

(5) 降血糖 有些植物活性多糖具有降血糖活性。

2. 动物多糖

动物多糖是从动物体内分离提取出的，具有多种生物活性的一类多糖，主要有海参多糖、壳聚糖、透明质酸等。

动物多糖的主要生物学功能如下。

(1) 增强免疫、抗肿瘤作用 壳聚糖具有增强免疫力、防肿瘤作用，并能促进动物对大肠杆菌和病毒感染产生非专一性的宿主抵抗性，促进抗体生成，并可以诱导白介素、增殖因子和干扰素的产生，发挥免疫调节剂的功能。海参多糖也可对抗多种动物肿瘤的生长，并能提高机体的细胞免疫力，改善因肿瘤或使用抗癌药物引起的机体免疫功能低下状况。

(2) 降血脂作用 壳聚糖可降低血清和肝脏组织中的胆固醇含量和脂肪水平，在降血脂、减肥、预防高血压等方面发挥着重要的保健作用。

(3) 其他作用 一些动物多糖具有排除肠道毒素和降低重金属对人体的毒害、抗辐射、防龋齿等方面的保健作用。壳聚糖含有游离氨基显碱性，在胃里能中和胃酸，形成一层保护膜，可辅助治疗胃酸过多症和预防消化性胃溃疡；透明质酸具有保持皮肤弹性的功能，还能保留大量水分，对皮肤具有保湿作用。

3. 真菌多糖

真菌多糖包括酵母菌多糖、霉菌多糖、真核藻类多糖和大型真菌多糖等。真菌多糖包括结构多糖和活性多糖，都属于生物活性多糖。结构多糖指组成细胞壁的结构成分——几丁质，活性多糖指在一类真菌中作为能量储存物质的多糖。活性多糖是由 D-葡萄糖、D-麦芽糖、L-阿拉伯糖、L-鼠李糖、D-半乳糖、L-岩藻糖、D-木糖、D-甘露糖、水苏糖等单糖主要以 1→3，1→4，1→6 糖苷键连接而成的高聚物。活性多糖的结构层次是其生物活性的基础。

真菌活性多糖的生物学功能主要体现在：增强机体免疫功能、抗肿瘤、抗突变、降血脂、抗衰老、抗菌和抗病毒等方面。影响真菌活性多糖功能的因素主要包括以下几个方面。

(1) 活性多糖的结构 活性多糖的一级结构和高级结构与其生物活性之间是否有直接关系也是当前糖化学和糖生物学共同关注的焦点。从总体上看，对于多糖构效关系的研究尚不完善，这可能是因为多糖的结构过于复杂。

(2) 活性多糖的相对分子质量 多糖的活性很大程度上取决于其相对分子质量的大小。一般说来，相对分子质量在 1 万以上的多糖具有较高的生物活性。

(3) 活性多糖的分支度 多糖的分支度与抗肿瘤活性关系密切，对于真菌多糖来说，一

般分支度在 $0.2 \sim 0.3$ 之间的分子有较高的生物活性。

(4) 活性多糖的溶解度 多糖的活性与溶解度有重要的关系，如 β-$(1 \rightarrow 3)$-D-葡聚糖不溶于水，将其部分羧甲基化后，水溶性提高，则它的抗肿瘤活性也明显提高。水溶性 D-葡聚糖有抗肿瘤活性，特别是那些直链的、无过长支链、不易被人体内 D-葡聚糖酶很快水解的多糖；而非水溶性多糖，如糖原、淀粉、糊精无活性，可能与它们有过长的支链、易被酶解有很大关系。

(5) 提取方法对多糖活性的影响 不同的提取方法得到的多糖结构有所差别，对其功能发挥有影响。因此，在多糖的制备工艺中，要注意提取溶剂、温度、pH、酶制剂等对多糖活性的影响。

此外，机体摄入多糖的方式、机体种系和性别及多糖的协同作用等因素都可能或多或少影响到多糖功能的发挥。

(三) 低聚糖

低聚糖 (oligosaccharide) 又称寡糖，是由 $2 \sim 10$ 个单糖通过糖苷键连接形成的直链或分支链的一类低度聚合糖。目前研究较多的功能性低聚糖有低聚果糖、大豆低聚糖、低聚半乳糖、低聚异麦芽糖、低聚木糖、低聚乳果糖等。人类胃肠道内缺乏水解这些低聚糖的酶系统，因此它们不容易被消化吸收，但在大肠内可被双歧杆菌所利用。

低聚糖不仅是调整肠道功能的益生元，且有一定甜度、黏度等某些糖类的属性，作为食品配料易为食品加工企业和消费者接受，可广泛应用于低热量食品、减肥食品中，另外高纯度 (95%) 低聚糖可用于糖尿病人食品和防龋齿食品。目前，我国卫生部批准的改善肠道菌群和润肠通便功能的功能食品中，已使用的低聚糖有低聚果糖、低聚异麦芽糖、低聚甘露糖、大豆低聚糖等；免疫调节功能的功能食品应用的低聚糖有壳聚糖。

低聚糖的主要生物学功能如下。

(1) 排除体内毒素，增强机体的抗病能力 作为体内有益肠道细菌——双歧杆菌的增殖因子，可改善肠道微生态环境，加强胃肠道消化吸收功能，有效排除体内毒素，增强机体的抗病能力。

(2) 预防龋齿作用 低聚糖甜度比蔗糖低，口感柔和，不能被口腔病原菌分解而生成导致龋齿的酸性物质，因此对预防龋齿具有积极作用。

(3) 增加免疫作用 低聚糖可通过增加免疫作用而抑制肿瘤细胞的生长，此外某些低聚糖对大肠杆菌有较强的抑菌作用，可阻碍病原菌的生长繁殖。

(4) 糖尿病人的专用食品添加剂 作为一种新型的甜味剂，低聚糖也是一种低能量糖，大豆低聚糖的热值仅为蔗糖的 50%，可添加在糖尿病人的专用食品中。

三、功能性脂类成分

油脂中的功能成分主要是磷脂、功能性脂肪酸、植物甾醇、二十八烷醇、角鲨烯等，主要来源于植物油脂、水生动物油脂、微生物油脂等功能性油脂中。

(一) 大豆磷脂

大豆磷脂 (soybean phosphatides) 是指以大豆为原料所提取的卵磷脂、脑磷脂、磷脂酰肌醇、游离脂肪酸等磷脂类混合物质，共有近 40 种含磷化合物，其中最主要的是磷脂酰胆碱。大豆磷脂作为重要的营养功能食品，已风靡美国、日本及欧洲各国。我国卫生部批准，磷脂可以用于调节血脂、调节免疫、延缓衰老和改善记忆功能等功能食品的开发生产。

大豆磷脂的主要生物学功能如下。

（1）强化大脑功能、增强记忆力的作用　大脑的思维活动是以脑细胞之间的"联系"为前提的，而这种联系是以乙酰胆碱为基础的。如果乙酰胆碱缺少，这种联系就会减弱，时断时续，直至完全中断，这种情形导致思维能力的减退，记忆力降低，直至记忆丧失。胆碱是卵磷脂的基本成分，卵磷脂的充足供应将保证有充分的胆碱与人体内的乙酰基合成乙酰胆碱，从而为人脑提供充足的信息传导物质，进而提高脑细胞的活化程度，提高人们记忆与智力水平。

此外，儿童阶段是大脑发育的关键时期，而磷脂是大脑细胞和神经系统不可缺少的物质。人脑约含30%磷脂，在各组织中占首位，约为肝肾的2倍，心肌的3倍。磷脂的代谢与脑的机能状态有关，补充磷脂能使儿童注意力集中，促进脑和神经系统的发育，使脑突触活动迅速而发达，使处于睡眠中的一小部分脑细胞活跃起来。能增进儿童的健康，改善学习和认知能力，记忆力和学习能力可提高20%～25%。

（2）延缓衰老作用　人体的衰老是细胞在新陈代谢过程中的死亡数大于再生数，细胞膜则控制着细胞的新陈代谢过程。此外，细胞间的热量生成与转移、信息传导、外部侵害的抵御能力与细胞的自身修复能力、细胞活性与再生能力等均与细胞膜的健康程度直接相关。细胞膜主要是由磷脂、蛋白质和胆固醇组成。老化的细胞膜中的胆固醇含量比年轻细胞膜中的量要高得多。胆固醇含量高的后果就是膜的硬化。硬化的膜会减慢对维持生命活动非常重要的物质交换，结果导致细胞老化乃至整个有机体衰老。

增加磷脂的摄入量，特别是像大豆磷脂这类富含不饱和脂肪酸的磷脂，能调整人体细胞中磷脂和胆固醇的比例，增加磷脂中脂肪酸的不饱和度，有效改善膜的功能，使之软化、年轻化，从而提高人体的代谢能力、自愈能力和机体组织的再生能力，增强整个机体的生命活力，从根本上延缓人体的衰老。

（3）降低胆固醇、调节血脂的作用　大豆磷脂具有显著降低胆固醇、甘油三酯、低密度脂蛋白的作用，其主要原因是大豆磷脂具有良好的乳化作用，影响了胆固醇与脂肪的运输与沉积，并能除去过剩的甘油三酯。大豆磷脂能使动脉壁内的胆固醇易于排出至血浆，并从血浆进入肝脏后排出体外，从而减少胆固醇在血管内壁的沉积。磷脂能给脑细胞周围的毛细血管运输新鲜氧气和营养，使血液流动畅通，改善脂肪的吸收和利用，缩短脂肪在血管内存留的时间，减少血清中胆固醇含量，清除部分胆固醇沉淀。

（4）维持细胞膜结构和功能完整性的作用　人体所有细胞中均含有卵磷脂，是细胞膜的主要组成部分，被称为"生命的基础物质"。磷脂中的卵磷脂可以提高神经系统中的乙酰胆碱的含量，能提高大脑与血液循环系统之间的联系，修复损伤的脑细胞，促进动脉硬化块消失，有效预防和改善老年痴呆症。可以改善因精神紧张所导致的急躁、易怒等症状，能够促进脑神经系统与脑容量的增长和发育。

（5）保护肝脏的作用　磷脂酰胆碱是合成脂蛋白所必需的物质，肝脏内的脂肪能以脂蛋白的形式转运到肝外，被其他组织利用或储存。所以，适量补充磷脂既可防止脂肪肝，又能促进肝细胞再生，是防治肝硬变、恢复肝功能的保健佳品。

（6）增强免疫功能的作用　有人以大豆磷脂脂质体进行巨噬细胞功能试验，结果发现巨噬细胞的应激性明显增加。研究发现，喂食大豆磷脂的大鼠，其淋巴细胞转化率提高，说明大豆磷脂具有增强机体免疫功能的作用。大豆磷脂也有增强人体淋巴细胞DNA合成的功能。

（7）对胆石症的作用　磷脂在胆汁中形成的微胶粒有助于胆汁中的胆固醇呈溶解状态，

若胆汁中胆固醇过多或磷脂减少，则胆汁中的胆固醇由于饱和而出现致石性胆汁，可在胆汁中析出胆固醇结晶而形成胆结石。在胆固醇结石的胆汁中，磷脂含量只有正常胆汁的1/3。资料表明口服磷脂能够增强胆汁溶解胆固醇的能力，使更多的胆固醇处于溶解状态，从而可防止胆结石的形成。

（二）多不饱和脂肪酸

多不饱和脂肪酸主要是 γ-亚麻酸、二十二碳六烯酸（DHA）、二十碳五烯酸（EPA）等。EPA（5,8,11,14,17-二十碳全顺五烯酸，即 C20：5n-3）和 DHA（4,7,10,13,16,19-二十二碳六烯酸，即 C22：6n-3）均属于 n-3 系列多不饱和脂肪酸。陆地植物油中几乎不含 EPA 和 DHA，在一般的陆地动植物油中也测不出。但一些高等动物的某些器官与组织中，例如眼、脑、睾丸及精液中含有较多的 DHA。海藻类及海水鱼中，都有较高含量的 EPA 和 DHA。在海产鱼油中，含有 AA（花生四烯酸）、EPA、DHA 等多不饱和脂肪酸，但以 EPA 和 DHA 的含量较高。海藻脂类中含有较多的 EPA，尤其是在较冷海域中的海藻。因此，EPA 和 DHA 多是从海水鱼油中提取并进行纯化，得到高含量 EPA 和 DHA 的精制鱼油，作为功能食品的基料使用。

日本发表的许多关于 EPA 和 DHA 的生物学功能的研究结果可归纳为 8 个方面：

① 降低血脂、胆固醇和血压，预防心血管疾病；

② 能抑制血小板凝集，防止血栓形成与中风，预防老年痴呆症；

③ 增强视网膜的反射能力，预防视力退化；

④ 增强记忆力，提高学习效率；

⑤ 抑制促癌物质前列腺素的形成，因而能预防癌症（特别是乳腺癌和直肠癌）；

⑥ 预防炎症和哮喘；

⑦ 降低血糖，预防糖尿病；

⑧ 抗过敏。

因此，EPA 和 DHA 必将会引起人们越来越多的关注。

（三）植物性甾醇

甾醇是广泛存在于生物体内的一种重要的天然活性物质，按其原料来源可分为动物性甾醇、植物性甾醇和菌类甾醇三大类。动物性甾醇以胆固醇为主，植物性甾醇主要为谷甾醇、豆甾醇和菜油甾醇等，而麦角甾醇则属于菌类甾醇。植物甾醇广泛存在于植物的根、茎、叶、果实和种子中，是植物细胞膜的组成成分，所有植物种子的油脂中都含有甾醇。

植物性甾醇的主要生物学功能如下。

① 预防心血管系统疾病　植物甾醇可促进胆固醇的异化，抑制胆固醇在肝脏内的生物合成，并抑制胆固醇在肠道内的吸收，从而具有预防心血管疾病的作用。

② 抑制肿瘤作用　植物甾醇具有阻断致癌物诱发癌细胞形成的功能，β-谷甾醇等植物甾醇对大肠癌、宫颈癌、皮肤癌的发生具有一定程度的抑制作用。

四、功能活性成分的功效性质及其来源

功能食品的常用功效成分对人体的作用还有待深入研究，尤其是功能食品在人体中起功能作用的用量。如果采用的量在膳食摄入量之内，应该是安全的；如果是经加工提取浓缩后的保健成分，每日用量必须具备安全性评价的资料。卫生部审批功能活性成分功效特性及其来源见表 2-1。

表 2-1　部分功能食品功效成分功能及来源

功 效 成 分	功 能	来 源
膳食纤维	润肠通便、降血脂、降胆固醇、减肥、抗癌	蔬菜、水果、粮食(粗)
多糖(7个以上糖分子组成)	抗疲劳、增强免疫力、降血糖、降血脂、抗癌	灵芝、香菇、枸杞、银耳、螺旋藻、虫草、猪苓、党参、人参、昆布、黑木耳、山药、刺五加、黄芪、茯苓
低聚糖(如低聚糖、低聚果糖、低聚异麦芽糖、大豆低聚糖)	降胆固醇、调节胃肠功能、促进消化吸收、润肠通便、调节肠道菌群、调节免疫力、抗肿瘤、保护肝功能、防龋齿	发酵工业制品原料如大豆、玉米、淀粉、半乳糖等,酵母菌等发酵产品
皂苷(皂甙)	抗疲劳、调节免疫力、抗衰老、抗肿瘤	人参、西洋参、红景天、绞股蓝、山药、三七
红景天苷	抗辐射、耐缺氧、降血脂和胆固醇(保护心血管系统)	
壳聚糖(几丁聚糖)	调节免疫力、改善便秘、预防肠癌、降低胆固醇、调节肠道菌群、降血压、抗心血管疾病	虾、蟹壳的提取物
二肽、多肽	增加钙吸收、易于消化吸收、降血脂、降低胆固醇、促进脂肪代谢、调节免疫力	蛋白质的水解产物如酪蛋白磷酸肽、大豆水解产物
免疫球蛋白	增强免疫力	牛初乳
乳酸菌(菌体及代谢产物)	改善肠道菌群、改善肠道功能、抗突变、抗肿瘤、抗衰老、增强免疫力	乳酸菌(LB9416)、乳杆菌、链球菌、明串珠菌及人球菌数、嗜酸乳杆菌、保加利亚乳杆菌、植物乳酸杆菌
双歧菌	降低胆固醇、生成营养物质、调节肠道菌群	双歧杆菌、两叉双歧杆菌、婴儿双歧杆菌
油酸、亚油酸、亚麻酸、γ-亚麻酸、EPA、DHA	降低甘油三酯、美容(祛斑)、降血脂、降血压、预防动脉硬化、预防糖尿病、预防视力下降	植物油(红花油、大豆油、葵花籽油、玉米胚芽油、米糠油、芝麻油、菜籽油、月见草油、黑加仑、沙棘子油、紫苏油)、螺旋藻、小球藻
角鲨烯、鲨鱼软骨素	抗氧化、耐缺氧	鱼油(金枪鱼、沙丁鱼、鲨鱼、鱿鱼、乌贼、马面豚肝)
大豆磷脂、卵磷脂	改善记忆、增强神经传导、预防高血压和冠心病、降低胆固醇、预防脂肪肝、降血糖、预防便秘	大豆、蛋黄
银杏黄酮、茶叶黄酮	降血脂、降血压、耐缺氧、抗衰老、抗氧化、清除自由基、保护心血管、抗肿瘤、保护脑神经系统	银杏叶、茶叶、大豆、山楂、沙棘、蜂蜜、陈皮、红花、甘草、金银花、银杏和茶叶的提取物
黄豆苷原、葛根素、大豆黄素	阻断和抑制致癌物的作用,类似雌激素作用;预防化学性肝损伤;降低胆固醇、防心血管病、抗氧化作用、促进免疫作用、抗血小板凝聚	大豆、甘蓝、蔷薇果、木瓜、葛根、柑橘类、洋葱、青椒、绿茶、谷粒
植物雌激素(多元醇类)	抗氧化、抑制自由基、防乳腺癌和前列腺癌	大豆等豆类、亚麻子
维生素 A、胡萝卜素、维生素 E、维生素 C、SOD、硒、多酚类	抗氧化作用、增强免疫力、清除自由基、防衰老、抗肿瘤、抗辐射	动物肝脏、绿色蔬菜、植物油、水果、蔬菜、牛血、猪血、沙棘果的提取物
茶多酚	辅助抑制肿瘤、抗氧化剂、降低胆固醇、抗癌、预防心脑血管疾病	茶叶、大蒜、黄豆、亚麻子、甘草根
香豆素、木酚素	抗氧化剂、阻断或抑制癌病变	亚麻子、蔬菜、水果、全谷粒制品
芹菜甲素	增强记忆力、改善脑缺血、镇静作用	旱芹
花青素	降低胆固醇、增加冠脉流量、预防心血管疾病、延缓衰老、抗癌	葡萄籽及枝
大蒜素	预防冠心病、降血脂、抗菌、抗癌、调节血糖、清除自由基	大蒜

功 效 成 分	功 能	来 源
虫草素	调节免疫力、调节血脂、抗疲劳、抗肿瘤	冬虫夏草、发酵制品
花粉(黄酮、激素、酶)	保护心脑血管、增强记忆、抗疲劳、增强免疫力、抗衰老	花粉
珍珠粉	美容、调节免疫	珍珠
L-肉碱	减肥、促进脂肪酸氧化、减少体脂；提高机体抗耐受力	从肉汁膏中提取、工业合成
红曲素 K	降血脂、降胆固醇	红曲提取物
蒽醌、苯醌、萘醌	抗肿瘤、抗菌、止血	芦荟、大黄、决明子、番泻叶、紫草、何首乌
10-羟基-α-癸烯酸	增强免疫力	蜂蜜
褪黑素	调节睡眠、延缓衰老、预防心脏病；预防糖尿病及高血压、增强免疫力、增强药物的抗癌效果	燕麦、甜玉米、大米、番茄、香蕉、化学合成
蚯蚓激素	抗血小板凝聚	蚯蚓提取物
蚁酸	预防风湿性关节炎	蚂蚁

第三节　功能食品的保健原理

功能食品除了具有一般食品皆具备的营养价值和感官功能外，还具有调节人体生理活动或促进健康的作用。

一、增强免疫功能

免疫是机体在进化过程中获得的识别自身、排斥异己的一种重要生理功能。免疫功能包括免疫防护、免疫自稳和免疫监视三方面内容。免疫系统通过对自我和非我物质的识别和应答以维持机体的正常生理活动。

人体免疫系统由免疫器官、免疫细胞和免疫分子组成。免疫活性细胞对抗原分子的识别、自身活化、增殖、分化及产生效应的全过程称之为免疫应答，包括非特异性免疫和特异性免疫。非特异性免疫系统包括皮肤、黏膜、单核-吞噬细胞系统、补体、溶菌酶、黏液、纤毛等；而特异性免疫系统又分为 T 淋巴细胞介导的细胞免疫和 B 淋巴细胞介导的体液免疫两大类。

与免疫功能有关的功能食品是指那些具有增强机体对疾病的抵抗力、抗感染以及维持自身生理平衡的食品。研究表明，蛋白质、氨基酸、脂类、维生素、微量元素等多种营养素，以及核酸、类黄酮物质等某些食物成分都具有免疫调节作用。增强免疫功能的作用原理大致包括以下 3 个方面。

① 参与免疫系统的构成　蛋白质是直接参与人体免疫器官、抗体、补体等重要活性物质的构成。

② 促进免疫器官的发育和免疫细胞的分化　经过体内外大量研究发现，维生素 A、维生素 E、锌、铁等微量营养素通常可通过维持重要免疫细胞正常发育、功能和结构完整性而不同程度地提高机体免疫力。

③ 增强机体的细胞免疫和体液免疫功能　例如适量补充维生素 E 可提高人群和试验动物的体液和细胞介导免疫功能，增加吞噬细胞的吞噬效率。许多营养因子还能提高血清中免

疫球蛋白的浓度，并促进免疫机能低下的老年动物体内的抗体的形成。

二、辅助改善记忆

学习是指人或动物通过神经系统接受外界环境信息而影响自身行为的过程。记忆是指获得的信息或经验在脑内储存、提取和再现的神经活动过程。科学研究证实，蛋白质和氨基酸、碳水化合物、脂肪酸、锌、铁、碘、维生素C、维生素E、B族维生素，以及咖啡因、银杏叶提取物、某些蔬菜和水果中的植物化学物等多种营养素或食物成分在中枢神经系统的结构和功能中发挥着重要作用，有的参与神经细胞或髓鞘的构成；有的直接作为神经递质及其合成的前体物质；还有的与认知过程中新突触的产生或新蛋白的合成密切相关。

辅助改善记忆的功能食品作用原理如下。

（1）参与重要中枢神经递质的构成、合成与释放　酪氨酸是去甲肾上腺素（NE）和多巴胺合成的前体，色氨酸是神经递质5-羟色胺（5-HT）的前体，胆碱是乙酰胆碱（Ach）的前体，而这些神经递质在学习记忆过程中发挥重要作用。研究发现，维生素B_1和维生素B_{12}均参与脑中Ach的合成；维生素B_6与叶酸则可影响脑中5-HT的合成效率；维生素B_6还参与谷氨酸及其受体激活的调节。谷氨酸属于兴奋性神经递质之一，但是含量过高会损伤神经元。维生素C可影响NE等重要神经递质的合成，并可调节多巴胺受体和肾上腺素受体的结合。

（2）影响脑中核酸的合成及基因的转录　锌营养状况与学习记忆功能密切相关。锌可作为酶的活性中心组分参与基因表达，如RNA聚合酶Ⅰ、聚合酶Ⅱ、聚合酶Ⅲ均为含锌金属酶，分别是合成rRNA、tRNA和mRNA所必需的。动物实验表明，缺锌使大鼠脑中DNA和RNA合成减少。

（3）减轻氧化应激损伤　研究结果表明，洋葱、姜以及茶叶、银杏等草本植物对衰老以及阿尔茨海默病（AD）病时行为功能具有改善作用。由于AD病与活性氧（ROS）所致过氧化损伤有关，而银杏叶提取物改善动物认知功能的效用与其抗氧化活性有关，提示银杏叶可能具有防治衰老和AD认知功能紊乱的应用价值。

（4）对心脑血管病的影响　膳食中摄入的高饱和脂肪酸及胆固醇可增加心脑血管病和动脉粥样硬化发生的危险性。n-6多不饱和脂肪酸广泛影响脂类代谢，与心血管病呈负相关，可降低痴呆病发生的危险性。而亚油酸可增加氧化性低密度脂蛋白胆固醇的含量，进而增加动脉粥样硬化和痴呆发生的危险性。鱼类中的二十碳五烯酸（EPA）和二十二碳六烯酸（DHA）可降低心脑血管病发生的危险性，因而可能与痴呆发生存在负相关。

三、抗氧化和延缓衰老

任何需氧的生物在正常发育和功能活动中都会产生活性氧（ROS），它会导致DNA、脂质和蛋白质等生物大分子的氧化性损伤，并可能增加肿瘤、心血管疾病、类风湿性关节炎、帕金森病等疾病的发生率。最常见的ROS有过氧基自由基（ROO^-）、氮氧自由基（NO^-）、超氧阴离子自由基（O_2^-）、羟自由基（OH^-）、单线态氧（$^1O_2$）、过氧亚硝基（$ONOO^-$）和过氧化氢（H_2O_2）。人体抗氧化防御系统包括超氧化物歧化酶、过氧化氢酶、谷胱甘肽过氧化物酶等抗氧化系统和维生素C、维生素E、类胡萝卜素等非酶性抗氧化系统。此外泛醌-10、谷胱甘肽（GSH）、尿酸盐或胆红素等多种内源性低分子量化合物也参与抗氧化防御。人类膳食中含有一系列具有抗氧化活性和有明显清除ROS能力的化合物，如维生素E、维生素C和β-胡萝卜素是主要的抗氧化营养素，对维持健康和减少慢性疾病的发生具有益作用。

衰老是人体在生命过程中形态、结构和功能逐渐衰退的现象，其发生发展受遗传、神经、内分泌、免疫、环境、社会、生活方式等多种因素的影响。衰老机制比较复杂，其中为人们普遍接受的是自由基学说——认为体内过多的氧自由基诱发脂质过氧化，使细胞膜结构受到损伤，从而引起细胞的破坏老化和功能障碍。延缓衰老的功能食品就是指具有延缓组织器官功能随年龄增长而减退，或细胞组织形态结构随年龄增长而老化的食品。维生素 E、类胡萝卜素、维生素 C、锌、硒、脂肪酸等多种营养素，以及茶多酚、多糖、葡萄籽原花青素、大豆异黄酮等食物成分均具有明显的抗氧化与延缓衰老功效。抗氧化和延缓衰老的功能食品作用原理大致包括以下几个方面。

(1) 保持 DNA 结构和功能活性　研究表明，维生素 C、维生素 E、类胡萝卜素和黄酮类等具有抗 DNA 氧化损伤的生物学作用，避免引起因 DNA 链断裂和/或对碱基的修饰而可能导致基因点突变、缺失或扩增。

(2) 保持多不饱和脂肪酸的结构和功能活性　动脉壁中低密度脂蛋白的氧化，对动脉脂肪条纹形成的发病机制起重要作用，而脂肪条纹的形成导致动脉粥样硬化。脂蛋白的脂类和蛋白质部分都受到氧化修饰，氧化型低密度脂蛋白的特点是可促使动脉粥样硬化。此外，氧化应激在神经元退行性变过程中可能起重要作用，因为 ROS 能导致所有细胞膜的多不饱和脂肪酸发生过氧化作用。研究表明，上述抗氧化营养素具有抗动脉粥样硬化和神经保护作用。

(3) 参与构成机体的抗氧化防御体系，提高抗氧化酶活性　硒、锌、铜、锰为 GSH-P_X、SOD 等是抗氧化酶构成所必需。姜黄素能使动物肝组织匀浆中 SOD、GSH-P_X 和过氧化氢酶的活性提高，对动物心、肾、脾等组织都有明显的抗氧化作用。

四、辅助调节血脂

血浆中的脂类主要分为胆固醇、甘油三酯、磷脂、胆固醇酯及游离脂肪酸 5 种。除游离脂肪酸直接与血浆白蛋白结合运输外，其余脂类均与载脂蛋白结合，形成水溶性的脂蛋白进行转运。肠道吸收的外源性脂类、肝脏合成内源性脂类和脂肪组织储存、脂肪动员都需要经过血液，因此血脂水平可反映全身脂类代谢的状况。在正常情况下，人体脂质的合成和分解保持一个动态平衡，即在一定范围内波动，当总胆固醇高于 5.72mmol/L，甘油三酯高于 11.70mmol/L 时即为临床上所称的高脂血症。高脂血症及脂质代谢障碍是动脉粥样硬化形成的主要危险因素，也是出血性脑卒中的危险因素。辅助调节血脂的功能食品作用原理大致包括以下两方面。

(1) 降低血清胆固醇　膳食纤维能明显降低血胆固醇，因此燕麦、玉米、蔬菜等含膳食纤维高的食物具有辅助降血脂作用。菜油固醇、谷固醇和豆固醇等化合物在结构上与胆固醇有一定关系，可以降低胆固醇的吸收，长期以来被认为是降低 LDL 胆固醇因子。

(2) 降低血浆甘油三酯　膳食成分可能影响空腹甘油三酯浓度，主要是通过改变肝脏分泌极低密度脂蛋白-甘油三酯的速度。空腹甘油三酯浓度是餐后血脂反应的一个决定因素。研究证实，富含 n-3 多不饱和脂肪酸的膳食，常可降低空腹血浆甘油三酯浓度，并可降低餐后血脂水平。

五、降低血糖

通过检测空腹血糖水平、餐后血糖水平、糖化血红蛋白、果糖胺等指标评价机体糖代谢状况。对非糖尿病患者或轻度糖尿病者，还要进行口服葡萄糖耐量试验。评价食物对葡萄糖代谢的影响时，要测定血浆胰岛素浓度和胰岛素敏感性。碳水化合物是影响血糖控制的主要膳食成分。在糖尿病治疗膳食中，可消化的碳水化合物含量过高，尤其是内源性胰岛素分泌严重受损的胰岛素依赖型糖尿病患者，血糖代谢对外源性影响更为敏感。另一方面，在食用维持体重的膳食时，大幅度降低膳食中可消化的碳水化合物很难做到，因减少碳水化合物的摄入必然以增加蛋白质或脂肪的摄入来补偿。控制血糖水平是避免和控制糖尿病并发症的最好办法。目前临床上常用的口服降糖药都有副作用，可引起消化系统的不良反应，有些还引起麻疹、贫血、白细胞和血小板减少症等。因此，寻找开发降低血糖的功能食品越来越受重视。

降低血糖的功能食品作用原理大致包括以下几个方面。

（1）改善对胰岛素的敏感性　降低膳食的血糖生成指数（GI）可能改善受体对胰岛素的敏感性。许多研究观察到对非胰岛素依赖型糖尿病病人用低 GI 膳食时可改善其对血糖的控制，间接证明了低 GI 膳食可以改善其对胰岛素的敏感性，后来在冠心病人中直接证明有这种作用。

（2）延缓肠道对糖类和脂类的吸收　许多植物的果胶可延缓肠道对糖和脂类的吸收，从而调节血糖。另外，糖醇类在人体代谢不会引起血糖值和血中胰岛素水平的波动，可用作糖尿病和肥胖患者的特定食品。

（3）参与葡萄糖耐量因子的组成　铬是葡萄糖耐量因子的组成成分，可协助胰岛素发挥作用，铬缺乏后可导致葡萄糖耐量降低，使葡萄糖不能充分利用，从而导致血糖升高，可能导致Ⅱ型糖尿病的发生，目前已证明含低 GI 膳食可以改善糖尿病患者的葡萄糖耐量。

六、辅助降血压

我国成年人高血压判别标准：收缩压＞140mmHg，舒张压＞90mmHg。高血压的病因可能与年龄、遗传、环境、体重、食盐摄入量、胰岛素抵抗等有关。其发病机理主要有交感肾上腺素系统功能亢进学说、肾原学说、心钠素学说、离子学说等。此外，冠心病也与收缩压和舒张压呈很强的相关性，血压越高，冠心病的发病率及程度严重，治疗高血压可以降低与冠状动脉有关疾病的危险性。据统计，通过低盐、低酒精摄入、避免肥胖以及增加膳食中 K^+/Na^+ 比值等非药物途径可使收缩压下降 8mmHg 左右。

辅助降血压的功能食品可能的功能原理如下。

（1）不饱和脂肪酸的作用　一些流行病学研究发现，膳食中多不饱和脂肪酸可能具有降血压作用，补充 n-3 多不饱和脂肪酸可降低高血压患者的血压，推测可能是降低血管收缩素（TxA_2）的生成。通常认为，亚油酸和 n-3 长链多不饱和脂肪酸影响血压的原因在于这两种物质可改变细胞膜脂肪酸构成和（或）膜流动性，进而影响离子通道活性和前列腺素的合成。

（2）控制钠、钾的摄入量　在高血压的发生中，环境因素也起一定作用。摄入钠会使血压升高，钾摄入量与血压呈负相关关系。

七、改善生长发育

生长是指某一特定类型细胞的数目和大小增加，表现为身体大小的改变，是一种与身体高度和重量增加有关的现象。而发育是指组织和器官的进行性分化，并获得其特有的功能。生长发育不是简单的身体由小增大的过程，而涉及到个体细胞的增加分化、器官结构及功能的完善。其中骨骼的生长和矿化对于体格形成十分重要。目前用于改善儿童生长发育的功能食品主要包括高蛋白食品、维生素强化食品、赖氨酸食品、补钙食品、补锌食品、补铁食品和磷脂食品、DHA 食品等。

改善儿童生长发育的功能食品作用原理可归纳为以下几个方面。

（1）促进骨骼生长 补钙有益于骨骼生长和健康，在 2～5 岁时用高钙配方食品喂养，儿童的骨骼矿物质含量更高。给儿童、青少年补钙可使骨量峰值增加。此外，磷、镁、锌、氟、维生素 D、维生素 K 等也是骨骼矿化过程中的重要营养素。

（2）影响细胞分化 大量研究表明，视黄酸可影响胎儿发育。因此，维生素 A 或 β-胡萝卜素缺乏或过多，很可能对组织分化和胎儿发育有很大影响。此外，脂肪酸不仅能改变已分化的脂肪细胞的某些特定基因的转录速率，还可通过一种转录因子的作用诱导前脂肪细胞分化为新的脂肪细胞。

（3）促进细胞生长和器官发育 细胞生长和器官发育都需要多种营养素的维护。蛋白质、脂类、维生素 A、参与能量代谢的 B 族维生素以及锌、碘等元素，都是人体发育不可缺少的重要营养素，如果供应不足，可能影响到组织的生长和功能。微量元素锌和碘的补充与儿童生长发育速度呈正相关关系。

八、减肥

肥胖是一种由多因素引起的慢性代谢疾病，而且是 II 型糖尿病、心血管病、高血压病、脑卒中和多种癌症的危险因素。肥胖发生原因与遗传、静态生活方式、高脂膳食以及能量平衡失调等因素有关，同时也与高血压、胰岛素抵抗、糖尿病以及心血管疾病的危险性增加有关。肥胖降低人们的活力和工作能力，引发一些合并症，导致死亡率增加。目前，各种膳食纤维、低聚糖、多糖都可作为减肥食品的原料，燕麦、螺旋藻、食用菌、魔芋粉、苦丁茶等也都具有较好的减肥效果。减肥功能食品作用原理可归纳为以下几个方面。

（1）减少能量摄入 膳食纤维由于不易被消化吸收，可延缓胃排空时间，增加饱腹感，从而减少食物和能量的摄入量。L-肉碱作为机体内有关能量代谢的重要物质，在细胞线粒体内使脂肪进行氧化并转变为能量，减少体内的脂肪积累，并使之转变成能量。

（2）调节脂类代谢 脂肪代谢调节肽具有调节血清甘油三酯的作用，脂肪代谢调节肽能够促进脂肪代谢，从而抑制体重的增加，有效防止肥胖的产生。有的物质能水解单宁类物质，在儿茶酚氧化酶的催化下形成邻醌类发酵聚合物和缩聚物，对甘油三酯和胆固醇有一定的结合能力，结合后随粪便排出，而当肠内甘油三酯不足时，就会动用体内脂肪和血脂经一系列变化而与之结合，从而达到减肥的目的。

（3）促进能量消耗 咖啡因、茶碱、可可碱等甲基黄嘌呤类物质，以及生姜和香料中的辛辣组分均有生热特性，含有这些"天然"食物组分的食品，可能是促进能量消耗、维持能量平衡、进而维持体重保持在可接受范围之内的有效途径。

第四节 功效成分的吸收与代谢

评价一种生物活性物质在体内的效果，重要的是看它被机体的吸收效率如何？吸收后在机体内的代谢如何？代谢后的产物是否具有与代谢前物质一样的生理活性？这些问题正是目前有关生物活性物质研究中最为薄弱的环节，然而却是最为重要的问题。

导致目前有关这方面研究落后的原因很多，一方面受检测技术的限制，活性物质的结构本来就较复杂，难以检测，经过代谢后，形成的代谢将更加复杂，而且含量较低更增加了检测的难度。另一方面，一种物质在体内代谢途径异常复杂，目前大多代谢研究几乎都采用

"黑箱"模型，即吃了多少，排泄出来多少，然后根据排泄物，来推测它们在机体内的可能代谢途径。

一、大豆多肽的吸收与代谢

大豆多肽（soy peptide）即"肽基大豆蛋白水解物"的简称，是大豆蛋白质经蛋白酶作用后，再经特殊处理而得到的蛋白质水解产物。大豆多肽的必需氨基酸组成与大豆蛋白质完全一样，但含量更加丰富和平衡，且多肽化合物易被人体消化吸收，具有防病、治病、调节人体生理机能的作用。大豆多肽是极具潜力的一种功能性食品基料，已逐渐成为 21 世纪的健康食品。

传统的蛋白代谢模型认为，作为食品摄取的蛋白质通常被认为是在胃中被胃蛋白酶消化成小肽后，再在小肠由胰蛋白酶、糜蛋白酶等水解为游离氨基酸，才能被人体或动物体吸收利用。因此人或动物对蛋白质的需要，就是对必需氨基酸和合成非必需氨基酸的需要。但现代试验用试管模拟体内条件进行酶分解时，却得不到完全分解的氨基酸。大部分停留在多肽状态。另外，用摘除的老鼠小肠进行的反转小肠实验和小肠灌流实验，已经证明大豆多肽能够通过小肠黏膜，由肠道不经降解直接吸收。

目前，关于肽的吸收机制主要有以下两种观点。

① 机体对含氮物质的吸收存在着游离氨基酸和小肽吸收两种相互独立的转运机制。通过对刷状缘膜囊（BBMV）的研究表明，肽的吸收具有产电性，是与 H^+ 相关的协同转运，且在吸收过程中需要一方向朝里的 H^+ 梯度。而氨基酸的吸收是通过不同的 Na^+ 泵或非 Na^+ 泵转运体系进行的。肽的吸收体系与氨基酸相比，具有吸收快，能耗低，不易饱和的特点，且各种肽之间转运无竞争性和抑制性。

② 氨基酸由于受高渗透压的影响，水分会从周边组织细胞中向胃移动，减慢了水分从胃向小肠移动的速度。而蛋白质在小肠中需要进行消化，故吸收速度也减慢。对于大豆多肽，这些情况不存在，因为它的渗透压比氨基酸低，从胃到小肠的移动率及在小肠的吸收率都比较快。这种非选择性吸收对肽的生物活性在宿主中的表达具有重要意义。另外，分子较大的肽吸收是上皮细胞层中细胞脱落留下的空缺部位或细胞内吞作用造成的。

总之，肽的吸收途径与方式是被吸收肽不仅仅作为氨基酸的提供者，而且有可能将肽结构方面（包括氨基酸组成与序列）的信息传递给宿主，表现出与游离氨基酸完全不同的生物活性。

二、大豆异黄酮的吸收与代谢

大豆异黄酮（soybean isoflavones）是大豆生长过程中形成的次级代谢产物，大豆籽粒中异黄酮含量为 0.05％～0.7％，主要分布在大豆种子的子叶和胚轴中，种皮中极少。长期以来，大豆异黄酮被视为大豆中的不良成分。但近年的研究表明，大豆异黄酮对癌症、动脉硬化症、骨质疏松症以及更年期综合征具有预防甚至治愈作用。自然界中异黄酮资源十分有限，大豆是唯一含有异黄酮且含量在营养学上有意义的食物资源，这就赋予大豆及大豆制品特别的重要性。

目前已经发现的大豆异黄酮共有 15 种，分为游离型的苷元和结合型的糖苷两类。苷元占总量的 2％～3％，糖苷占总量的 97％～98％。目前已分离鉴定出三种大豆异黄酮，即染料木黄酮（genistein）、黄豆苷元（daidzein）和大豆黄素（glycintein）。大豆籽粒中，50％～60％的异黄酮为染料木黄酮，30％～35％为黄豆苷元，5％～15％为大豆黄素。大豆中的异黄酮存在形式主要是配糖体，而它的配基（aglycon）形式所表现出来的活性要比配糖体高得多。此外，不同形式的异黄酮在机体内的吸收也不同，其配糖体几乎不被吸收。大豆异黄酮在人体中的消化、吸收途径还不完全清楚，根据从人体的血液和尿液中分离、鉴定出的大豆异黄酮代谢中间体的结构，可以推断出大豆异黄酮在人体内的吸收代谢途径与其他动物的应该基本相同。

1. 大豆异黄酮的吸收

人体实验表明，大豆异黄酮主要在肠道中被吸收，吸收率为 10%～40%。大豆异黄酮的吸收途径根据其结构的不同可分为小肠直接吸收、降解后被结肠壁吸收两种方式。

① 脂溶性的苷元可从小肠直接吸收，机理尚不清楚，估计是由于苷元的脂溶性以及分子空间结构较小，使得苷元可被小肠壁上的绒毛上皮细胞被动扩散直接吸收，也有人认为大豆异黄酮在小肠的吸收是通过主动转运，涉及的主要蛋白是糖基转运蛋白及乳糖脱氢酶（LPH）。

② 含有大豆及其制品的食物中的异黄酮类成分大部分以糖苷形式存在，不能通过小肠壁，其在肠蠕动下行的过程中通过结肠中的细菌、微生物的 β-葡萄糖苷酶或 β-半乳糖苷酶作用而水解，生成的产物又进一步被细胞降解，生成苷元，被结肠壁吸收入血。大豆异黄酮的吸收与人体肠道内微生物种类密切相关，分布在小肠下端和大肠中的乳酸菌和双歧杆菌能分泌 β-葡萄糖苷酶，有利于异黄酮苷的水解和吸收。相反，肠道中的 *Clostridia* 属细菌在厌氧环境中能切除异黄酮的 C 环，破坏异黄酮原有的结构。

Steesma 等的体外研究表明，金雀异黄素和大豆黄素及其糖苷成分可通过小肠内皮的 Caco-2 细胞进行转运。研究在半透膜上培养 Caco-2 细胞，通过内皮转移电阻仪测定 Caco-2 单层细胞的积分，并通过使用同位素标记的聚乙二醇 2000（PEG2000）定量分析其通透性。结果发现，给药 6h 后，30%～40% 的金雀异黄素及大豆黄素从顶面被转移至基底部，且这种转运水平可维持 24h；糖苷成分只能通过 Caco-2 细胞转运，就 Caco-2 细胞而言，金雀异黄素及大豆黄素的代谢没有明显差异；糖苷成分可以直接被 Caco-2 细胞代谢为苷元，表明 Caco-2 细胞具有内源性 β-葡萄糖苷酶活性。

Wihiamson 等通过人体代谢实验发现，食用金雀异黄素和大豆黄素后，血浆中先后出现两个大豆异黄酮的吸收峰，第一峰在 30～60min 之间出现，峰高较低，峰面积较小，占全部吸收量的 30%；第二峰 6～9h 出现，峰高较高，峰面积较大，占全部吸收量的 70%。研究认为结肠是大豆异黄酮消化和吸收的主要部位。

2. 大豆异黄酮的代谢

研究证实，肝脏在大豆异黄酮的代谢过程中起关键性作用，在家兔身上发现肝脏微粒体内的 UDP-葡萄糖醛酸转移酶对异黄酮类成分具有葡萄糖醛酸化、硫酸化或甲基化作用。有研究认为大豆异黄酮主要是与葡萄糖醛酸结合，而与硫酸结合形成的结合物含量较少。苷元和结合型产物可随胆汁分泌到肠腔中，在结肠微生物产生的脱结合酶作用下，水解产生苷元再重新入血。与此同时，大部分黄酮类化合物被肠腔内微生物通过杂环裂解方式降解和代谢，产物可吸收入血液，再从尿中排出，但尿排出量只占吸收量的 7%～30%，未被吸收的部分随粪便排出。近年来关于金雀异黄素在大鼠体内的药代动力学研究推测，膳食中的大豆异黄酮也可以通过胆汁分泌，因为在口服金雀异黄素后，其在很短的时间内就可以在胆汁中检测到。

大豆异黄酮类物质的血液浓度与日常摄入量有关，在高摄入量的亚洲人中大部分人血中金雀异黄素浓度达到较高水平。Kelly 等检测 12 名志愿者摄入大豆膳食后尿中异黄酮代谢产物，证实尿中有金雀异黄素、大豆黄素、黄豆黄素及其代谢产物，说明部分经肾排出，也有部分从肝脏分泌到胆汁，形成肝肠循环及排泄。

肾脏及肠道中的微生物将大豆异黄酮的母核形式降解为较为简单的酚性成分。研究发现，肾脏功能异常者不能排泄大豆异黄酮。进入尿及肠道中的大豆异黄酮在细菌降解作用下，大豆黄素继续被微生物还原为双氢大豆素以及异黄烷-4-醇等中间产物，最终代谢产物为稳定的雌马酚。也有少量的大豆黄素受微生物的作用，解开环成为氧去甲基安哥拉紫檀素。而没有被吸收的金雀异黄素则最终被微生物降解为无雌激素活性的 4-乙基苯酚。有研究者发现给予尿毒症病人大豆制品，其尿中没有雌马酚和 4-乙基苯酚。HPLC 分析表明，口服金雀异黄素的受试动物的血浆以及尿液中，均存在 4-乙基苯酚；用 ^{13}C 标记的金雀异黄素进行代谢研究，发现血浆、尿液中的 4-乙基苯酚含量与摄入的异黄酮含量之间存在着线性关系。

Fritz 的研究证明，用反相高效液相色谱（RP-HPLC）可从东方妇女的乳汁中检测出大豆异黄酮，证明大豆异黄酮可通过乳汁分泌。不同个体乳汁中异黄酮含量差异较大，在 Franko 等的研究中，白人妇女乳汁中的金雀异黄素含量高于大豆黄素，而中国妇女则与之相反。人乳中的异黄酮含量不高，甚至在有的实验中不能检测出。可见，婴儿从母乳中可获得一定量的异黄酮，但其量不多。怀孕母亲也可通过脐静脉和羊水将大豆异黄酮传递给子代，这是东方儿童在一生中有影响并降低癌症危险度的重要因素。

三、人参皂苷的吸收与代谢

已发现的人参活性成分主要有人参皂苷、人参多糖、挥发油、有机酸及多肽等。人参皂苷是人参所含的最重要的一类活性物质。根据苷元的不同可将人参皂苷分为原人参二醇、原人参三醇和齐墩果酸三类。由前两种苷元所组成的皂苷具有生理活性，由后一种苷元所组成的皂苷没有生理活性。人参皂苷 Ra_1、Ra_2、Rb_1、Rb_2、Rb_3、Rc、Rd 的苷元为原人参二醇；人参皂苷 Re、Rf、Rg_1、Rg_2、Rh_1 和 20-葡萄糖基-Rf 的苷元为原人参三醇；人参皂苷 Ro 的苷元为齐墩果酸。人参能显著降低机体的耗氧量，能使大脑兴奋过程的疲惫性降低，并能使糖原、高能磷酸化物的利用更经济，还能防止乳酸与丙酮酸的堆积，并使其代谢更加完全。试验表明，人参中含有促进疲劳恢复的成分，其中的人参皂苷 Rb_1、Rb_2、Rc、Rd、Re、Rf、Rg_1 均可明显增加小鼠被迫行走后的自发活动。

（1）人参皂苷 Rg_1 的吸收与代谢　研究表明，人参皂苷 Rg_1 在大鼠的上消化道能被迅速吸收，其吸收量占人参皂苷 Rg_1 投药剂量的 $1.9\% \sim 20.0\%$。Rg_1 在大鼠胃中能部分分解，其分解产物与 Rg_1 在温和条件下酸水解（0.1mol/L HCl，37℃）时的产物一致。Rg_1 在血清中的浓度 30min 即达峰值。1.5h 内，Rg_1 在大鼠各组织中达最大浓度。但在脑中没有发现 Rg_1。Rg_1 分泌进入大鼠尿液和胆汁中的比例为 2:5。实验证实，Rg_1 在肝中代谢并不显著，主要是在大鼠胃以及肠内分解代谢。人参皂苷 Rg_1 在大肠中能被四环素敏感菌及抗四环素菌类分解成 20（R，S）Rh_1 水合衍生物及 F_1。研究表明，大鼠按 100mg/kg 口服 Rg_1 150min 后，Rg_1 在大鼠各器官中的分布（μg/g 组织）为肝 2.32、肾 4.60、心脏 2.65、肺 4.65、脾 4.90、胃 55.0、小肠 15177.0、大肠 51.60 及血清 0.4μg/mL。另据报道，红参皂苷 Rg_1 在机体内主要经胆汁排泄。

（2）人参皂苷 Rb_1 的吸收与代谢　据报道，人参皂苷 Rb_1 对大鼠灌胃或静脉注射后，其在机体内的吸收、分布与 Rg_1 不同，对大鼠灌胃（100mg/kg）Rb_1，在消化道吸收的 Rb_1 数量极少。研究表明，人参皂苷 Rb_1 在大鼠胃中仅有微量分解。其分解产物与 Rb_1 在温和条件下酸水解的产物不同。人参皂苷 Rb_1 对大鼠静脉注射（5mg/kg），Rb_1 血药浓度

下降的 $t_{1/2}$ 为 14.5h。推测人参皂苷 Rb_1 静脉注射后在大鼠血清与组织中长时间维持一定浓度，可能是由于 Rb_1 与血浆蛋白以键合力相结合的结果。Rb_1 可逐渐被排泄进入尿液，但胆汁中没有 Rb_1。在消化道末段被吸收的 Rb_1 主要在大肠内迅速分解或代谢。Rb_1 在大肠中能被肠道酶类和耐四环素菌类分解成 Rd 和另外两种产物。

此外，据报道用相当于胃液酸度的 0.1mol/L HCl 处理 Rb_2，有部分 Rb_2 水解成 20 (R,S)-人参皂苷 Rb_3。而 Rb_2 在大鼠胃中分解极少，且胃中的代谢物与在 0.1mol/L HCl 中水解的产物不同。从其胃中的代谢物分离鉴定出了 4 个 Rb_2 衍生物：24 氢过氧-25-烯-Rb_2，25 氢过氧-23-烯-Rb_2，24-羟基-25-烯-Rb_2 和 25-羟基-23-烯-Rb_2。

四、膳食纤维的吸收与代谢

大量研究证实，膳食纤维有许多重要的生理功能，如预防便秘与结肠癌、降低血液胆固醇、稳定血糖水平以及减肥等。人体摄入膳食纤维不足或缺乏会导致肠道及心血管代谢方面的很多疾病，而膳食中足够数量的纤维会保护人体免遭这些疾病的侵害。为此，膳食纤维成了继蛋白质、脂肪、碳水化合物、矿物质、维生素、水等之后被建议列为影响人体健康所必需的"第七大营养素"。在欧、美、日等发达国家和地区已研制和生产出不少品种的膳食纤维和高膳食纤维食品，颇受消费者欢迎。然而，由于膳食纤维化学成分的高度不专一性，并不是所有的膳食纤维都具备这些功能，由普通膳食纤维向高品质膳食纤维转化已成为近年来国内外研究的焦点。

人体口腔、胃、小肠内不能消化膳食纤维，但大肠内的某些微生物能对其进行不同程度的降解，其降解的程度、速度与膳食纤维的水溶解性、化学结构、颗粒大小以及摄取方式等多种因素有关。其中多糖分子中单糖和糖醛酸的种类、数量及成键方式等结构特性在很大程度上决定了该纤维在肠道内的降解情况。严格地说，膳食纤维的净能量不等于零，但基本为零。果胶等水溶性纤维素几乎能被完全酵解，而纤维素等水不溶性纤维素则不易为微生物所作用。同一来源的膳食纤维，颗粒小者较颗粒大者更易降解，而单独摄入的膳食纤维较包含于食物基质中的更易被降解。

某些水溶性的膳食纤维，可被机体部分代谢，表现出较低的能量值。研究者对 ^{14}C 标记的葡聚糖在人和动物体内的代谢情况进行了分析，发现葡聚糖在动物和人体内的最大利用率为 25%，其实际能量值只有 4.18kJ/g。而大部分碳水化合物为 16.72kJ/g，脂肪为 37.62kJ/g。葡聚糖的低能量是由于它不易被胃肠吸收，也不易被肠道中的微生物降解。葡聚糖由口腔摄入后，其大部分（60%）都以原形排泄到粪便中，而未被排出的部分被肠道微生物菌群利用，可转化为挥发性脂肪酸和二氧化碳。二氧化碳无营养价值，大部分作为胃肠气体被排出或者被输送到肺部后呼出体外。挥发性脂肪酸被吸收，可作为机体的能源，并最终以二氧化碳的形式通过呼吸排出。此外，研究发现葡聚糖不影响维生素、矿物元素和必需氨基酸的吸收和利用。

膳食纤维能够减少小肠内食物之间以及食物与消化酶之间的接触，影响消化吸收。膳食纤维能减少脂质与胆酸的混合，抑制脂肪的乳化，影响脂质在小肠中的吸收。黏性膳食纤维可通过增加小肠内容物黏度，使非搅动层的厚度增加等机制，延缓消化吸收过程，使高纤维膳食中的大部分营养素在小肠的下段被吸收。黏性膳食纤维随膳食进入胃中，使胃内容物黏度增加，可延缓胃的排空，这也是黏性多糖延缓葡萄糖吸收的机理之一。通常，在大部分液体排空之前，膳食中的固体物质大都沉积于胃的底部，而后再经胃窦和幽门进入小肠。当膳食中的黏性多糖使胃中内容物的黏度增加时，固体与液体混杂在一起不能分开，固体物质不易沉降于胃底，则不利于胃的排空。

五、牛磺酸的吸收与代谢

牛磺酸是一种含硫氨基酸，分子量较小，无抗原性，易吸收。近年来对牛磺酸在生物体内的分布、代谢、营养功能、作用机制等做了许多研究。结果表明，牛磺酸具有广泛的生物学效应，如促进大脑发育、增强学习记忆能力等，是调节机体正常生理功能的重要物质，在生产实际和人们的生活中具有广泛的应用价值。

机体内的牛磺酸一部分与胆酸结合组成胆汁，可以促进脂溶性物质和脂类的消化吸收。牛磺酸在体内的代谢途径主要有4条。

① 与胆碱在肝脏中生成牛磺胆酸，随胆汁排入消化道，促进脂肪和脂类物质的消化吸收。

② 在肝脏中经转氨基甲酰基作用生成氨基甲酰牛磺酸。

③ 接受精氨酸的胍基，在ATP胝基转移酶催化下生成胝基牛磺酸，然后磷酸化生成磷酸胝基牛磺酸。在低等生物中可作为一种磷酸源，参与机体的能量代谢。

④ 在分解为硫酸的过程中生成中间产物乙基硫氨酸，与牛磺酸一起调节离子通过生物膜的转移作用。

肾脏是牛磺酸排泄的主要器官，且主要以原形从尿中排除。肾脏可按照体内牛磺酸的含量调节其排除量，当牛磺酸过量时，多余部分则随尿排出；而当牛磺酸不足时，肾脏通过重吸收作用来降低牛磺酸的排泄量，以维持体内牛磺酸含量的相对稳定。只有极少部分牛磺酸能转变为羟乙磺酸由尿中排除。妊娠及哺乳期妇女，尿中牛磺酸排出减少。

六、蔗糖聚酯的吸收与代谢

蔗糖聚酯是脂肪酸蔗糖聚酯（SPE）的商品名，是一种脂肪替代品，属于代脂肪，有脂肪的口感，但不能被人体消化，不提供能量，可以在高温、中温、低温等环境应用，适用于油炸和焙烤等食品的加工。由于蔗糖聚酯不被人体分解吸收，故不会给人体提供任何能量。人体摄入的总能量是引起体重变化的一个重要因素，所以蔗糖聚酯在减肥方面的作用是显著的。

进入机体内的油脂通过乳化作用可形成脂肪小液滴（油相），与胆汁等消化液（水相）混合后溶解性增加，然后才能被脂肪酶水解成脂肪酸和单甘酯。在甘油三酯水解的过程中，油相最终消失，有关成分转入水相后被吸收。如果油相不能被水解和有效吸收，便只能从肠道排出体外。用蔗糖的不同酯化产品对小鼠进行消化吸收平衡试验。结果表明，1~3酯的水解速度很快，4~5酯的水解速度明显变慢，而6~8酯则几乎不被水解。用多种羟基醇脂肪酸喂养小鼠进行放射性标记试验，测得24h内机体的累积吸收率为：甘油酯88%，赤藓糖醇酯67%，木糖醇酯24%，蔗糖醇酯2%。这些结果表明，随着分子中酯基数目的增加，吸收性降低，酯基数目超过3以上者不能被完全吸收，6~8个酯基者则完全不能被吸收。给小鼠喂养16%的蔗糖聚酯时发现，胰脏只是把蔗糖聚酯当作一种不可利用的非营养成分处理，也不能被肠道中的微生物菌群在缺氧条件下作为碳源进行发酵。R. W. Fsllat等（1976年）用高效凝胶色谱法对受试者膳食及粪便中的蔗糖脂肪酸多酯进行了分析检测，发现残存在排泄物中的蔗糖脂肪酸多酯占膳食中含量的97%以上。另有人体试验表明，摄入蔗糖聚酯后，其排空时间与摄入水时排空时间相同。

蔗糖聚酯在体内对一些物质的吸收有影响。蔗糖聚酯能溶解胆固醇和脂溶性维生素，阻止人体对其吸收，但并不影响水溶性维生素、蛋白质、碳水化合物或脂肪的吸收。据报道，正常脂蛋白的男性与高胆固醇脂蛋白的女性，在其膳食中加入蔗糖聚酯后，能明显抑制机体对维生素 A 和维生素 E 的吸收，抑制率分别为 10％和 21％。让其中的 6 位受试者暂停摄取蔗糖聚酯 10d 后，血浆中维生素 A 和维生素 E 又回复到原来水平。进一步研究表明，蔗糖聚酯同样会影响机体对维生素 D 和维生素 K 的吸收。研究还发现，蔗糖聚酯能降低人体对有毒物质（如 DDT、二氯二苯基三氯乙烷）的吸收，促使其排出体外。

高剂量的蔗糖聚酯会引起腹泻。如人体一次性地摄入 150g 蔗糖聚酯，不管它是替代同样数量的传统食用油脂还是直接加入到膳食中，都会导致腹泻。小鼠试验表明，通过引入棕榈酸或其他长链饱和脂肪酸调整蔗糖聚酯的结构，可以防止腹泻的发生。用完全氢化的棕榈油制备蔗糖聚酯，即使摄入量为 50g/d 也不会导致腹泻。

七、L-肉碱的吸收与代谢

L-肉碱（别名 L-肉毒碱、左旋肉碱、维生素 B_T、左卡尼汀）化学结构类似于胆碱，与氨基酸相近，但它又不是氨基酸，不能参与蛋白质的生物合成。由于人和大多数动物可通过体内合成 L-肉碱来满足自身的生理需要，因此它也不是真正意义上的维生素，只是一种类似于维生素的物质。L-肉碱是动物体内与能量代谢有关的重要物质，它的主要功能是作为载体以脂酰肉碱的形式参与脂肪酸代谢，在细胞线粒体内使脂肪进行 β-氧化并转化成能量，以达到减少体内脂肪积累的作用。在美国和欧洲市场上，以 L-肉碱为主成分的降脂健美食品十分受欢迎，产品畅销不衰。

L-肉碱极易溶于水，从膳食中摄入的肉碱能被人体完全吸收。体内吸收 L-肉碱的部位是小肠，但有关肉碱（游离的或酯化的）透过肠黏膜的具体吸收过程和吸收部位尚不清楚。实验发现，口服 L-肉碱 500mg 后，平均血药峰浓度为 $48.5\mu mol/L$，达峰时间 5h。单次口服 L-肉碱 2g，血浆游离及总肉碱浓度分别为 $58\mu mol/L$ 及 $69\mu mol/L$，达峰时间 3.5h。单次静注 L-肉碱 2g 或 6g，消除半衰期分别为 6.5h 和 3.9h，呈剂量依赖消除，24h 尿药排泄分别为 70％和 82％。单次口服 L-肉碱 2g 或 6g，生物利用度分别为 16％和 5％，24h 尿药排泄分别为 6％和 4％。

大鼠体内肉碱分布，肾上腺中的浓度最高，心脏、骨骼、肌肉、脂肪组织和肝脏中次之，其中肾脏和脑的肉碱浓度是血液的 40 倍。人体中的肉碱浓度则因测定方法、实验对象等因素的差异而有较大波动，其中以生物方法测定的血浆肉碱含量在（0.86～2.87）mg/100mL 之间，以酶学方法测定肌肉中的肉碱含量则处于（0.457～2.479）$\mu g/g$（干基）之间。被吸收后的肉碱在人体内代谢后以游离肉碱的形式从尿液排出体外。

除了从食物中摄取的外源性 L-肉碱外，人类还可以通过自身来合成内源性肉碱。肝脏和肾脏是合成肉碱的主要器官，由赖氨酸转变成 ε-三甲基 β-羟基赖氨酸，并在醛缩酶、醛氧化酶的作用下生成 γ-丁基甜菜碱，再经羟化酶转化为 L-肉碱。除赖氨酸外，L-肉碱的生物合成还需要甲硫氨酸以及维生素 C、烟酸和维生素 B_6 等物质参与。

八、番茄红素的吸收与代谢

番茄红素是膳食中的一类天然类胡萝卜素，广泛存在于自然界的植物中。可食番茄红素主要来源于番茄及其制品，番茄含番茄红素约 30mg/kg，一些番茄制品含量更高，我国新疆番茄酱中番茄红素高达 400mg/kg 以上。番茄红素不仅具有优越的抗氧化活性，而且还具有与类胡萝卜素相同的生理功能，包括调节免疫功能、促进细胞间隙连接、信息传递等。目前引起国内外关注的是番茄红素在预防癌症方面具有突出的效果。

(1) 类胡萝卜素的吸收与代谢　Garrett 利用体外消化模型，揭示了食物中类胡萝卜素的吸收过程。结果表明，类胡萝卜素（包括番茄红素）进入肠道后，胆汁酸盐的存在可使类胡萝卜素的吸收提高 4 倍，缺乏胆汁酸盐则阻碍食物中类胡萝卜素转入乳糜颗粒，胰酶的缺少只会降低类胡萝卜素的吸收。人的小肠黏膜细胞培养 6h 后，从介质中可吸收 28%～46% 微团化的类胡萝卜素。Porrini 发现一次性摄食 16.5mg 的番茄红素，在血清中 6h 有一个弱的吸收峰，12h 有一个大的吸收峰，血清中番茄红素完全消失需要 104h。

类胡萝卜素（包括番茄红素）一般经消化进入小肠后，掺入由脂质与胆酸构成的乳糜微粒中，通过被动运输进入肠黏膜细胞。完整的类胡萝卜素分子掺入乳糜微粒，再释放进入淋巴系统。在血浆中，类胡萝卜素最初出现在乳糜微粒与极低密度脂蛋白（VLDL）部分，后来在低密度脂蛋白（LDL）与高密度脂蛋白（HDL）中水平升高，24～48h 达到最高水平，碳氢类胡萝卜素（如番茄红素）与 β-胡萝卜素的主要载体是 LDL，而极性的氧化类胡萝卜素平均地分布在 HDL 与 LDL 之间。

完整的类胡萝卜素在人体内随胆汁排泄。胆汁类胡萝卜素浓度反映了正常与病理状态时血浆中类胡萝卜素水平。在人血清中发现了番茄红素的水化衍生物，如饮食中的番茄红素 5,6-环氧化物转变为 2,6-环番茄红素-1,5-二醇类，这可能经环化、差向异构和水解而形成。

(2) 番茄红素的吸收与代谢　番茄红素在肠道中的具体代谢还知之甚少。番茄红素是脂溶性的，它们的吸收和转运必须借助于油或脂肪，才能提高其生物利用率。研究表明，与摄食番茄汁相比，摄食含有番茄红素的树脂油可明显地提高口腔黏膜细胞中的番茄红素含量。还有报道称，热加工过的番茄汁中的番茄红素与未加工的相比更易吸收，而且顺式-番茄红素比反式-番茄红素更易吸收。这可能是由于番茄红素的顺式结构更易溶于胆汁酸微团，从而优先掺入乳糜微粒（CM）而被吸收的缘故。

番茄红素可在人体组织中积累。人血浆的番茄红素平均水平在（0.22～1.06）mmol/mL 之间，占总类胡萝卜素的 21%～43%，某些研究显示番茄红素水平超过所有其他类胡萝卜素。摄食大量番茄红素后，血清的番茄红素水平却无明显增加，如进食 180g 甚至 700g 番茄汁，分别相当于 12mg 或 80mg 番茄红素剂量，血清水平未看到变化。但每天吃 2～3 罐番茄汁，4 周多后实验者血清番茄红素水平增加 3 倍，β-胡萝卜素水平也有所增加。有报道称，有些妇女如果持续过量地摄食番茄汁，可能会导致皮肤着色，而且血清中的番茄红素水平增加，肝也被着上橘黄色。此病症称为"番茄红素血症"，这种病人停止进食番茄汁 3 周左右皮肤颜色可恢复正常。

九、儿茶素化合物的吸收与代谢

近 30 年来，国内外对茶叶的有效成分（即茶多酚或儿茶素类化合物）的生理功能进行了广泛的研究，揭示茶多酚化合物不仅具有优越的抗氧化性，而且还具有抑制基因突变、抗肿瘤或癌症、降低胆固醇、抑制血压上升、抗血糖以及血小板凝集、抗菌、抗病毒、抗龋齿、抗溃疡、抗过敏、改善肠道菌群以及消臭等作用。不难发现，茶多酚或儿茶素类化合物的诸多生理功能（如抗癌、预防心血管、抗溃疡等）大都与它的抗氧化作用密切相关。有关儿茶素类在机体内的生物有效性一直是人们关注的焦点。

(1) 儿茶素的吸收与代谢　1997 年日本学者 Nakagawa 等研究非常确切，对儿茶素的摄食实验进行了量化，健康受试者口服 100mg EGCg（相当于 1～2 杯绿茶中的儿茶素含量）1～2h 后，血浆中的游离型（即天然）儿茶素的浓度达 140～230ng/mL（或 0.3～0.5nmol/mL），之后逐渐下降，至 12h 后完全从血中消失。该浓度与血浆中的还原型谷胱甘肽

（0.3nmol/mL）、β-胡萝卜素（0.4~0.9nmol/mL）的浓度相当，约为 α-生育酚浓度的百分之一，抗坏血酸的五百分之一。若考虑在体内的共轭型儿茶素在内，那么儿茶素的含量则要高得多，它的共轭型化合物包括有硫酸酯型、葡萄糖苷酸型等。儿茶素在体内的游离型、硫酯型、葡萄糖苷酸型的比例大致为（2~3）:（2~3）:1。儿茶素在体内的吸收率至少在游离型的 5 倍以上。有研究表明，人体摄食儿茶素类化合物后，在其血浆中只发现摄食量的 0.2%~2%，由此可推测它们的吸收率为 1%~10%。

最近的研究成果显示，儿茶素类化合物在胃或小肠部位的吸收很低，它被机体吸收主要在结肠，在此部位多酚类化合物受肠道菌丛的作用，降解为更小的分子进而被机体吸收。不同生物甚至同一种类不同个体中的肠道菌丛，也会有所差异，这必将导致研究结果出现较大的差异。

（2）儿茶素化合物 EGCg 的吸收与代谢 因为 EGCg 为茶叶中最主要的儿茶素化合物，于是有关茶多酚的吸收以及代谢研究大都以此化合物为研究对象。日本国家食品研究实验室 Kida 等通过口腔投予鼠 EGCg，并分析了它们至尿液中的代谢物。结果显示，EGCg 被肠道细菌降解产生 M-1，及中间体 EGC，然后被吸收，而由 M-1 在肠道黏膜或肝部形成 M-2 进入循环系统，最后被排泄出体外。

Kohri 等根据前人以及自己的研究结果，提出鼠肠道细菌降解 EGCg 的代谢途径，如图 2-1 所示。较多研究显示，EGCg 的这种肠道细菌环裂解反应，也适合于其他儿茶素化合物，

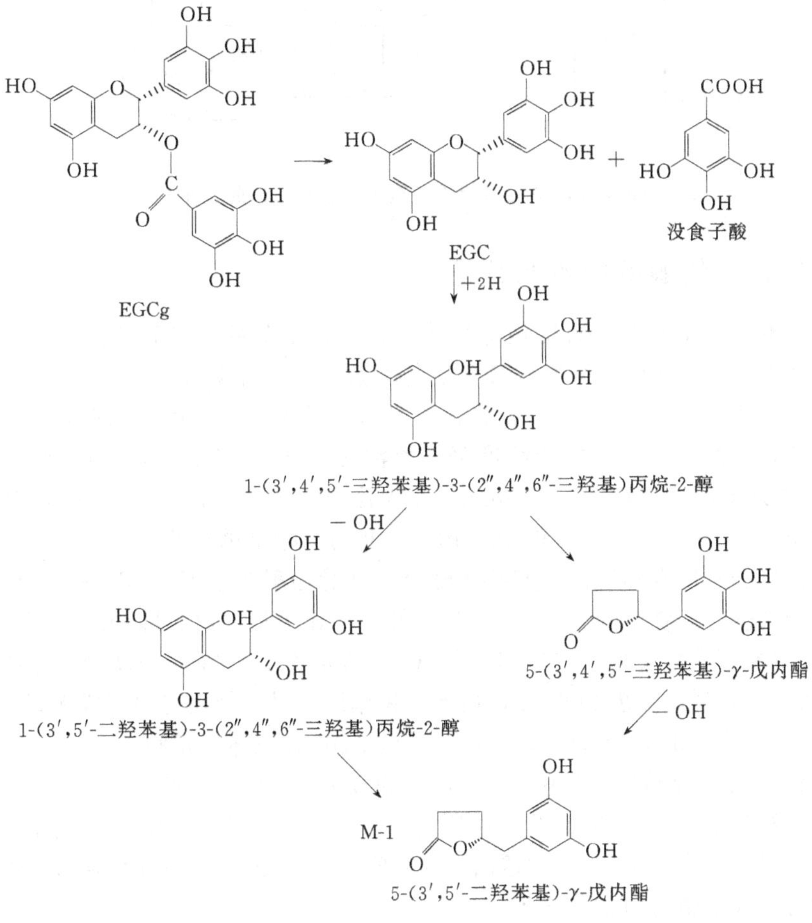

图 2-1 鼠肠道细菌降解 EGCg 的假设代谢途径

包括（＋）-L 茶素、（－）-表儿茶素、（－）-表没食子儿茶素等。

此外，Kohri 等人还描绘了 EGCg 的代谢途径示意图，详见图 2-2 所示。一部分口腔摄取的 EGCg 在肠道被吸收，通过门静脉进入肝。在此过程中，绝大多数 EGCg 会在肠黏膜或肝部发生共轭反应，同时也有一部分在肝部进一步被甲基化。接着，EGCg 代谢产物大多分泌至胆汁，然而也有一部分（包括完整的 EGCg）进入血液循环，在摄食 1～2h 后达到峰值。尽管有报道称，血液循环系统中 EGCg 以及其共轭物的生物有效率相当低，但是绝大部分未被吸收的 EGCg 进入盲肠以及大肠，从而被肠道菌丛降解为 5-(3′,5′-二羟苯基)-γ-戊内酯（M-1）（见图 2-1）。大部分形成的 M-1 被吸收至体内，在肠黏膜或肝部发生葡萄苷酸化作用，形成 M-2 物质，后者进入血液循环，从而分布于不同组织当中，最终排泄于尿液。

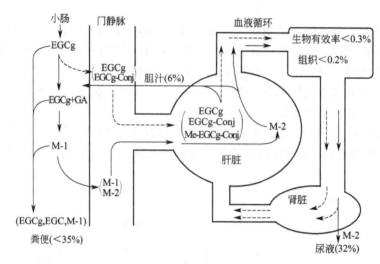

图 2-2　EGCg 在鼠中的可能代谢途径示意图（口腔授予）

十、超氧化物歧化酶的吸收与代谢

超氧化物歧化酶（SOD）是一种能清除机体中过多自由基的活性物质。以不同途径给人和动物注射牛血 Cu·Zn-SOD，采用核黄素染色酶谱法测定外源性 SOD 的活性。结果发现，SOD 的体内动力学过程与注射途径有关。若采用皮下注射与肌肉注射时，可在 2～3h 达到血药浓度高峰，经过 6～7h，血药浓度降至峰浓度的 10％以下；若采用静脉注射时，SOD 在动物体内的分布半衰期只有 6～15min，在人体内约为 30min，并且在 1h 内 99％的 SOD 由体内消失，说明静脉注射时 SOD 在体内的分布与消除是迅速的。

采用放射免疫法和同位素标记法研究给雌性小鼠静脉注射牛血 Cu·Zn-SOD（35μg/g）后的代谢情况。结果表明，肾中的 SOD 浓度含量最高，其次是血清、肺和肝。还发现外源性 SOD 主要在肾皮质蓄积并失活，即使用大剂量（0.5mg/kg），在人和动物的尿中都不能检测出 SOD 的活性，并且还发现 SOD 在体内无蓄积作用。对于肾功能损害或无肾者，其血清 SOD 水平很高，可能是由于 SOD 排泄受阻，导致 SOD 在机体内蓄积。

研究发现，SOD 在小鼠模拟胃酸中 37℃保温 150min，活性仍残存 81％；对 SOD 进行蛋白酶和胰酶的酶解试验中，温度 37℃，作用时间 210min，SOD 活性残存百分率分别为 82％和 84％；游离小肠结扎后，SOD 的透出量随时间变化而变化，10h 后小肠外 SOD 的总活性接近于试验时加入小肠内的总活性。

实验表明，SOD 可透过小肠黏膜。用异硫氰酸荧光素（PITG）标记 SOD 得到 SOD-

PITG，给小鼠口服，2h 后血中标记物明显增加，4h 达最高峰，小鼠口服天然 SOD 4h 后，血中 SOD 活性达最高峰，与对照相比，活性提高率在 30％～40％；将^{125}I 标记的 SOD 给小鼠灌胃的实验也证实经口摄取的 SOD 能够进人体内。灌胃后 3h 在血中达高峰，大部分 SOD 分布于血浆，小部分进入血细胞中，SOD 在组织中的分布顺序是心＜脾＜肝＜肾。

十一、姜黄素的吸收与代谢

近年来，姜黄含有的主要生物活性物质姜黄素经动物实验表明对皮肤癌具有显著的预防效果，引起人们对它的重新认识。作为食品添加剂的姜黄色素（主要为姜黄素），是从姜黄的根茎干燥后制成粉末，再用乙醇或丙二醇抽提后，经脱溶剂、浓缩、结晶提纯后干燥制得的。姜黄素主要用于食用油脂、人造奶油、调味品以及汤料等。近几年的大量研究显示，姜黄素及其衍生物具有非常优越的抗氧化性能，它的抗氧化性甚至还高于常见的 α-生育酚。而且，它还具有显著的抑制肿瘤或抗癌活性，这些功能的发现为姜黄色素的应用提供了更加广阔的前景。

自古以来姜黄就为人们所利用，而且还作为食用色素而用于食品加工中，但对它的代谢途径及体内的新型生理功能却知之甚微。近年日本科学家对姜黄素在机体内的代谢以及抗氧化机制作了一些探讨，并取得了一些成果。

Osawa 等（1995 年）研究表明，姜黄素经口摄取后，在肠管部分的上皮细胞上吸收并转换为四氢姜黄素，其具体机制如图 2-3 所示。四氢姜黄素无色，无臭，具有比姜黄素更强的抗氧化活性。Sugiyama 等（1996 年）经分子水平研究确证，四氢姜黄素捕捉自由基后，自身又会降解成如 2-甲氧基邻羟基苯丙酸之类的化合物。而该化合物同样是很强的抗氧化物质。因此，四氢姜黄素具有二重抗氧化防御机制。

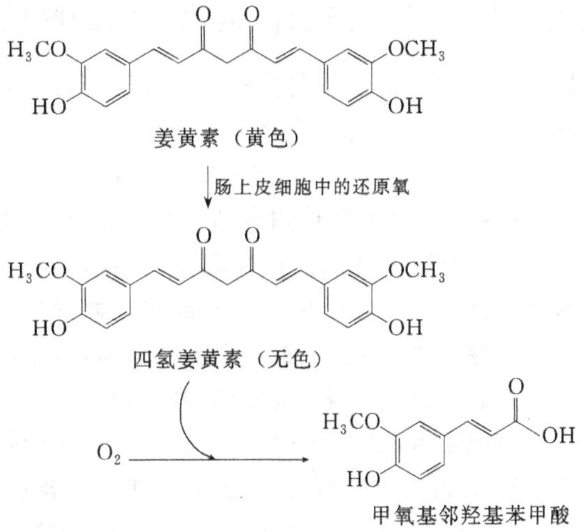

图 2-3　姜黄素在机体内的代谢以及抗氧化机制

十二、大蒜素的吸收与代谢

研究表明，以杀原虫的作用为指标测知大蒜植物杀菌素在内服 0.5h 后即出现于血中，6h 后自尿中排出。口服效果较舌下给药效果显著，不被唾液和血液所破坏，胃液和胆汁可提高其作用。

小鼠静注^{35}S 标记的 0.15％合成大蒜素溶液 0.15mL，10min 后测得大蒜素在各组织中的浓度。测定结果，浓度最高的是肺，其他依次为心、肠、血液、脂肪、脑、肌肉、脾及肝。大蒜素在体内代谢很快，静注进入血液 10min 内可大部分变为水溶性代谢产物，迅速分布于全身各脏器，最后大部分由尿排出，一部分由粪便排出，少量经呼吸道排出。口服大蒜素后，各脏器总放射性大多在给药后 4min 达高峰，8min 含量为最高峰的一半。

十三、橄榄油或橄榄的 BPs 化合物的吸收与代谢

目前涉及橄榄来源的酚类化合物的药物动力学数据尚且非常有限，特别是它们在肠胃道中的稳定性、吸收以及代谢等方面。Visioli 等（2000 年）首次报道橄榄油的 BPs 主要为羟基酪醇和酪醇，经摄食后可呈剂量相关地被人体所吸收，而且以葡萄糖醛酸共轭物的形式经尿液排泄。当增加摄食的酚类剂量时，会提高葡萄糖醛酸共轭化的比例。2001 年，Visioli 的研究小组又分离鉴定了 4-羟基-3-甲氧基苯乙酸和 4-羟基-3 甲氧基苯乙醇两种代谢产物。澳大利亚学者 Tuck 等（2002 年）以老鼠为对象，通过静脉投予或经口投予羟基酪醇，也分离到相同的代谢产物，证实了该化合物的基本代谢途径。

Manna 等（2000 年）采用 Caco-2 单细胞层的分化模型，检验了羟基酪醇输送的分子机制，发现该化合物似乎通过一种被动、双向扩散的方式进行。摄食橄榄的 BPs 可增加机体血浆的抗氧化水平，在某种程度上支持了一些橄榄 BPs 可穿越细胞膜的机制。BPs 渗透进细胞经常是它们发挥生物活性的第一步，因而此步骤将会影响它们的生物效率。还有一项研究仿生了橄榄苦苷通过牛红血球膜的输运机制。实验结果显示，橄榄苦苷从悬浮介质中消失达 27.31％，而被细胞吸收占 24.19％，保留于细胞膜的仅为 3.12％。可见，橄榄苦苷可穿越红血球细胞膜到达细胞内。从该项研究可以预料橄榄的 BPs 可很好地为人体吸收。不过，有关它在人体内的吸收及代谢仍需要作进一步的探讨。

十四、柑橘类黄酮以及类柠檬苦素化合物的吸收与代谢

柑橘来源的生物活性物质（主要为类黄酮和类柠檬苦素化合物）的吸收以及代谢报道很少，这与目前人们对它们的关注形成一种对比。

柚苷配基（naringenin）是柚皮苷（naringin）的配基以及一种代谢物。最近，Hsiu 等（2002 年）以兔为实验对象，通过静脉或口服投予柚柑配基和柚皮苷，比较其代谢药物动力学，结果显示，柚皮苷和柚苷配基之间的代谢药物动力学存在明显的差异。经对比显示，口服柚皮苷后，吸收速率更慢，最大浓度更慢，然而它在血液中的保持时间比口服柚苷配基更长。口服柚皮苷后，血清存在的主要为柚苷配基葡糖酸，而仅只有微量的柚苷配基（游离型）存在。由此可见，在研究类黄酮化合物的体内生理活性时，应该不能过多地集中于它们的配糖体或配基，而应该把重点放在它们共轭代谢物的生物活性上。

日本学者 MiyaKe 等（1997 年）研究了摄取圣草枸橼苷后在体内的最初代谢，发现肠内细菌可降解它，其中 *Bacteroides* 属细菌可使圣草枸橼苷脱去糖苷，生成圣草酚，后者受 *Clostridiurn butyricunz* 菌的作用降解为根皮酚和 3,4-二羟基脱氢肉桂酸（简称 DHCA）。此外，该学者不但采用亚油酸以及兔血红细胞膜基质体系，测定了圣草枸橼苷代谢物的抗氧化作用，并进行了一项体外抑制 LDL 氧化实验，证实圣草枸橼苷以及它的代谢物抑制 LDL 氧化活性都比 α-生育酚强。实验结果可见，圣草枸橼苷经肠内细菌代谢后仍具有较强的活性。进而推测，柑橘中大部分的类黄酮化合物在肠内细菌代谢仍显出较强的生物活性。从而，也期待它们在机体内显出更多的生理功能。

美国学者 Manners 等（2003 年）采用 LC-MS 分析技术，以四组健康男性与女性（每组

4人）为对象，进行了一项高剂量的人体摄食纯柠檬苦素糖苷（0.25～2g溶于200mL缓冲水）的实验，以探讨柑橘类柠檬苦素化合物在人体中的吸收、代谢及生物效价。血浆分析结果显示，随着人群摄取的柠檬苦素物质的剂量不断增加，血浆中出现的平均最大柠檬苦素浓度也逐渐递增，分别从1.74nmol/L增加至5.27nmol/L。但是，在不同人群中观察到，受分析的柠檬苦素浓度的差异性较大。由该研究可见：①柠檬苦素糖苷可被人体所吸收及代谢，而且它的代谢产物对人体仍然具有相当的生物有效性；②不同人群中的有效柠檬苦素量的差异性很大，与他们的生活习惯、饮食习惯、健康状况密切相关。

十五、葡萄来源的生物活性物质的吸收与代谢

葡萄酒或葡萄来源生物活性物质，其有效成分主要包括原花色素（浓缩单宁）、类黄酮（儿茶素、表儿茶素、槲皮苷、花色苷等）、白藜芦醇类以及酚酸类等。但涉及有效成分的吸收及代谢报道却很少。

Lapidot等（1998年）评价了葡萄酒中的花色苷化合物在人体内的生物有效性。以6名健康而且禁食的人群作为受试对象，摄食300mL红葡萄酒（相当于接受216mg花色苷化合物）后，检测他们尿液中的花色苷或其代谢产物含量。结果显示，尿液中发现两种没有变化的红葡萄酒花色苷化合物，而其他花色苷化合物似乎都经历一定的分子修饰。饮用红葡萄酒后6h内，尿液中的花色苷含量达到一个高峰，而12h内从尿液中检出1.5%～5.1%所摄食的花色苷量。此外，De Gaulejac等（1999年）研究显示诸多葡糖苷型花色苷的清除超阴离子的活性都高于其配基型，其原因在于C环的3位存在葡萄糖基，这使β-苯环趋于变平，从而使C环更有利于受阴离子的攻击。由此可见，葡萄酒的诸多生理功能缺少不了糖苷型的类黄酮化合物在机体内的贡献。

有关原花色素化合物在人体内的吸收及代谢报道几乎没有。不过，有研究显示原矢车菊素二聚体、三聚体以及其他低聚物可很好地被人体肠细胞Caco-2吸收。而且，还有研究显示，更大聚合度的原花色素化合物可被结肠菌丛降解成低分子量的酚酸类化合物，被人体所吸收。Koga等（1999年）研究显示鼠口服摄食葡萄籽原花色素萃取物15min后，血浆中的抗氧化潜力增加，而30min达到最高水平。他们还在鼠血浆中检测到它们的几种代谢产物，如没食子酸等，而且摄食后检出的含量峰值几乎与其抗氧化活性的变化一致。葡萄籽萃取物中的单体多酚含量仅占5.6%，可以肯定此类代谢物大多来自于原花色素化合物。可见，原花色素化合物在胃以及十二指肠内可被鼠吸收。日本学者Yamakoshi等（1999年）已从摄食原花色素膳食的鼠血浆中检出其低聚物，浓度达（18.1±0.14）μg/mL。不过，有关原花色素化合物在机体内的吸收以及代谢还需要作进一步研究。

有关白藜芦醇的吸收以及代谢数据也非常少。动物实验表明，该化合物可很好地被吸收，并在肝以及肾脏中积累。Juan等（2002年）探讨了白藜芦醇在鼠血浆中的药物动力学。检测鼠摄食2mg/kg白藜芦醇后，血液中白藜芦醇浓度随时间的变化，结果显示该化合物确实可很快地被小肠道吸收，10min内出现最大吸收峰（约550mg/mL），而且摄食后至少60min内，在血液中仍然可检测到该化合物。

十六、芝麻及亚麻木酚素化合物的吸收与代谢

亚麻籽的主要木酚素化合物，断异落叶松树脂醇和马台树脂醇，受肠道细菌的转化形成哺乳动物木酚素化合物、肠二醇（END）和肠内酯（ENL）。一旦在肠道形成END和ENL，它们就会被机体吸收，到达肝脏。而且，在它们进入血液循环之前，在肝脏部位首

先与葡萄糖醛酸或酯化合物共轭。

研究结果显示，END 和 ENL 进入体内，它们的浓度高于正常内源雌激素很多，甚至达10000 倍。最近研究显示，不仅仅是断异落叶松树脂醇和马台树脂醇是体内哺乳动物木酚素化合物的前体物质，其他较多木酚素化合物（如松脂醇）在机体内也可转换为哺乳动物木酚素化合物。

由于绝大多数哺乳动物木酚素化合物首先都要在肝脏部位进行代谢，其中最为突出的就是羟基化反应，END 和 ENL 都是经过羟基化反应生成诸多羟基化代谢产物，前者进一步代谢为其他产物。Cooley 等（1984 年）指出 ENL 和 END 发生脂肪烃以及芳香烃的羟基化反应的可能位点。Jacobs 和 Metzler（1999 年）研究了鼠、猪以及人肝微粒体对哺乳动物木酚素化合物 ENL 和 END 的氧化代谢。发现羟基化位点与肠内酯的场合相类似，意味着氧化代谢是这些木酚素化合物在哺乳动物中的部署的一个共同特征。Metzler 及其研究小组（2000 年）为了澄清在机体内是否也可形成此类羟基化的代谢物，通过十二指肠内投予老鼠剂量为 10mg/kg 体重的 END 或 ENL，分析摄食 6h 后胆汁以及尿液中的代谢产物。该研究进一步证实了哺乳动物木酚素化合物在机体内会产生很多羟基化的代谢产物，此类代谢物也许对其前体物质生物效果起较大作用，但仍需进一步确证。

十七、蜂花粉的吸收与代谢

人类对蜂花粉的认识和应用历史久远。我国是世界上认识和应用蜂花粉最早的国家。随着科学技术的发展，人类对蜂花粉的研究更加深入，愈来愈清楚地了解到，蜂花粉不但能提供人体各种营养成分，为机体组织细胞的生长和修复提供丰富的原料，同时，蜂花粉中的营养成分和生物活性物质对机体的生理功能、各器官系统的生理活动都有不同程度的调节作用。

鉴于人的消化液无法破坏花粉的细胞壁，对不破壁花粉的营养成分能否被人体消化吸收，能消化吸收多少等，成为花粉食品科研、生产者和消费者十分关心的问题。对此国内外进行了大量研究，结果证明，不破壁花粉的营养成分也能够被人体消化吸收。

美国亚利桑纳大学昆虫系施密德兄弟，在饲料中其他成分相同的情况下，对 3 组正在发育的幼龄小鼠分别用螺丝豆花粉、全鸡蛋和牛乳蛋白作为蛋白质的唯一来源进行饲喂试验，测定它们对花粉的消化率。测定结果表明小鼠虽不能消化螺丝豆花粉外壁，但最少消化吸收了花粉粒中 80% 的蛋白质。杭州大学生物系用猕猴为对象饲喂油菜花粉，然后分析花粉及粪便中未被消化吸收的氨基酸。结果显示，猕猴对不破壁花粉氨基酸总量的吸收率为83.94%，对破壁花粉氨基酸总量的吸收率为 85.85%，相差仅 2% 左右。

为了了解花粉能否被动物消化利用，一些研究者用花粉进行了动物饲喂试验。有人在母鸡的饲料里添加花粉，在最初 60d 可多产蛋 17%，且蛋黄质量增加，颜色更好；组织学观察，其初级卵胞直径增加，血液中的促性腺激素水平升高。Costantini 等用童子鸡作实验，结果表明，花粉对公、母鸡都有增加体重的作用，母鸡比公鸡增重更明显。Salajan 等人用40 头小猪作实验，结果显示，添加 2%～4% 花粉的饲料能明显增加小猪体重。Papa 等人在小牛饲料中，每日添加 40g 花粉，到 2 岁龄时，对照组小牛平均体重为 444kg；添加花粉的饲料组小牛平均体重为 495kg，增重效果显著。

十八、菊粉的吸收与代谢

菊粉是由 D-呋喃果糖经 β（1→2）键连接而成的果聚糖，每个菊粉分子末端常带有一个葡萄糖，聚合度通常为 2～60，平均聚合度为 10。近年来，菊粉的开发利用受到了国际食品界的高度重视，并成功应用在焙烤食品、糖果、乳制品、饮料以及调味料等食品领域。比利时 ORAFTI 公司和荷兰 SENSUS 公司已经对菊粉进行工业化生产，成功地开发出菊粉系列功能性食品基料。

菊粉在口腔、胃和小肠中不能被消化分解，进入结肠后，在无氧环境中被双歧杆菌和乳酸杆菌发酵生成短链脂肪酸、乳酸和少量气体。短链脂肪酸在结肠内被部分吸收，在肝脏进一步代谢，生成能量。但与易消化性碳水化合物如蔗糖产生的能量（17kJ/g）相比，这一发酵途径产生的能量很少。Robertfloid 研究发现，1mol 菊粉发酵后，转化成 40％的生物菌落、40％短链脂肪酸、15％乳酸和 5％CO_2。约 90％的生成酸在结肠吸收，在组织中氧化后产生约 14mol ATP。1mol 游离果糖可产生 40mol ATP，因而菊粉与果糖的能量比值为 14/40。Molis 通过人体代谢平衡实验得出菊粉能量值为 9.5kJ/g。Hosoyaetal 对人体进行了 [14]C 标记低聚果糖放射性实验，能量值为 6kJ/g。

菊粉属于可溶性膳食纤维，对人体消化酶的水解具有抵抗作用，在小肠完全不被消化吸收，而在结肠能够部分发酵。菊粉在结肠中发酵后，能刺激肠道双歧杆菌增殖，增加气体的产生量，从而促进肠道蠕动，缩短粪便在结肠内的停留时间，使之移动加快，减少了水分吸收的时间，使粪便质量增加，因而可有效预防便秘。同时，粪便排泄量的增加，也使肠道内的致癌物质得到稀释和排出，致癌物质对肠壁细胞的刺激减少，有利于预防结肠癌。菊粉在结肠中发酵降解产生的短链脂肪酸，对防治结肠癌也十分有利。

研究表明，菊粉能有效降低血清 TC 和 LDL-C 水平，但对血清 TG 和 HDL-C 水平的影响，还缺乏统一的试验结果。最近的研究发现，菊粉被双歧杆菌发酵生成的短链脂肪酸，尤其是乙酸盐/丙酸盐比例，能影响血脂水平，其中的乙酸盐是胆固醇的前体，而丙酸盐则是合成肝胆固醇的抑制剂。

第三章　功能活性成分高效分离与制备技术

从动植物基料中制备功能活性成分基本工艺流程如下：

基料选择——→预处理——→粉碎——→提取、分离——→纯化——→干燥——→产品制备——→纯度检验

第一节　制备功能活性成分的原料与选择

一、制备功能活性成分的原料

1. 动植物基料

目前，功能食品中应用的原料包括以下两类。

① 中国民间习惯应用的食物，包括粮食、蔬菜、水果、坚果、家禽、野禽、家畜、野畜、水产藻类等。

② 植物及动物性原料：植物类包括植物根、茎、叶、花、果实等应用部分；动物类包括动物的皮、肉、骨、内脏等食用部分，以及水产、藻类、菌类等。

2. 功能活性成分的来源——"食、药"两用材料

中医药学历来有"医食同源"或"药食同源"的说法。人们通过几千年的生活实践，发现几乎所有的食物均有与药物相同的性质和预防保健、治疗康复功效。由此，中医药学创立了食药同源、同理、同用理论，并广泛应用于保健和治疗实践之中。中医药学赋予这种食物双重性质是对医学的一大贡献，它扩大了食物应用范围，为保健、治疗和康复领域增添了"食补"与"食疗"内容。

有些中国传统食品中添加中药的目的有三：其一增进食品的某些营养成分；其二使食品增加某些功能活性成分，而能使其发挥某些防治疾病作用；其三利用某些中药来调整食品的色、香、味，增强食品的感官功能。

近年来，随着科学的发展和广大民众生活需求的增长，食药两用原料广泛被食品厂家研制成种类繁多的功能食品，为食品业增添了新的内容，同时也满足了广大食客的需求。国家卫生行政主管部门于1987年在有关食品卫生法规中陆续公布了三批"既是食品又是药品的物品"名单，共有78种。至2002年3月，卫生部又发出《进一步规范功能食品原料管理》的通知，确定了"既是食品又是药品的物品"名单，同时又增补了"可用于功能食品的物品"，以及"功能食品禁用物品"名单，明确了功能食品原料的取用范围。

"既是食品又是药品名单"和"可用于功能食品的物品名单"所涉及的原料共200余种，包括植物类原料180余种，动物类原料15种和藻菌类原料2种。

200余种原料的一般特点如下。

(1) 食药同源同用　可用于功能食品的两个名单中的所有物品，无论植物、动物，皆为天然物产，可谓同一来源。我国卫生部至今已批准3批共77种属于药食两用的动、植物品种。从生活应用角度来看皆为中国民间习用的食物，只不过从中医临床角度来看这些物品也具有药品的性质。从中医立场来看，"可用于功能食品的物品"全部是中药，几千年来中医

也一直把这些物品既单独处方用于临床，也常将这些物品加入在食物中，制作成"药膳"，达到防治疾病的目的。

（2）食药同理同功 食物和药物有同样的保健功能，中医理论认为，食物和药物有着同一属性。例如食药具有相同的气质属性，包括"四气"（寒、热、温、凉）和"五味"（酸、苦、甘、辛、咸）概念；食药具有对人体作用部位的相同的选择性，包括对脏腑经络"归经"概念等。

（3）古今中西理论的结合 运用现代科学研究表明，从天然食物和天然药物（包括中药）成分出发，二者皆有共同的营养素成分和功能活性成分，如维生素、矿质元素、皂苷、黄酮、多糖、多肽、生物碱、功能性油脂等。近年来，从已经批准的几千个功能食品的功能活性成分和保健功能的表述等方面来看，也多采用了传统医学和现代医学相结合的表达方式。这体现了我国的功能食品具有显著的中国特色。

现代科学研究表明，食物除含有营养功能活性成分外，尚含有一些功效成分，如多糖、低聚糖、黄酮和功能性油脂等。它们具有多种保健功能，如增强免疫、缓解疲劳、抗老化和辅助抑制肿瘤等。植物类中药，包括根茎叶花果实等类，也是中药的主体原料。现代科学研究表明，中药化学成分复杂，几乎一种中药就含有多种包括生理活性成分的化学成分，如皂苷、黄酮、多糖、多肽、生物碱等。近年来，制药工业和功能食品生产单位，多注重对中药成分的理化和生物等方面的提取，使中药和功能食品质量标准化，并确保产品的保健功能。

我国卫生部至今已批准3批共77种属于药食两用的动、植物品种。用除此之外的中草药加工制得的产品，从严格角度出发，不应属于功能性食品的范畴。

卫生部批准的77种药食两用品种如下。

（1）种子类 枣（大枣、酸枣、黑枣）、酸枣仁、刀豆、白扁豆、赤小豆、淡豆豉、杏仁（苦、甜）、桃仁、薏苡仁、火麻仁、郁李仁、砂仁、决明子、莱菔子、肉豆蔻、麦芽、龙眼肉、黑芝麻、胖大海、榧子、芡实、莲子、白果（银杏种子）。

（2）果类 沙棘、枸杞子、栀子、山楂、桑葚、乌梅、佛手、木瓜、黄荆子、余甘子、罗汉果、益智、青果、香橼、陈皮、橘红、花椒、小茴香、黑胡椒、八角茴香。

（3）根茎类 甘草、葛根、白芷、肉桂、姜（干姜、生姜）、高良姜、百合、薤白、山药、鲜白茅根、鲜芦根、莴苣。

（4）花草类 金银花、红花、菊花、丁香、代代花、鱼腥草、蒲公英、薄荷、藿香、马齿苋、香薷、淡竹叶。

（5）叶类 紫苏、桑叶、荷叶。

（6）动物类 乌梢蛇、蝮蛇、蜂蜜、牡蛎、鸡内金。

（7）菌类 茯苓。

（8）藻类 昆布。

3. 食品新资源管理的6类14个品种

作为食品新资源管理的6类14个品种也已作为普通食品管理，它们也是开发功能性食品的常用原料。

① 油菜花粉、玉米花粉、松花粉、向日葵花粉、紫云英花粉、荞麦花粉、芝麻花粉、高粱花粉。

② 魔芋。

③ 钝顶螺旋藻、极大螺旋藻。

④ 刺梨。

⑤ 玫瑰茄。

⑥ 蚕蛹。

4. 卫生部允许使用部分中草药

考虑到我国几千年传统中医理论和养生理论的特殊性，目前，卫生部允许使用部分中草药来开发现阶段的功能性食品。

以下品种都是目前我国开发功能性食品的常用原料：人参、人参叶、人参果、三七、土茯苓、大蓟、女贞子、山茱萸、川牛膝、川贝母、川芎、马鹿胎、马鹿茸、马鹿骨、丹参、五加皮、五味子、升麻、天门冬、天麻、太子参、巴戟天、木香、木贼、牛蒡子、牛蒡根、车前子、车前草、北沙参、平贝母、玄参、生地黄、生何首乌、白及、白术、白芍、白豆蔻、石决明、石斛、地骨皮、当归、竹菇、红花、红景天、西洋参、吴茱萸、怀牛膝、杜仲、杜仲叶、沙苑子、牡丹皮、芦荟、苍术、补骨脂、诃子、赤芍、远志、麦门冬、龟甲、佩兰、侧柏叶、制大黄、制何首乌、刺五加、刺枚果、泽兰、泽泻、玫瑰花、玫瑰茄、知母、罗布麻、苦丁茶、金荞麦、金樱子、青皮、厚朴、厚朴花、姜黄、枳壳、枳实、柏子仁、珍珠、绞股蓝、葫芦巴、茜草、荜茇、韭菜子、首乌藤、香附、骨碎补、党参、桑白皮、桑枝、浙贝母、益母草、积雪草、淫羊藿、菟丝子、野菊花、银杏叶、黄芪、湖北贝母、番泻叶、蛤蚧、越橘、槐实、蒲黄、蒺藜、蜂胶、酸角、墨旱莲、熟大黄、熟地黄、鳖甲等。

对卫生部允许使用部分中草药在具体应用时必须注意以下几点：

① 有明显毒副作用的中药材，不宜作为开发功能性食品的原料；

② 已获国家药品管理部门批准的中成药，不能作为功能性食品加以开发；

③ 已受国家中药保护的中成药，不能作为功能性食品加以开发；

④ 如功能性食品的原料是中草药，其用量应控制在临床用量的50%以下；

⑤ 传统中医药中典型的强壮阳药材，不宜作为开发改善性功能功能性食品的原料。

5. 不宜应用在功能食品中的中草药

在功能食品研究与开发中不宜应用的中草药有八角莲、八里麻、千金子、土青木香、山莨菪、川乌、广防己、马桑叶、马钱子、六角莲、天仙子、巴豆、水银、长春花、甘遂、生天南星、生半夏、生白附子、生狼毒、白降丹、石蒜、关木通、农吉痢、夹竹桃、朱砂、米壳（罂粟壳）、红升丹、红豆杉、红茴香、红粉、羊角拗、羊踯躅、丽江山慈姑、京大戟、昆明山海棠、河豚、闹羊花、青娘虫、鱼藤、洋地黄、洋金花、牵牛子、砒石（白砒、红砒、砒霜）、草乌、香加皮（杠柳皮）、骆驼蓬、鬼臼、莽草、铁棒槌、铃兰、雪上一枝蒿、黄花夹竹桃、斑蝥、硫磺、雷公藤、颠茄、藜芦、蟾酥等。

二、选择功能活性成分原料的注意事项

选择功能活性成分制备原料应视生产目的而定。生物活性物质在生物体材料中含量低、杂质含量高等特点，直接决定功能活性成分高效分离与制备。因此，选材的关键在于不但要注意选择富有有效成分的生物品种，还要特别注意植物原料的季节性、微生物生长不同阶段、动物的生理状态等方面的细节问题。

一般要考察以下几个方面：

① 功能活性成分含量高、新鲜；

② 来源丰富易得；

③ 工艺简单、易行；

④ 成本比较低、经济效果好。

但是，以上几个方面条件不一定同时具备，若存在含量丰富而来源困难，或者含量、来源都比较理想，而分离纯化手续繁琐的情况，则应全面分析，综合考虑，抓住主要矛盾决定取舍。

第二节　功能性动植物基料粉碎

在生产功能食品时，有时常利用一些功效成分含量较高的功能性动植物基料，如银杏叶、柿子叶、莲叶、葛根、桑、枣、某些苋科或松科植物、食用菌等基料，以提取黄酮、皂苷、酚类、多糖、多肽等功能活性成分。通常在提取前先将大块基料粉碎成适用的粒度，或将细胞破碎，使胞内生物活性物质充分释放到溶液中，进而增加功效成分的提取率。

根据被粉碎基料和成品粒度的大小，粉碎可分成粗粉碎、中粉碎、微粉碎和超微粉碎4种。粗粉碎的基料粒度 40～1500mm，成品颗粒粒度为 5～50mm；中粉碎的基料粒度 10～100mm，成品颗粒粒度为 5～10mm；微粉碎的基料粒度 5～10mm，成品颗粒粒度在 100μm 以下；超微粉碎的基料粒度 0.5～5mm，成品颗粒粒度在 10～25pm 以下。

一、机械方法

1. 机械力常规方法

功能性基料主要通过机械力的作用，使组织粉碎。粉碎少量原料时，可以选用组织捣碎机、匀浆器、研钵等。工业生产可选用电磨机、球磨机、万能粉碎机、绞肉机、击碎机等。如选用动物脏器、组织为原料的粉碎多用绞肉机，要求达到破碎细胞程度时，可以采用匀浆机。

2. 超微粉碎

对于膳食纤维、真菌多糖、功能性甜味剂、不饱和脂肪酸酯、复合脂质、油脂替代品、自由基清除剂、维生素、微量活性元素、活性肽、活性蛋白质和乳酸菌等十余种功能性活性成分制备时，原料的粉碎方式直接决定着活性物质的分离工艺，一般采用超微粉碎方式。超微粉碎技术已用于超细珍珠粉及超细花粉的制造。超微粉碎的珍珠粉，氨基酸种类多达20余种，其质量优于传统水解工艺生产的珍珠粉；采用超微粉碎生产的超细花粉其破壳（壁）率可达到 100%；超微粉碎还可用于南瓜粉、大蒜粉、芹菜粉、骨髓粉等的加工制造。

超微粉碎是将物料在常温下于空气中进行粉碎，其粉碎粒度微小，平均粒径可达 2μm 以下，物料经超微粉碎可完整地保持其有效成分，并可显著提高有效成分利用率及人体消化吸收率。该技术不仅适合一般物料的粉碎，而且也适合于含纤维、糖及易吸潮物料的超细化处理。在功能性食品生产上，某些微量活性物质（如硒）的添加量很小，如果颗粒稍大，就可能带来毒副作用。这就需要非常有效的超微粉碎手段将之粉碎至足够细小的粒度，加上有效的混合操作才能保证它在食品中的均匀分布，使功能活性成分更好地发挥作用。因此，超微粉碎技术已成为功能性食品加工的重要新技术之一。

超微粉碎有干法超微粉碎和湿法超微粉碎之分。干法超微粉碎主要包括气流式、高频振动式、旋转球（棒）磨式、转辊式等类型。气流式超微粉碎是利用空气、蒸汽或其他气体通过一定压力的喷嘴喷射产生高度的湍流和能量转换流，物料颗粒在这种高能气流作用下悬浮输送着，相互之间发生剧烈的冲击、碰撞和摩擦作用，加上高速喷射气流对颗粒的剪切冲击作用，使得物料颗粒间得到充足的研磨而粉碎成超微粒子，同时进行均匀混合，保证了成品粒度的均匀一致。

二、物理方法

功能性基料通过物理因素作用，使组织细胞破碎的方法，包括反复冻溶法、冷热交替法、超声波处理法、加压破碎法、冷冻粉碎法等主要方法。

1. 反复冻溶法

把待破碎的样品冷至 $-20\sim-15℃$，使之凝固，然后缓慢地溶解。如此反复操作，大部分动物性的细胞及细胞内的颗粒可以破碎。

2. 冷热交替法

蛋白质和核酸成分从细菌或病毒中提取时可用此法。操作时只要将材料投入沸水中，90℃左右维持数分钟而后立即置于冰浴中使之迅速冷却，可造成绝大部分细胞被破坏。

3. 超声波处理法

微生物材料多用超声波处理法，处理效果与样品浓度、使用频率有关。如从大肠杆菌制备多种生物酶时，常用 $50\sim100mg$ 菌体的浓度，在 1KC 至 10KC（$1KC=10^3$ 周/秒）频率下处理 $10\sim15min$。操作时一定要密切注意溶液中气泡是否存在。一些对超声波敏感的功效成分如核酸，要慎重使用超声波处理法。

4. 加压破碎法

加气压或水压，达 $210\sim350kgf/cm^2$❶ 的压力时，可使90％以上的细胞被压碎。多用于微生物原料中生物酶制剂的工业制备。

5. 冷冻粉碎法

将冷冻与粉碎两种单元操作相结合，使物料在冻结状态下，利用其低温脆性实现粉碎。它有很多优点，可以粉碎常温下难以粉碎的物料，可以使物料颗粒流动性更好、粒度分布更理想，不会因粉碎时物料发热而出现氧化、分解、变色等现象，特别适合诸如功效成分之类物料的粉碎。

三、生化方法

1. 自溶法

自溶法是指将新鲜的生物材料存放在一定的 pH 和适当的温度条件下，利用组织细胞中自身的酶系使细胞破坏，细胞内容物被释放出来的方法。

动物材料自溶温度一般选择在 $-4℃$，微生物材料则多在室温下进行。

新鲜的生物材料自溶时需加少量的防腐剂（如氯仿、甲苯等）以防止外界细菌的污染。因自溶时间相对较长，不易控制，故制造核酸、蛋白质等具有活性的功效成分比较少用。

2. 酶解处理

利用外来酶处理生物材料，如用溶菌酶专一地破坏细菌细胞壁，还可选用细菌蛋白酶、蜗牛酶、纤维素酶、壳糖酶等，但是必须注意不同生物酶作用适宜的底物浓度、酶解温度、pH、酶解时间等条件不同。

四、化学方法

一般采用稀酸、稀碱、浓盐、有机溶剂、或者表面活性剂处理法处理细胞，可以破坏细

---

❶　$1kgf/cm^2=98.0665kPa$，后同。

胞结构释放内容物。

表面活性剂处理法：表面活性剂的分子中，兼有亲脂性和亲水性基团，能降低水的界面张力，具有乳化、分散、增溶作用，较常用十二烷基磺酸钠、去氧胆酸钠等。

第三节 功能性成分提取技术

提取，即指从原料中经溶剂分离有效成分，制成粗品的工艺过程，根据目的物在溶剂中溶解度的差异而使之从一种或几种组分的混合物中得以分离出来。一般来讲，提取是在分离纯化前期，将经过处理或破碎的细胞置于一定条件下的溶剂中，使目的物充分释放出来。

功能性成分提取有液-固萃取、液-液萃取两类。常用提取方法有溶剂浸提法、水蒸气蒸馏法、压榨法等。近年来，二氧化碳超临界萃取、超声波萃取、微波萃取、超高压萃取等高新技术在功效性成分提取方面应用也越来越广泛。

一、原料基质性质与提取

获得良好的功能活性成分的提取效果，最重要的是针对基质材料和目的物的性质进行选择合适的溶剂系统与提取条件，包括溶解性质、分子量、等电点、存在方式、稳定性、相对密度、粒度、黏度、目的物含量、主要杂质种类及溶解性质、有关酶类的特征等方面。其中最主要的是目的物与主要杂质在溶解度方面的差异以及它们的稳定性。因此，操作者要根据文献资料及试验摸索获得相关信息，在提取过程中尽量增加目的物的溶出度，尽可能减少杂质的溶出度，同时充分重视生物材料及目的物在提取过程中的活性变化。

此外，特别强调下列情况：对蛋白质类功能活性成分要防止其高级结构的破坏（即变性作用）而避免高热、强烈搅拌、大量泡沫、强酸、强碱及重金属离子等作用；多肽类及核酸类物质需注意避免酶的降解作消，提取过程中，应在低温下操作，并添加某些酶抑制剂；对酶类物质提取要防止辅酶的丢失和其他失活因素的干扰；对脂类物质则应特别注意防止氧化作用，减少与空气的接触，如添加抗氧剂、通氮气及避光等。

二、原料基质性质与溶解度

（一）原料基质溶解度的一般规律

原料基质溶解度是固相分子间的相互作用及固-液两相分子间两种作用力综合平衡的结果，前者是"阻力"，后者是"助力"。

原料基质溶解度"相似相溶"原则，涵义是相似物溶解于相似物，一方面表示溶质与溶剂分子结构上的相似，另一方面表示溶剂与溶质分子间的作用力相似。其一般规律是极性物质易溶于极性溶剂；非极性物质易溶于非极性有机溶剂中；碱性物质易溶于酸性溶剂，酸性物质易溶于碱性溶剂。

溶剂的作用就是最大限度地削弱生物分子间的作用力，尽可能地增加目的分子与溶剂分子间的相互作用力。根据形成氢键能力的大小，可将溶剂分为五类：

① 能形成两个以上氢键的溶剂分子，在溶液中有三维空间网状结构，如水；

② 能形成两个氢键的溶剂分子，既是氢供体又是氢的受体，如脂肪醇类；

③ 只作质子受体的溶剂分子，如脂肪族的醚类；

④ 只作质子供体的溶剂分子，如氯仿；

⑤ 不能形成氢键的烃类，如四氯化碳。

溶剂的选择原则就是减小"阻力",增加"助力"。极性化合物的提取溶剂可选用①②两类溶剂,对溶液中弱极性或非极性化合物提取可选用③④两类溶剂。

(二) 水在功能活性成分提取中的作用

水是高度极化的极性分子,具有很高的介电常数,在水溶液中,水分子自身形成氢键的趋势很强,有极高的分子内聚力(缔合力),因此水是提取功能活性成分的常用溶剂。

水分子的存在可使其他生物分子间(包括同种分子与异种分子)的氢键减弱,而与水分子形成氢键,水分子还能使溶质分子的离子键解离,这就是所谓"水合作用"。水合作用促使蛋白质、多糖、核酸等生物大分子与水形成水合分子或水合离子,从而促使它们溶解于水或水溶液中。

三、提取效率与影响因素

(一) 提取效率

1. 分配定律

被提取功能性成分在两个互不相溶的液相中,分配定律起着主要作用。

分配定律表示为在恒温、恒压和相对浓度较小的条件下,某一溶质在两个不相混合的液相中的浓度分配比是常数,如式(3-1)所示。

$$\left(\frac{c_1}{c_2}\right)_{\text{恒温、恒压}} = K \tag{3-1}$$

式中,c_1 为分配达到平衡后溶质在上层有机相中的浓度;c_2 为分配达到平衡后溶质在下层水相中的浓度;K 为分配常数,不同溶质在不同溶剂中有不同值。

因此,在互不相溶的两个液相中,K 值越大,则在上层有机相中溶解度越大;反之,K 值越小,在下层水相中溶解度越大。当混合物中各组分 K 值彼此很接近时,只有不断更新溶剂,少量多次抽提才能彼此分开。

2. 扩散作用

由固体溶解于液体的扩散方程式中,各种因素关系可如式(3-2)表示。

$$G = DF \frac{\Delta c}{\Delta x} t \tag{3-2}$$

式中,G 为已扩散的物质量;D 为扩散系数,取决于物质的种类、溶剂的温度及黏度。物质扩散速率随温度升高而升高,随溶剂和黏度增加而降低,物质分子量越大,扩散系数越小;F 为扩散面积;Δc 为两相界面溶质浓度之差,为扩散过程的推动力,Δc 越大,扩散越快;Δx 为溶质扩散的距离,Δx 越大,物质扩散到溶剂中速度越慢;t 为扩散时间。

如提取酶或蛋白质时,加入核酸酶破坏大分子核酸或加入鱼精蛋白、硫酸链霉素沉淀核酸,可使溶液黏度大大降低;搅拌以保持两相界面浓度差最大;提高细胞破碎程度以增大扩散面积;减少扩散距离;延长提取时间及采用分次提取等方法,都可以大大提高物质扩散速度,增加提取效果。

3. 功能性成分残留量

功能性成分提取过程中总要残留部分目的物,因此提取效率不可能达到100%。提取目的物残留多寡取决于选择的溶剂系统的种类、用量、提取次数以及提取操作条件,残留量数量关系如式(3-3)所示。

$$X_n = X_0 \left[\frac{KW}{KW+L}\right]^n \tag{3-3}$$

式中，X_0 为目的物的总量，g；K 为目的物在固相/液相的分配系数；L 为溶剂体积，mL；W 为基质材料质量，g；n 为提取次数。

从式(3-3)可见，对所选溶剂系统看：

① 目的物在基质材料中的分配系数 K 越大，提取后残留物质就愈多；

② 所用的溶剂愈多，目的物残留量愈少；

③ 提取次数越多，目的物残留量亦越少。

在实际工作中，溶剂的用量是有一定限制的。因为溶剂用量过多不仅成本增高，而且也给提取液的后期处理带来困难，一般用分次提取处理进行弥补，但是提取的次数太多也会增加生产设备的负担，大大提高能耗和延长生产周期，降低劳动效率，增加产品失活的机会。工业生产上提取次数一般确定为 2~3 次。溶剂用量为基质材料的 2~5 倍，少数情况也有用 10~20 倍量溶剂作一次性提取，目的是节省提取时间和降低有害酶的作用。

(二) 影响提取率的因素

影响提取率的因素较多，特别是溶剂性质、pH 值、提取温度、离子强度、介电常数等主要因素，要根据经验结合具体实验条件选择最佳条件和方法，达到提取的最佳效果。

1. 溶剂种类与浓度

提取功能活性成分，常选用水、稀盐、稀碱、稀酸溶液，或者用不同比例的有机溶剂，如乙醇、丙酮、氯仿、四氯化碳等。常用丁醇提取一些与脂质结合比较牢固或分子中非极性侧链较多的蛋白质和酶效果较好，但要注意 pH、温度等操作条件是否适用于动、植物和微生物原料。

2. 酸碱度 (pH 值)

多数生物活性物质在中性条件下较稳定，提取所用溶剂系统原则上应避免过酸或过碱，pH 值一般应控制在 4~9 范围内。功能活性成分提取时要优选其活性特性最强的 pH 值范围。对于两性电解质一般选择在偏离等电点（pI）。因为除考虑溶液 pH 值与溶解度、稳定性有关系外，还要考虑提取时某些蛋白质或酶与其他物质络合常以离子键形式存在，选择 pH 3~6 范围，对分离离子键有利。但要强调一点是注意测定 pH 值的准确性，误差不应超过 ±0.1。

3. 温度

功能活性成分提取时温度选择根据其性质和活性特征而定。多数物质溶解度随提取温度升高而增加，且较高温度可以降低物料的黏度有利于分子扩散和机械搅拌，所以对某些较耐热的植物生化成分（如多糖类）可以用浸煮法提取，加热温度一般为 50~90℃；但对大多数不耐热生物活性物质不宜采用浸煮法，一般在 0~10℃进行提取；对一些热稳定性较好的成分，如胰弹性蛋白酶可在 20~25℃提取；有些生物活性物质在提取时，需要酶解激活，如胃蛋白酶的提取，温度可以控制在 30~40℃；应用有机溶剂提取生化成分时，一般在较低的温度下 5℃左右进行提取，以减少溶剂挥发损失、减少活力损失、实现安全生产。

4. 盐浓度

盐离子的存在会减弱生物分子间离子键及氢键的作用力。稀盐溶液对蛋白质等生物大分子有助溶作用。一些不溶于纯水的球蛋白在稀盐中能增加溶解度，这是由于盐离子作用于生物大分子表面，增加了表面电荷，使之极性增加，水合作用增强，促使形成稳定的双电层，此现象称"盐溶"作用。

多种盐溶液的盐溶能力既与其浓度有关，也与其离子强度有关，一般高价酸盐的盐溶作用比单价酸盐的盐溶作用强。

常用的稀盐提取液有氯化钠溶液（0.1～0.15mol/L）、柠檬酸缓冲液（0.02～0.05mol/L）、磷酸盐缓冲液（0.02～0.05mol/L）、焦磷酸钠缓冲液（0.02～0.05mol/L）、醋酸盐缓冲液（0.10～0.15mol/L），其中焦磷酸钠盐的缓冲范围较大，对氢键和离子键有较强的解离作用，还能结合二价离子，对某些生化物质有保护作用。柠檬酸缓冲液常在酸性条件下使用，作用近似焦磷酸盐。

四、提取方法

（一）溶剂浸提法

浸提是利用适当的溶剂从原料中将可溶性有效成分浸出的过程。目前，溶剂浸提法是提取功能活性成分最常用的方法，主要包括水或溶剂浸渍法、煎煮法和渗滤法3种方法。

1. 水或溶剂浸渍法

将经处理的原料置于有盖容器中，加入规定量的溶剂盖严，浸渍一定时间，使有效成分浸出。如以热水泡茶叶提取茶多酚，热水浸渍食用菌子实体提取多糖等。此法简便，但有效成分不易完全浸出。为了提高活性成分的浸出率，往往需要多次浸渍和选择适宜的溶剂配比。

2. 煎煮法

将经过处理的原料，加适量水煮沸，使有效成分析出。此法简便易行，能煎出大部分有效成分。不足之处是煎出液中杂质较多，有些活性成分可能被破坏，不溶于水的功能性成分提取较少。

3. 渗滤法

将已粉碎的原料用溶剂润湿膨胀后，装入渗滤筒中，不断添加溶剂，在渗滤筒的下口收集渗出液的一种浸出方法。此法不仅提取效率高，且节省溶剂。

（二）水蒸气蒸馏法

水蒸气蒸馏法适用于具有挥发性、不溶于水或难溶于水、又不会与水发生反应的物质的提取，基本原理是原料和水共热，使原料中的某些易挥发成分与水共沸，同水蒸气一起蒸出，经冷凝、冷却，收集到油水分离器中，利用提取物不溶于水的性质以及与水的相对密度差将其分离出来，就得到所需的提取物。水蒸气蒸馏主要用于某些芳香油、某些小分子酸性化合物、大蒜素等的提取。

（三）压榨法

压榨法是利用机械力将植物、果实、蔬菜或含油多的种子的细胞破坏，从而得到含有功能活性成分的汁液或油液的方法。一般适用于功能活性成分能溶解于汁液（水或油水混合物）的植物、果实、蔬菜或油料作物的提取。压榨机主要有螺旋式压榨机和辊式压榨机。

例如果实的压榨主要步骤：

① 果实破碎、打浆，以提高压榨时的出汁率；

② 压榨前预处理，加热处理，使蛋白质凝固，降低汁液的黏度，提高出汁率，对一些含果胶较多的样品，可加果胶酶制剂处理，分解果肉中果胶，降低果汁黏度；

③ 压榨取汁。

（四）超临界流体萃取法

超临界流体萃取（SCFE）既是提取技术，又是较理想的分离技术。超临界流体兼有气液两重性的特点，它既有与气体相当的高渗透能力和较低的黏度，又具有与液体相近的密度和对物质优良的溶解能力。该流体可从原料中提取有用成分或脱出有害成分，从而实现所需要的分离目的。

1. 超临界流体萃取的特点

与常规技术相比，超临界流体萃取具有的突出优点如下：

① 超临界流体具有良好的渗透和溶解性能，可以从固体或黏稠的原料中提取有效成分，萃取能力强，溶解能力大，效率高；

② 压力和温度比较容易控制，使萃取的溶质和溶剂彻底分离；

③ 提取物能很好地保持原有的生物活性，特别适合于热敏物质、易分解物质的提取；

④ 可在较低的温度下和无氧环境下操作，适用于热敏物质的萃取；

⑤ 显著提高成分的回收率和纯度，改进产品质量，降低消耗；

⑥ 避免或减少环境污染。

超临界流体萃取是以超临界流体作为萃取剂，在临界温度和临界压力附近的条件下，从液体或固体物料中萃取出所需的组分。用于超临界流动的物质很多，但最常用的是二氧化碳，因为它与其他溶剂相比，具有较大的优点：一是二氧化碳的临界温度接近常温，临界压力较低，容易达到；二是性质稳定，不易燃；三是无毒害作用，无环境污染；四是溶解性能好。利用超临界二氧化碳萃取技术提取功能食品的功效成分，对于提高功效成分的纯度和活性具有重要的作用。

2. 超临界流体萃取方法

超临界流体萃取方法主要有如下两种。

① 超临界流体间歇式提取法　将原料装入提取器，然后使超临界流体通过原料提取有效成分。在分离器中将超临界流体与萃取物分离，从底部得到提取物，而超临界流体以气体形式分离出去。

② 超临界流体连续式提取法　将原料装入提取器，然后使超临界流体通过原料提取有效成分。在分离器中将超临界流体与萃取物分离，从底部得到提取物。分离后的超临界气体经冷却器变成液态，经高压泵和预热又变成超临界流体，循环提取。

3. 超临界流体萃取技术应用

1879 年 J. B. Hannay 等就发现了超临界乙醇流体对金属卤化物具有显著的溶解能力；20 世纪 50 年代，Todd 和 Eligin 等人从理论上提出超临界流体用于萃取分离的可能性；近30 年来超临界流体萃取作为一种新型物质分离、精制技术迅速发展起来；我国从 20 世纪 80年代开始应用超临界流体萃取技术萃取药物有效成分。廖周坤等用不同浓度的乙醇作夹带剂，对藏药雪灵芝进行了总皂苷粗品及多糖的萃取试验，与传统溶剂萃取工艺相比较，收率分别提高了 18.9 倍和 1.62 倍。宋启煌等用超临界 CO_2 萃取巴西人参皂苷，萃取温度为58℃萃取压力为 48MPa，携带剂乙醇用量为 10%，萃取时间 2h，提取效率最高，总皂苷含量为 0.428%，但是较回流法低 7.14%。葛发欢等探讨了从黄山药中萃取薯蓣皂素的最佳条件，同时进行了中试放大，证明应用超临界 CO_2 萃取薯蓣皂素进行工业化生产是可行的，与传统的汽油法相比较，收率提高 1.5 倍，生产周期大大缩短，避免使用汽油有易燃易爆的危险。葛发欢等研究了超临界 CO_2 萃取柴胡挥发油和皂苷的工艺，SFE-CO_2 法提取柴胡挥发油，与传统水蒸气蒸馏法相比较，能大大提高收率，缩短提取时间，而挥发油组成一致，只是各成分含量有差异。

在功能食品生产中，超临界二氧化碳萃取广泛地应用于鱼肝油的分离，多不饱和脂肪酸如 DHA、EPA 的提取，咖啡因的提取，啤酒花的分离，香精、色素、可可脂、大蒜素、姜辣素、茶多酚、银杏叶黄酮、维生素 E、β-胡萝卜素等都可以利用超临界二氧化碳萃取技术生产。此外，在从月见草油中提取 γ-亚麻酸，从甘蔗渣滤饼中提取生理活性物质二十八烷醇，从磷虾壳中提取虾黄素，从沙棘中提取沙棘油等方面也有广泛的应用。

但超临界流体萃取技术有其局限性，常用的 CO_2 超临界萃取技术只适合提取亲脂性、分子量小的物质，对于极性大、分子量大的物质，需要加携带剂或在很高的压力下进行，给工业化生产带来一定难度，另外设备投资大，运行成本高，也限制了该技术的普及。

（五）微波萃取技术

微波是辐射能的电磁波，频率为 300MHz～300GHz 的电磁波，波长为 1mm～1m。微波属高频波段的电磁波，其波长比光波和红外波的波长都长，具有电磁波的诸多特性如反射、透射、干涉、衍射、偏振以及伴随着电磁波进行能量传输等波动特性。

由于微波的直线传播、遇金属发生反射、能量传输的波动特性、辐射、相位滞后等高频特性，传统应用于雷达、通讯、测量等方面。1945 年，美国研究人员首先发现了微波对电介质的热效应。此后，食品工业界开始对微波加热进行大量的实验研究。1965 年美国开发了大功率的磁控管，大大地促进了微波加热方式的实用化。食品工业将微波作为一种新能源，确认了其加热的有效性，并允许在食品加工中应用。

1. 微波处理的理论基础

微波加热属于一种内加热，依靠微波段电磁波将能量传播到被加热物体的内部，使物料整体同时升温，是直接作用于被加热物体的内部。被加热物料的内部存在着大量两端带有不同电荷的分子（称为偶极子）。偶极子在无电场作用时做杂乱无规则的运动〔见图 3-1(a)〕，而在直流电场作用下做有序运动，带正电端朝向负极运动，带负电端朝向正极运动，即外加电场给予介质中偶极子以一定的"位能"〔图 3-1(b)〕。

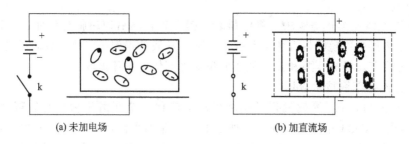

(a) 未加电场　　　　　　　　　　　(b) 加直流场

图 3-1　介质中偶极子的排列

但是，当施加交流电场时，电场迅速交替并改变方向，偶极子会随场方向的交替变化迅速摆动。由于分子的热运动和相邻分子间的相互作用，偶极子随外加电场方向改变而作的规则摆动便受到干扰和阻碍，即产生了类似摩擦的作用，使分子获得能量，并以热的形式表现出来，表现为介质温度的升高。若外加电场的变化频率越高，分子摆动就越快，产生的热量就越多。外加电场越强，分子的振幅就越大。由此产生的热量也就越大。

微波加热方法具有以下特点。

① 微波加热速度快　微波加热不是靠热传导作用传递热量，而是利用被加热体本身作为发热体而进行内部加热，因此物体内部温度迅速升高，大大缩短了加热时间。一般微波加热只需常规方法的 $1\%～10\%$ 的时间即可完成整个加热过程。

② 微波加热效率高　微波加热作用始自被加工物料本身，基本上不发生辐射散热，只是在电源部分或电子管本身消耗一部分热量，所以其热效率高，能够达到 80%。

③ 微波加热均匀性好 微波加热是内部加热，所以与外部加热相比，很容易达到物料均匀加热的目的，可以避免物料表面受热不均匀或发生硬化等现象。

④ 微波加热易于瞬时控制 微波加热的热惯性小，能够很容易地控制物料的立即发热和升温，有利于大规模、自动化生产设备的配套利用。

⑤ 微波具有选择吸收特性 物料中某些成分非常容易吸收微波，而有些成分则不易吸收微波，而微波选择吸收的特性有利于产品质量的提高。

由于微波加热具有以上的特点，微波加热在农业、林业、轻纺工业、化学工业、医药工业和食品工业等领域的应用得到了迅速的发展。

为了提高介质吸收功率的能力，工业上就采用超高频交替变换的电场。实际上常用的微波频率为 915MHz 和 2450MHz。1s 内有 9.15×10^8 次或 2.45×10^9 次的电场变化。分子有如此频繁的摆动，其摩擦所产生的热量可想而知，可以呈瞬间集中的热量，从而能迅速提高介质的温度，这也是微波加热的独到之处。除了交变电场的频率和电场强度外，介质在微波场中所产生的热量的大小还与物质的种类及其特性有关。

通常微波透入食品中时，随着微波能量的损耗而转化成热量，微波逐渐衰减，且穿透越深，衰减越多，直至全部衰竭。微波加热的热效应大小可以用微波穿透深度衡量。微波穿透深度指的是微波在穿透过程中其振幅衰减到原来的 $1/e$ 之处距离表面的深度。微波的穿透深度 D(m) 与波长 λ(m) 及食品的介电特性相关，可按式(3-4) 计算：

$$D = \frac{\lambda}{\pi \sqrt{\varepsilon_r} \, tg\delta} \tag{3-4}$$

式中，λ 为微波的波长，m；π 为圆周率；ε_r 为被加热物体的相对介电常数；$tg\delta$ 为被加热物体的介质损耗因素。

由式(3-4) 可知，波长越短（频率越高），被加热物体的介电常数和介质损耗越大，微波的穿透深度就越小。因此，对损耗系数大且较厚的食品加热，便有内部不发热现象的出现。所以，不少国家在工业加工时大多采用 915Hz 微波，以加大穿透深度。

此外，影响微波加热的因素还有微波场强度、物料密度、物料比热等。

2. 微波萃取装置

(1) 间歇式微波装置 食品烹调用的微波炉是间歇式装置的典型代表，属于驻波场谐振腔加热器，它是典型的箱式微波加热器。

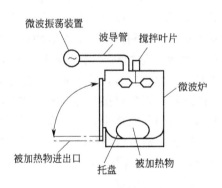

图 3-2 间歇式微波装置

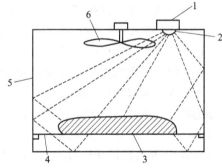

1—磁空管；2—微波辐射器；3—食品；
4—塑料制台面；5—腔体；6—电场搅拌器

图 3-3 间歇式微波装置工作原理图

从图 3-2 可知，其基本结构是由谐振腔、输入波导、反射板和搅拌器等组成。从图 3-3 可知，谐振腔为矩形空腔。若每边长度都大于 $1/2\lambda$ 时，从不同的方向都有波的反射。因此，被加热物体（食品介质）在谐振腔内各个方面都受热。微波在箱壁上损失极小，未被物料吸收掉的能量在谐振腔内穿透介质到达壁后，由于反射而又重新回到介质中形成多次反复的加热过程。这样，微波就有可能全部用于物料的加热。谐振腔的尺寸是由所需的场型分布决定的。谐振波长 λ 应满足式（3-5）要求。

$$\frac{1}{\lambda} = \frac{1}{2}\left[\left(\frac{m}{a}\right)^2 + \left(\frac{n}{b}\right)^2 + \left(\frac{p}{c}\right)^2\right]^{1/2} \tag{3-5}$$

式中，m、n、p 为任意正整数，它的意义为沿谐振腔 a、b、c 三边上的半波长。

在间歇式加热中，加热炉中电场分布很难均匀，因此在设计时，要想办法使加热均匀，大多数微波加热器采用叶片状反射板（搅拌器）旋转或转盘装载杀菌物料回转的方法，使加热均匀。由于谐振腔是密闭的，微波能量的泄漏很少，不会危及操作人员的安全，比较容易防止微波泄漏和进行压力控制，因此应用于高温杀菌也是可能的。另外，也可以设计成与蒸汽并用以及旋转照射的方式。但是，大型化装置的照射距离会造成技术上难度大，每次加工的产品数量受到一定的限制，因此，此装置在生产中还不太适用。

（2）半间歇式微波装置　图 3-4 所示为旋转升降式半间歇式微波装置，它与产品固定的方法相比，优点是可以使更多的产品同时受到均匀的照射处理。

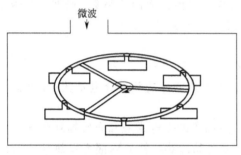

图 3-4　旋转升降式半间歇式微波装置

（3）连续式微波装置　在大批量产品进行连续式微波装置生产中，一般采用传送带式隧道微波装置，也称连续式谐振腔加热器，其结构如图 3-5 所示。被加热的物料通过输送带连续输入，经微波加热后连续输出。由于腔体的两侧有入口和出口，将造成微波能的泄漏。因此，在输送带上安装了金属挡板。也有的在腔体两侧开口处的波道里安装上许多金属链条，形成局部短路，防止微波能的辐射。由于加热会有水分的蒸发，因此也安装了排湿装置。为了加强连续化的加热操作，人们设计了多管并联的谐振腔式连续加热器。这种加热器的功率容量较大，在工业生产上的应用比较普遍。为了防止微波能的辐射，在炉体出口及入口处加上了吸收功率的水负载。这类装置可应用于木材干燥、奶糕和茶叶加工等方面。

3. 微波萃取技术研究现状

微波提取这一概念首次被 Ganzler 提出时是作为分析化学中的一种新型的样品预处理手段。20 世纪 90 年代初开始应用于萃取天然植物中的有效成分。1991 年以来，Pare 先后应用微波技术进行了挥发油的提取研究，并申请了一系列专利。专利指出，被萃取物料（生物原料）在微波场中吸收大量的能量，因细胞内部含有的水及其他物质，对微波能吸收较多，而周围的非极性萃取剂则少吸收微波能，从而在细胞内部产生热应力，被萃取物料的细胞结构因细胞内部产生的热应力而破裂。细胞内部的物质因细胞的破裂直接与温度相对较低的萃取剂接触，因内外的温度差加速了目标产物由细胞内部转移到萃取剂中，从而强化了提取过程。S. Bureau 等从葡萄及葡萄汁中提取糖苷。Beatrice 等从一茄科植物的叶中提取了 3 种甾体内酯类成分。实验研究表明，微波辅助萃取中药有效成分具有萃取时间短、溶剂用量少、提取率高、溶剂回收率高、所得产品品质好、成本低、投资少等优点。

目前，利用微波技术提取中药和天然产物生物活性成分，已涉及黄酮类、苷类、多糖、萜类、挥发油、生物碱、鞣质、甾体及有机酸等物质。

微波技术在多糖提取中的应用情况如下。

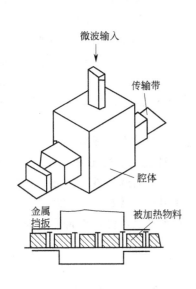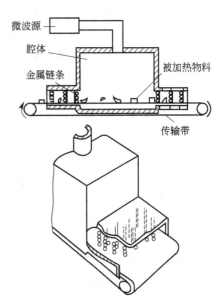

图 3-5　连续式微波装置

茶多糖是茶叶中极具开发价值的一种生理活性物质。聂少平等用微波技术提取茶多糖，为了保持茶多糖的生物活性，提高得率，通过正交试验确定了微波提取的最佳工艺参数，用该法提取的茶多糖含量由蒽酮-硫酸法测定。结果表明，微波提取茶多糖的最佳工艺参数为，茶叶与水的质量比为 1∶15，在微波强度为 100% 的条件下提取 75s。通过与其他提取方法比较，微波提取方法时间短，得率高，是茶多糖提取的一种优选方法。同时，通过对 α-淀粉酶酶活抑制效果试验可以看出，微波对茶多糖抑制 α-淀粉酶酶活的活性无影响。传统的茶叶多糖提取方法包括煎煮、有机溶剂浸出等，但提取温度高、时间长、提取率低、成本高。

刘依等将微波技术应用于板蓝根多糖的提取，结果表明，粗多糖得率和多糖质量分数均明显高于单独使用水煎煮法。

赵二劳等以料液比、功率和萃取时间为因素，用正交试验的方法对 MAE 沙棘叶多糖进行了研究，得到的最佳萃取条件为料液比（g∶mL）1∶40，微波功率 540W，萃取时间 50s，沙棘叶多糖提取率为 5.25%，可以有效地提高沙棘叶多糖的提取率。

任大明等采用热水浸提法从枸杞干果中提取枸杞多糖，经正交实验确定了浸提时间、温度、料水比最优值分别为：5h、100℃ 和 1∶40，多糖得率 12%。当采用微波预处理时，多糖得率最高可达到 15.91%，微波预处理 25min 时，收到较好的效果。

龚盛昭等得到了微波辅助提取黄芪多糖的最佳工艺条件，液料质量比为 12∶1，用饱和石灰水调至 pH9，微波功率 300W 时提取 2 次，每次提取 10min，提取液真空浓缩后，加入乙醇使多糖沉淀，过滤，沉淀用乙醇洗涤多次，真空干燥后即得黄芪粗多糖，产率为 14.6%，纯度为 88.1%。与直接加热提取法相比，提高了黄芪多糖的产率。

陈根洪等用微波法复合提取鱼腥草黄酮和多糖工艺的研究中，以鱼腥草干粉为原料，探讨了微波辅助水提法从同一鱼腥草原料中获得黄酮和多糖的工艺，得到的最佳复合提取工艺技术条件，首先采用微波预处理，其技术参数为料水比 1∶25，使用小火，处理 2.0min；然后进行水浸提，其技术参数为温度 70℃，时间 2h，次数 2 次。在此条件下，鱼腥草黄酮和多糖复合提取的得率分别为 1.606% 和 5.274%，总量达到 6.880%。运用微波技术辅助水提法，从鱼腥草中复合提取黄酮和多糖，与常规技术相比，原料利用率和有效成分的提取量均有明显增加，这在国内尚属首次，将对今后鱼腥草的开发具有重大的现实意义。

薛梅等运用微波技术提取半枝莲总黄酮和多糖，用比色法测定总黄酮和多糖含量。实验测得半枝莲中总黄酮含量为 3.74%，平均回收率为 98.91%，相对标准偏差（RSD）为 2.01%（$n=5$）；多糖含量为 5.79%，平均回收率为 101.3%，相对标准偏差（RSD）为 3.0%（$n=5$）。结果表明，用微波技术从半枝莲中联合提取总黄酮和多糖，速度加快，提取效率高。

但微波提取存在辐射不均匀，容易造成局部温度过高，导致有效成分变性、损失，且对于富含淀粉或树胶的天然植物有效成分的提取，微波很容易使它们变形和糊化，堵塞通道，不利于胞内物质的释放。另外微波提取对提取溶剂也具有一定的选择性，微波萃取要求所选用的溶剂必须对微波透明或半透明，用作萃取的溶剂，选用介电常数在 8～28 范围内。而且目前微波萃取基本上还停留在实验室小样品的提取及分析水平上，使用设备相对简陋，有的还使用家用微波炉。工业化微波提取器未见报道。

（六）超高静压萃取技术

超高静压（ultra high pressure，简称 UHP，又称为高静压/HHP）萃取技术是近年来刚露头的新型技术。UHP 技术的早期应用是非食品领域，用于生产陶瓷、钢铁和超合金，以制作高速硬质合金刀具，主要涉及以惰性气体为压媒和流体静挤压两种。

最早研究将很高的流体静压应用于食品保藏的是 Hite（1899 年），但他的研究工作并未引起人们密切的关注。此后，研究完整细胞 UHP 影响的研究工作多半集中在生物界常遇压力下的微生物方面。近 10 余年 UHP 技术才逐步被迅速渗透到食品加工领域。通过加压处理，可使食品中的微生物死亡、蛋白质凝固，同时对液态食品的保藏和对肉类的嫩化也有明显的效果。近几年，UHP 作为加工手段在多种食品物料上进行了广泛的研究，最初较多地集中在果蔬汁饮料等产品上，最早在市场出现的加压食品是草莓酱。UHP 食品加工技术路线主要包括以下几个方面：

① 新鲜蛋白质和淀粉的酶发生分解、修饰、限定分解——无蒸煮发酵，脱臭；
② 蛋白质的凝胶化，淀粉的糊化——组织结构改良，食品新素材；
③ 对脂质及其蛋白质混合体的效果——乳状液（香肠的肉馅）的改良；
④ 酶的不可逆失活——生酒，天然果汁；
⑤ 抑制酶反应——产生有用物质；
⑥ 抑菌——延长生鲜食品保藏期及运输时间；
⑦ 杀菌、杀虫——天然果汁、肉、鱼、蔬菜、水果；
⑧ 熟化的控制、停止——发酵食品、腌渍物；
⑨ 水和冰的平衡点的变化——食品在冰点下的保藏和输送，加压解冻；
⑩ 发芽的控制——种子产业。

近 5 年对于超高静压的研究主要集中在黄酮类化合物、多酚类化合物等功效成分提取方面。

1. UHP 处理的理论基础

基质原料物系是多成分的分散系，其占有主要地位的是以水为分散介质的水分散系和以油为分散介质的油分散系。

以水分散系为例，水等液体既是分散介质，又是压力的均衡传递介质。而对于基质原料物系来说，基质原料不仅是水可透的，而且是可压缩变形的，整个物系内部各点的压力都能基本达到均衡的状态，水之类液体作为传递压力的介质。如果一旦水变成了冰，它便失去了创造体系内部各点压力均衡的条件。因此必须考察水的状态与压力温度之间的变化关系。通常水不论在多高的压力下，冰点总是在 0℃左右。这就确定了压力处理的温度下限值。压力处理和热处理是两种不同的处理方法，压力处理不一定要求在多高的温度进行，所以一般在常温下实施即可。但在常温下，若给水施加高于 1000MPa 的压力，其状态便成了固态。这一压力便是实施 UHP 处理的压力上限。

UHP 下不仅蛋白质，凡由非共价键形成整体结构的生物高分子，受 UHP 的影响均如此。除核酸外，淀粉等多糖的立体结构被破坏，功能丧失。脂质类由疏水结合发生相互作用的物质也受影响，脂质和蛋白质的复合体（细胞膜等）原来的复合构造也会被破坏。以受到不可逆破坏为指标，脂质和蛋白质的复合体、蛋白质的四级结构在 200～300MPa 压力以下发生变化，核酸、淀粉、酶要在这个压力以上才发生变化。

（1）UHP 对蛋白质的影响　UHP 使蛋白质变性，其解释是由于压力使蛋白质原始结构伸展，导致蛋白质体积的改变。例如，如果把鸡蛋在常温的水中加压，蛋壳会破裂，其蛋液呈蛋羹一样稍有黏稠的状态，它和煮鸡蛋中的蛋白质热变性一样不溶于水，这种凝固变性现象可称为蛋白质的压力凝固。无论是热力凝固还是压力凝固，其蛋白质的消化性都很好。但加压鸡蛋和未加压前一样鲜艳，口感仍是生鸡蛋味，且维生素含量无损失。

酶是蛋白质，UHP 处理对食品中酶的活性也是有影响的。例如，在对甲壳类水产品进行 UHP 处理时，UHP 使水产品中的蛋白酶、酪氨酸酶等酶蛋白失活，减缓了酶促褐变和降解反应。但是，压力也具有增强酶活力的作用。例如，切片的土豆、苹果等在压力较低时，可激活组织中的多酚氧化酶，会导致褐变现象的发生。若加压达到 400MPa 以上，酶的活性逐渐丧失。可见，与迅速加热使酶失活一样，加压速率也应提高，以达到快速钝化酶的目的。使蛋白质发生变性的压力大小依不同的物料及微生物特性而定，通常在 100～600MPa 范围内。

（2）UHP 对淀粉及糖类的影响　UHP 可使淀粉改性。常温下加压到 400～600MPa，可使淀粉糊化而呈不透明的黏稠糊状物，且吸水量也发生改变，原因是压力使淀粉分子的长链断裂，分子结构发生改变。

另外，根据研究报导，对蜂蜜进行 UHP 杀菌处理，结果发现在微生物致死的情况下，对糖类几乎没有影响。

（3）UHP 对油脂的影响　油脂类耐压程度低，常温下加压到 100～200MPa，基本上变成固体，但外界压力解除后固体仍能恢复到原状。另外，UHP 处理对油脂的氧化有一定的影响。

（4）UHP 对食品中其他成分的影响　UHP 对食品中的风味物质、维生素、色素及各种小分子物质的天然结构几乎没有影响。例如，在生产草莓等果酱时，可保持原果的特有风味、色泽及营养。在柑橘类果汁的生产中，加压处理不仅不影响其营养价值和感官质量，而且可以避免加热异味的产生，同时还可抑制榨汁后果汁中苦味物质的生成，保持原果汁的风味。

2. UHP 萃取装置的分类

（1）UHP 萃取装置按加压方式分为直接加压式和间接加压式两类　图 3-6 为两种加压方式的装置构成示意图。左图为直接加压方式的 UHP 萃取装置。在这种方式中，UHP 容器与加压装置分离，用增压机产生 UHP 液体，然后通过 UHP 配管将 UHP 液体运至 UHP 容器，使物料受到 UHP 处理。右图为间接加压式 UHP 萃取装置。在这种加压方式中，

UHP 容器与加压液压缸呈上下配置，在加压液压缸向上的冲程运动中，活塞将容器内的压力介质压缩产生 UHP，使物料受到 UHP 处理。两种加压方式的特点比较见表 3-1。

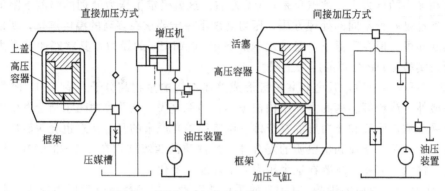

图 3-6　直接加压方式和间接加压方式示意图

表 3-1　两种加压方式的特点比较

加压特点	直接加压方式	间接加压方式
适用范围	大容量（生产型）	UHP 小容器（研究开发用）
构造	框架内仅有一个压力容器，主体结构紧凑	加压液压缸和 UHP 容器均在框架内，主体结构庞大
UHP 配置	需要 UHP 配管	不需 UHP 配管
容器容积	始终为定值	随着压力的升高容积减小
容器内温度变化	减压时温度变化大	升压或减压时温度变化不大
压力的保持	当压力介质的泄漏量小于压缩机的循环量时可保持压力	若压力介质有泄漏，则当活塞推到液压缸顶端时才能加压并保持压力
密封的耐久性	因密封部分固定，故几乎无密封的损耗	密封部位滑动，故有密封件的损耗
维护	经常需保养维护	保养性能好

（2）按 UHP 容器的放置位置分有立式和卧式两种　图 3-7 所示生产上的立式 UHP 处理设备，相对卧式，立式的占地面积小，但物料的装卸需专门装置。图 3-8 使用卧式 UHP 处理设备，物料的进出较为方便，但占地面积较大。

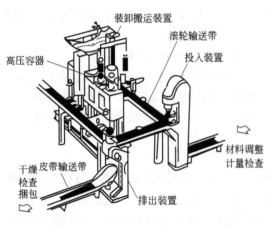

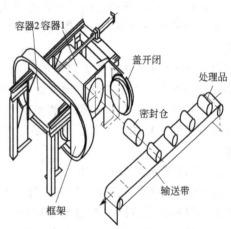

图 3-7　立式 UHP 处理设备示意图　　　　图 3-8　卧式 UHP 处理设备示意图

3. UHP 萃取技术应用

陈瑞战、张守勤等研究了常温超高压工艺提取人参总皂苷，提取率为 7.32%，陈瑞战将超高压提取和常规热回流提取、索氏提取、微波提取、超声提取以及超临界 CO_2 萃取做了比较，经比较发现超高压提取时间最短，提取率最高；刘春明、张守勤等研究了高压技术提取朝鲜淫羊藿总黄酮，提取率为 9.67%，提取时间 5min，与之对比乙醇回流法的提取率为 6.14%，提取时间为 4h；翟旭洁研究发现用超高压萃取刺五加叶中的黄酮的最佳工艺条件范围是压力 400~500MPa、固液比为 1:40~1:50、乙醇浓度 40%~50%。郭文晶等应用超高压技术从甘草中提取甘草酸，得出最优工艺条件为压力 400MPa、保压 3min、固液比 1:10。通过此工艺，甘草酸粗品收率可达 11.71%，粗品中甘草酸含量达 3.09%。郭文晶应用此技术提取胸腺肽，通过一次回归正交设计试验及快速寻优试验确定各因素的最优变化区域分别为：压力 250~350MPa，液固比 2~4，匀浆液 pH 值 2.5~3.5，保压时间为 1min。

由此可见，超高压技术发明与研究加快了我国中药现代化的步伐，可以提取生物碱、活性多糖和低聚糖、芳香油、脂质类、黄酮、苷类等水溶性、醇溶性、脂溶性和溶于其他有机溶剂中的小分子成分。与煎煮法、回流法、索氏提取等传统提取技术相比较，高压提取技术可以大大缩短提取时间、降低能耗、减少杂质成分的溶出、提高有效成分的收率。而且高压提取是在常温下进行，避免了因热效应引起的有效成分结构变化、损失以及生理活性的降低，同时高压提取是在一个密闭的环境下进行的，没有溶剂的挥发，因此该技术更加符合"绿色"环保的要求。

目前阻碍超高压走向产业化的主要因素在于提取设备，国内研究使用超高压提取设备有效容积基本都在 50L 以下，目前只能间歇提取。超高压提取植物中有效成分的微观机理目前还处在研究阶段，超高压提取药物中有效成分的传质和传热模型还未见报道。

张守勤教授等关于超高压提取中药有效成分的研究发现溶剂浓度、提取压力、液料比、保压时间、提取次数这五个因素对于黄酮类化合物的提取率有着很重要的影响。

(1) 乙醇浓度的选择　高压提取方法需要选取合适的溶剂，需要考虑三点：①溶剂应对有效成分溶解度大，对杂质溶解度小；②溶剂不能与中药的成分起化学变化；③溶剂要经济、易得、使用安全等。

黄酮类化合物易溶于乙醇、甲醇、乙酸乙酯、乙醚等有机溶剂，与其他有机溶剂相比，乙醇不仅对大多数有效成分有较好的溶解性，而且经济实用、对身体无毒害，一般都选择乙醇作为高压提取的溶剂。

中药有效成分因分子极性不同表现为不同的溶解性，分子极性大，亲水性强，否则亲脂性。根据"相似相溶"原理，不同浓度的溶剂极性大小也不相同，对提取产物的溶解度也不同。因此，有必要通过试验确定超高压提取使用的乙醇溶液浓度。

乙醇浓度是影响总黄酮得率的一个重要因素，资料显示，一般情况下，乙醇浓度越高越有利于总黄酮的提取，但也不是绝对的，还跟黄酮类物质的结构有关，高浓度乙醇适于提取黄酮苷元类，低浓度乙醇适于提取黄酮苷类。

(2) 压力的选择　压力是超高压提取黄酮的一个重要因素，不同压力下有效成分的溶出率不同，中药有效成分提取可以分为两个过程：一是药材浸润和溶质溶解过程；二是溶质的扩散过程。在溶剂通过药材颗粒表面浸润到细胞内部过程中，增加压力药材细胞内外出现超高压差，溶剂在超高压作用下，迅速渗透到细胞内；卸压过程中，在 20s 左右时间内，压力由几百兆帕迅速降为常压，内外压差作用下，有效成分从细胞内向周围溶剂内扩散，大大加快了有效成分向外扩散的速率；在升压和卸压过程中，由于压力变化极大，且升降压采用脉冲的方式进行，提取溶剂对细胞膜和细胞内各种膜产生破碎等变化，降低了有效成分的传质阻力。一般来说，随着压力的升高，有效成分总黄酮的得率也明显增高。但另一方面，考虑到过高的压力所需的能耗较大，人们往往希望压力越小越好。因此选择一个合适的压力显得至关重要。

（3）料液比的选择　液料比是超高压提取黄酮过程中的一个重要因素，从传质角度讲，浓度差则是一种重要的传质推动力，液料比增加，改善提取的产物从固相表面扩散进入液相主体过程的两相传质，即可以减小外扩散阻力的影响，提高提取率。但是液料比过高也会提高生产成本及后续处理的工作量，因此，在实际生产中可以采用加大溶剂的量来获得最大的提取率。但是如果选择较大的液料比，则会加大浓缩时的能耗。所以溶剂物料比的选择应兼顾过程的经济性。

（4）保压时间的选择　在超高压提取过程中，保压时间也是一个影响因素。但由于提取过程中渗透压差高，溶剂能够在极短的时间渗透到细胞内部，且有效成分能够快速达到溶解平衡，因此保压时间较短。一方面，延长保压时间可以使有效成分向细胞壁外部溶剂中扩散的时间增加，提高有效成分的溶出量；但是另一方面，从生产效率的角度考虑，人们希望保压时间越短越好。

（七）高压脉冲电场萃取技术

高电压脉冲电场（high intensity pulsed electric fields，PEF 或 HPEF）技术是把液态食品作为电解质置于容器内，与容器绝缘的两个放电电极通过高压电流，产生电脉冲进行作用的加工方法。

20 世纪后期，很多研究者对液态食品进行非热杀菌的研究，认为高电压电脉冲电场对食品可实施非热杀菌，并具有无化学反应的性质，因此其作为一种新技术受到研究人员和北美、日本及欧洲的食品工业所关注。近期，利用高电压脉冲电场提取多糖类化合物、多酚类化合物、卵磷脂等方面的研究越来越多。

1. 高压脉冲电场的灭菌及提取机理

自从 1967 年 Sale 和 Haminon 发现高压脉冲电场有杀菌作用以来，许多学者便开始了将高压脉冲电场技术应用于食品储藏与保鲜过程的研究。高压脉冲电场技术应用于食品的杀菌和功能成分的提取中，主要原理是基于细胞结构和液态食品体系间的电学特性差异。高压脉冲电场保鲜技术主要是利用强电场脉冲的介电阻断原理，对细胞产生抑制作用，可以克服加热引起的蛋白质变性和维生素破坏，主要用于液态食品的杀菌保鲜，如液态蛋。当把液态食品作为电介质置于电场中时，食品中微生物的细胞膜在强电场作用下被电击穿，产生不可修复的穿孔或破裂，使细胞组织受损，导致微生物失活。该技术可避免加热法引起的蛋白质变性和维生素的破坏。利用高压脉冲电场处理大豆，可实现灭酶脱腥，并将大豆的香气有效地保留。

有关高压脉冲电场杀菌与提取机理常解释为电崩解（electric breakdown）和电穿孔（electro oration）。电崩解认为微生物的细胞膜可以看作一个注满电解质的电容器，在外加电场的作用下细胞膜上的膜电位差会随电压的增大而增大，导致细胞膜厚度变小。当外加电场达到临界崩解电位差（生物细胞膜自然电位差）时，细胞膜上有孔形成，在膜上产生瞬间放电，使膜分解。电穿孔则是认为外加电场下细胞膜压缩形成小孔，通透性增强，小分子进入到细胞内，致使细胞的体积膨胀，导致细胞膜的破裂，内容物外漏，细胞死亡。通透性的改变是可逆或不可逆的，这主要取决于电场强度、脉冲宽度和脉冲数。

2．高压脉冲电场提取装置

（1）基本结构设计　殷涌光设计高电压脉冲电场装置原理示意如图3-9、实物图如图3-10，脉冲电源的波形为三角波如图3-11，频率1000～5000Hz可调。其中高电压脉冲电源、示波器和处理室是主要工作部件，示波器用来测量脉冲电压、电流及其波形。高电压脉冲电源产生的脉冲作用于处理室内的电极，从而对流经处理室的蛋黄粉溶液进行提取处理。

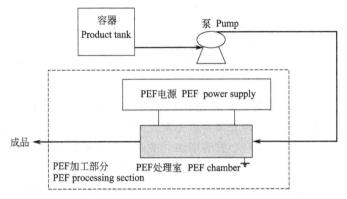

图3-9　高电压脉冲电场处理设备装置原理图

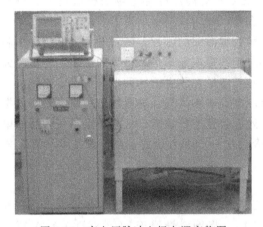

图3-10　高电压脉冲电场电源实物图

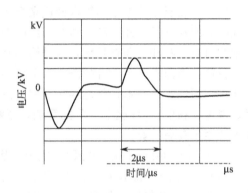

图3-11　脉冲的波形

（2）高电压脉冲电场获得方法　高电压脉冲电场的获得有两种方法，一种是利用LC振荡电路的原理，先用高压电源对一组电容器进行充电，将电容器与一个电杆线圈及处理室的电极相连，电容器放电时产生的高频指数脉冲衰减波即加在两个电极上形成高电压脉冲电场。另一种是利用特定的高频高压变压器来得到持续的高电压脉冲电场。因为变压是高频使变压器内部的电磁场的能量难以转化，高电压又使磁芯发生涡流。用这种原理制作大型设备将会有很多困难。因此多采用LC振荡电路。

（3）食品处理室设计　处理室有静态及连续式两种，连续式可工业化生产。在设计食品处理室时，应着重做到以下几个方面：电极表面要尽可能光滑，为食品提供一个均匀的高电压脉冲电场；集中电场式处理装置的上下两端为不锈钢电极，一端接高电压脉冲电源，另一端接地，绝缘层材料选用聚异丁烯酸树脂。

（4）电场参数

$$处理室体积\ V = \pi r^2 h \tag{3-6}$$

式中，r 为处理室半径，mm；h 为处理室长度，mm。

$$处理室内花费时间\ t=V\times10^{-3}/q \tag{3-7}$$

式中，q 为流量，mL/s；V 为处理室体积，mm^3。

$$脉冲数\ C=tf \tag{3-8}$$

式中，t 为处理室内花费时间，s；f 为频率，Hz。

$$循环一周时间\ T=Q/q \tag{3-9}$$

式中，Q 为循环一周的处理量，mL；q 为流量，mL/s。

（5）高压脉冲电场参数对提取效果的影响

① 电场强度。电场强度是影响提取效果最重要的因素之一。在达到穿透膜电位的临界值后，继续增加电场强度，蛋黄中脂质体存在率明显下降。

② 处理时间。处理时间是脉冲个数和脉宽（μs）的乘积，在一定程度上增大脉宽或增加脉冲个数都能提高提取效果。韩玉珠等研究发现高压脉冲电场对提取中国林蛙多糖有明显作用，随着电场强度、脉宽和脉冲个数的增加，中国林蛙多糖的提取率显著增加并优于其他方法。

③ 脉冲波形。在高压脉冲电场常用的波形中，作用效果方波最好，指数波次之，振荡波最差。就脉冲极性而言，双极性波比单极性波更有效。

④ 作用温度。Jayaram 等认为温度（－50～50℃）对高压脉冲电场的提取效果有协同作用。在场强不变的情况下，温度上升，提取率上升。

此外，高压脉冲电场的提取效应是电场强度和处理时间的函数，随着电场强度的增加和处理时间的延长提取性能随之提高。细胞的大小对于其提取效果也有很大的影响，体积越大的细胞对高压脉冲电场越敏感，这是因为细胞尺寸与电场在膜上诱导的电场强度成比例。

目前，国内外很多学者的研究都证明高压脉冲电场对各类果汁提取物的提取率有明显提高作用。当然，该技术目前还存在一些缺点，如处理装置造价较高，处理效果易受食品的电阻、温度、黏度、pH 值等条件的影响，还需要今后进一步深入研究，以使该技术早日大规模地应用于食品工业。

3. 高压脉冲电场提取功能因子应用现状

（1）利用 PEF 提取 DNA　殷涌光等应用 PEF 成功从绿茶中提取出可添加于食品中的 DNA，并与 SDS 提取法的提率进行比较。结果表明，将物料悬浮于 pH8.5 的 EDTA 缓冲液中，在脉冲电场强度为 25kV/cm，脉冲宽度为 2μs，脉冲数为 14，NaCl 浓度为 1mol/L 和料液比 1∶6 的条件下，DNA 有最大提取率 2377.10μg/g。PEF 提取率是常规方法的 1.32 倍，所得 DNA 经吸光度检测 $OD_{260/280}>1.80$。PEF 法耗时短，操作简单，成本低。

刘铮等利用高压脉冲电场研究了在不同参数、不同理化条件下处理废啤酒酵母，破坏酵母的细胞结构，使蛋白质和核酸渗出的情况。结果表明，随着电场强度的加大、处理温度的提高、离子强度的增大、处理时间和 PEF 处理后静置时间的延长，蛋白质和核酸的溶出量增加。将废啤酒酵母经清洗除杂并离心后加去离子水配成的一定浓度的悬浮液通过高压脉冲电场，当场强为 30kV/cm，温度为 45℃，处理时间为 400μs 时，蛋白质溶出量达到 4.042mg/mL，是未经高压脉冲电场处理的 5 倍，此时核酸的溶出量为 0.382mg/mL。

殷涌光等应用 PEF 方法从牛脾脏中成功提取可用于食品中的 DNA，并与常规方法的提取率进行了比较。实验证明，将物料悬浮在 pH5.5 的缓冲液中，在 65℃，脉冲电场强度为 30kV/cm，脉冲宽度为 2μs，脉冲数为 8 和流速为 2mL/min，4 倍质量缓冲液的条件下，DNA 有最大提取率，且提取率是常规方法的 1.87 倍。所得 DNA 经吸光度检测 $OD_{260/280}>1.80$。

（2）利用 PEF 提取茶叶中的茶多糖、茶多酚和茶咖啡碱　殷涌光等以 10 倍质量的 0.001mol/L EDTA 缓冲液为提取液，应用高压脉冲电场（PEF）技术成功从绿茶中提取茶多糖、茶多酚和咖啡碱功能成分，并与水提法的提取率进行了比较。结果表明，在缓冲液 pH 9.5，场强度为 25kV/cm，脉冲数为 10 的条件下，茶多糖有最大提取率，PEF 法提取率是水提法的 1.91 倍；在缓冲液 pH 9.5，脉冲电场强度为 25kV/cm，脉冲数为 12 时，茶多酚有最大提取率，提取率是水提法的 1.11 倍；在缓冲液 pH4.0，脉冲电场强度为 25kV/cm，脉冲数为 10 时，咖啡碱有最大提取率，是水提法的 1.05 倍。

（3）利用 PEF 提取多糖　韩玉珠等人通过试验优化了用高压脉冲电场提取中国林蛙多糖的试验条件，并与碱提取法、酶提取法以及复合酶提取法进行了比较。结果显示用 0.5% KOH 提取液，在电场强度 20kV/cm 和脉冲数为 6μs 的条件下用高压脉冲电场提取林蛙多糖的提取率最大为 55.59%。比较高压脉冲电场提取法与碱法、酶法以及复合酶法在林蛙多糖提取率、总糖含量方面的差异，高压脉冲电场提取的林蛙多糖提取率和总糖含量均高于其他三种方法，其提取率是复合酶法的 1.77 倍，总糖含量高于复合酶法 6.34%，且提取物中杂质少。

（4）利用 PEF 提取卵磷脂　刘静波等人 2007 年利用高压脉冲电场提取蛋黄卵磷脂的研究中发现：当脉冲数 35 个、电场强度 30kV/cm、助剂浓度 18mL/g，丙酮不溶物比例为 23.1%。卵磷脂提取率可达 90%，优于常规溶剂提取法。

（5）其他应用　Knorr 等人研究将 PEF 用于工业化生产，其中包括取代糖甜菜加工原有的高温萃取工艺。2001 年 Angersbach 等研究从马铃薯中提取淀粉，在增加提取率的同时减少了废水排放量。Ganeva 等在流动系统中用 PEF 提取酵母细胞内的酶。在不需要任何预处理及后处理的情况下，提取率最大可达 80%～90%，实验还表明对电场能量应予以限制，不同浓度下得到的最优电场条件也不同。此外，在电场处理后，添加二硫苏糖醇能加快酶的提取速率；同机械裂变或生化酶溶解方式相比，PEF 处理得到的酶活性更高。

（八）超声波萃取技术

超声波提取技术广泛地应用于各类有效成分的提取。Wu Jiangyong 等用超声方法提取人参皂苷比用传统方法快约 3 倍，孙波等用超声波提取杜仲叶固溶物，超声 45min 的产率较常规煎煮提高了近 50%，且防止了提取物在高温下的氧化褐变；赵茜等对甘草酸的提取研究表明，用超声波提取的得到的甘草酸高于不用超声波提取，但提取时间只有一般提取的 1/6；郭孝武等用超声波从黄芩中提取黄芩苷，超声法提取 10min 的提取得率高于煎煮法提取 3h 的提取得率；张文超等用超声波处理金针菇子实体原料，超声波方法下的总糖和多糖提取率比对照方法高 1.2 倍。

综上所述，超声波提取方法较传统提取方法具有提取时间短、得率高的优点。但该方法存在噪声大、产业化困难、容易造成有效成分的变性、损失等缺陷。

第四节　功能性成分高效分离纯化技术

功能性成分分离技术包括分离分析和制备。分离分析主要对生物体内各个组分加以分离后进行定性、定量鉴定，它不一定要把某组分从混合物中分离提取出来；而制备则主要是为了获得生物体内某一单纯组分。

功能性成分纯化即为粗制品经盐析、有机溶剂沉淀、吸附、层析、透析、超离心、膜分离等步骤和方法进行精制的工艺过程。图 3-12 所示为蛋白质分步分离纯化过程的可能顺序。

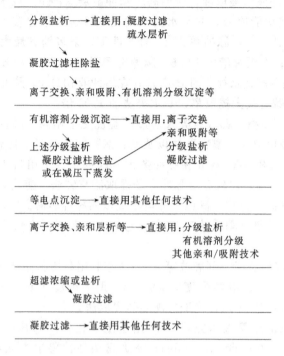

图 3-12　蛋白质分步分离纯化过程可能顺序

一、功能性成分分离纯化的基本原理

1. 功能性成分分离纯化的特点

① 基质原料组成复杂　一种生物基质原料常含有上千万种成分，各种化合物的形状、大小、分子量和理化性质等都各不相同，其中有的化合物迄今仍是未知物，而且生物活性物质在分离纯化进程中仍处于不断代谢变化中，因此常无固定操作方法可循。

② 有些化合物在基质材料中含量甚微　有些化合物在基质材料中含量只达万分之一、十万分之一、甚至百万分之一，因此分离操作步骤多，不易获得高收率。

③ 功能性成分易变性　离开生物体后，功能性成分易变性、易被破坏，在分离过程中必须十分小心地保护这些化合物的生理活性，这也是功能性成分分离、制备的难点。

④ 实验设计理论性不强　由于功能性成分分离几乎都在溶液中进行，因此温度、pH、离子强度等参数对溶液中各种组分的综合影响常常无法固定，以致许多实验设计理论性不强，实验结果常常带有一定的经验成分，因此，要使实验获得重复，一定要从试验材料、试验方法、试验条件及试剂药品等方面严格地加以规定。

⑤ "逐级分离"应用　为了保护目的物的生理活性及结构上的完整性，功能性成分分离方法多采用温和"多阶式"方法进行，即常说的"逐级分离"方法。为了纯化一种功能性成分常常要联用几个，甚至十几个步骤，并不断变换各种不同类型的分离方法，才能达到目的。因此操作时间长，手续烦琐，给制备工作带来众多影响。亲和层析法具有从复杂生物组成中专一"钓出"特异生化成分的特点，目前已在如酶、蛋白、抗体和核酸等生物大分子纯化中得到广泛应用。

⑥ 功能性成分均一性与化学上纯度不同　功能性成分均一性证明与化学上纯度的概念

不完全相同，只凭一种方法得到的纯度结论往往是片面的，甚至是错误的，因此一定要注意功能性成分对环境十分敏感、结构与功能关系复杂等特征条件。

2. 功能性成分分离纯化的基本原理

功能性成分分离纯化要依据提取混合物中的不同组分分配率之间存在的差别进行，主要原理归纳为以下几个方面：

① 根据分子形状和大小不同进行分离，包括差速离心与超离心、膜分离（透析、电渗析）、超滤法、凝胶过滤法等方法。

② 根据分子电离性质（带电性）的差异进行分离，包括离子交换法、电泳法、等电聚焦等方法。

③ 根据分子极性大小及溶解度下同进行分离，包括溶剂提取法、逆流分配法、分配层析法、盐析法、等电点沉淀法及有机溶剂分级沉淀等方法。

④ 根据物质吸附性质的不同进行分离，包括选择性吸附与吸附层析法。

⑤ 根据配体特异性进行分离——亲和层析法。

二、高效制备的技术设计

1. 高效制备的技术设计步骤

生物体内某一功能性组分，特别是未知结构组分的高效分离制备设计大致分为五个基本步骤：

① 确定制备物的研究目的及建立相应的分析鉴定方法；

② 制备物的理化性质稳定性的预备试验；

③ 材料处理及抽提方法的选择；

④ 分离纯化方法的摸索；

⑤ 分离纯化产物的均一性测定。

2. 分离纯化方法与步骤优劣的综合评价

评价分离纯化方法和步骤的好坏，不但要凭借分辨能力和重现性等方面的信息，还要考察分离纯化方法本身的回收率，特别是制备某些含量很少的生物活性物质时，回收率的高低十分重要。一般经过 5～6 步提纯后，活力回收应在 25% 以上，但不同物质的稳定性不同，分离难易不同，回收率也不同。例如评价酶分离纯化方法的优劣要重点强调每一步骤产物重量与活性关系，通过测定酶的比活力及溶液中蛋白质浓度的比例。对于其他活性物质也可通过测定总活性的变化与样品重量或体积与测出的活力对比分析，算出每步的提纯倍数及回收率。

3. 分离纯化产物的均一性鉴定

均一性是指所获得的制备物只具有一种完全相同的成分。均一性的评价一般要经过数种方法的验证才能肯定。若凭借某一种测定方法就认为该物质是均一的结论往往是片面的，因为若采用另一种测定方法或许出现分成一个甚至更多的组分的现象；如果经过几种高灵敏度方法的鉴定某物质所具有均一性的物理、化学各方面性质，则只能大致判断其具有均一性，而随着更好的鉴定方法的出现，还可能发现它不是均一的。

绝对标准是只有把制备物的全部结构搞清楚，并经过人工合成证明具有相同生理活性时，才能确定制备物是绝对纯净的。生物分子纯度的鉴定方法很多，常用的有溶解度法、化学组成分析法、电泳法、免疫学方法、离心沉降分析法、各种色谱法、生物功能测定法等。

三、高效分离纯化方法

(一) 液-液分离和固-液分离

1. 液-液分离

经浸提后的混合物如果是两种相对密度不同的不相混溶的液体, 其分离较为简单, 待沉降后, 采用分液漏斗将两者分离, 即液-液分离。

2. 固-液分离

若经浸提后的混合物是一种混悬液, 即固体的食物渣、沉降杂质和液体 (含有可溶性成分的浸出液) 的混合物需加以分离, 常用的固-液分离方法有沉降固液分离、过滤技术、离心分离技术和压滤分离技术等。

(1) 沉降分离　沉降分离是利用固液密度的不同, 混合物放置一段时间后, 在重力的作用下, 使之发生相对运动而分离的过程。经多次重复操作, 收集含有功能活性成分的上层清液, 经浓缩即可得到提取物的粗品。沉降分离是固液分离的最简单的办法, 主要用于大颗粒的固体与液体的分离, 对小颗粒的悬浮液、乳浊液则难以分离。

(2) 过滤分离　过滤是利用一种能将悬浮固体微粒截留而使液体通过的多孔介质, 达到固液分离, 使液体澄清透明的方法, 主要用于大颗粒的固体与液体、悬浮液与絮凝物等的分离。多孔介质也称为过滤介质。过滤介质分为固体介质 (如滤纸、棉花、砂芯、多孔塑料、多孔玻璃、多孔陶瓷等); 粉状介质 (如活性炭、细沙等); 织状介质 (如金属滤布、人造或天然纤维滤布等)。过滤的方法主要有常压过滤、减压过滤和加压过滤等。

(3) 离心分离　离心分离是将待分离的混合液置于离心机中, 利用其高速旋转的功能, 使混合液中的固体与液体或两种不相溶的液体产生不同的离心力, 从而达到分离的目的。此法的优点是生产能力大, 分离效果好, 成品纯度高, 适用于大或小颗粒、乳浊液、晶体悬浮液的分离。超高速离心还可用于不同相对分子质量化合物的沉降分离。

按照离心机的转速不同有常速离心机、高速离心机和超高速离心机之分。常速离心机的分离因数 $<3000g$, 主要用于分离颗粒不大的悬浮液和物料的脱水; 高速分离机的分子因数在 $3000 \sim 50000g$ 之间, 主要用于分离乳状和细粒悬浮液; 超高速分离机的分离因数 $>50000g$, 主要用于极不宜分离的超微细粒的悬浮体系和高分子的胶体悬浮液。

按照离心机工作原理的不同又可分为过滤离心机、分离式离心机和沉降式离心机等。离心分离的效果与离心机的种类、离心方法、离心介质及密度梯度等诸多因素有关, 其中主要因素是确定离心转速和离心时间。此外, 对于难以过滤的悬浮体系和高分子的胶体悬浮液, 还可用压滤方法, 如用压滤机过滤等。

(二) 功能活性成分的初步分离纯化

从固液分离出来以后的提取液需初步分离纯化, 进一步除去杂质。常用的初步分离纯化技术主要有萃取分离、树脂分离、沉淀分离方法等。

1. 萃取分离

萃取分离法既是一个重要的提取方法, 又是一个从混合物中初步分离纯化的一个重要的常用的方法。这是因为溶剂萃取具有传质速度快、操作时间短、便于连续操作、容易实现自动化控制、分离纯化效率高等优点。最常用的萃取分离方法有水-有机溶剂萃取、双水相萃取、反胶束萃取、凝胶萃取和超临界流体萃取等。

(1) 水-有机溶剂萃取　由于经固-液分离后的提取液一般都是以水作为主体的溶液, 故目前最常用的初步分离纯化方法是水-有机溶剂萃取法。只要选取某种对被提取的功能活性成分有较大溶解度的与水不相溶的有机溶剂，加入到混合物中，经萃取就可将所需要的活性成分提纯和分离出来。分离纯化的好坏主要取决于所选取的有机溶剂的特性、水的 pH 值和离子强度等特性。

常用的萃取方式有三种，一种是简易的单级萃取，其余两种是多级错流萃取和多级逆流萃取。单级萃取只用一个混合器和一个分离器，如图 3-13 所示。多级错流萃取是由多个萃取器串联而成，如图 3-14 所示。萃取剂经各级萃取器排出后，再进入回收器回收萃取剂和得到分离纯化后的活性成分。多级逆流萃取是指提取液和萃取剂分别从两端加入，提取液和萃取剂互成逆流接触，如图 3-15 所示。

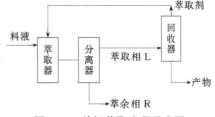

图 3-13　单级萃取流程示意图

图 3-14　多级错流萃取流程示意图

图 3-15　多级逆流萃取流程示意图

（2）双水相萃取　双水相萃取是近期出现的、引人注目的、极有前途的新型分离纯化技术。当两种性质不同、互不相溶的水溶性高聚物混合，并达到一定的浓度时，就会产生两相，两种高聚物分别溶于互不相溶的两相中。双水相萃取技术可用于核酸、各种酶等多种生物活性物质的分离纯化，如用 PEG/磷酸盐体系或 PEG/Dextran 体系可从发酵液中提取酶，实现酶与菌体的分离，酶主要分配在上相，菌体在下相，酶的提取分离率可达 90% 以上。

常用的双水相萃取体系有聚乙二醇（简称 PEG）/葡聚糖（简称 Dextran）和 PEG/Dextran 硫酸盐体系；高聚物/无机盐体系有 PEG/硫酸盐或 PEG/磷酸盐体系。双水相萃取技术对活性成分变性作用小，分离纯化效果好，但价格高。目前已开发出价格低廉的变性淀粉 PPT（hydroxypropyl derivative of starcb）代替昂贵的 Dextran。PEG/PPT 体系已用于发酵液中 β-半乳酸苷酶、过氧化氢酶等酶的分离纯化。

此外，萃取分离方法还有利用表面活性剂分散于连续有机相中自发形成的纳米尺度的一种聚集体——反胶束进行萃取分离的反胶束萃取法，此法特别适用于蛋白质的分离纯化；利用凝胶在溶剂中的溶胀特性和凝胶网络对大分子、微粒等的排斥作用达到溶液分离纯浓缩的目的的凝胶萃取法以及上述叙述过的超临界流体萃取技术等。

2. 树脂初步分离纯化

树脂在初步分离纯化上具有高效、设备简单、操作方便、易于自动化、减少"三废"、有利于保护环境、防止污染等优点，是功能活性成分初步分离纯化不可缺少的重要方法之一。

使用树脂初步分离纯化有两种操作方法（如图 3-16 所示），一是功能活性成分与树脂结合，将杂质除去后，再洗脱功能成分；另一种是杂质与树脂结合，功能活性成分被分离纯化。

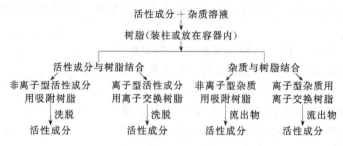

图 3-16　树脂初步分离纯化原理

初步分离纯化用的树脂一般采用大孔树脂。根据树脂与活性成分的作用机理可分为吸附树脂、分配树脂、离子交换树脂和凝胶树脂四大类。

（1）吸附树脂　以树脂与被分离成分的相互吸附能力大小而分离的。吸附树脂主要是用来分离具有极性而极性不太强的化合物。它的特点在于具有特殊的选择性，对同系物的选择性很小，而对不同族化合物具有极好的选择分离能力。此外，由于溶质分子在吸附树脂活性中心上的吸附能力与分子的几何形状有关，因而对异构体有高的选择性，能分离几何异构体（顺、反异构体）和同分异构体（不同取代位）。

（2）离子交换树脂　以树脂中的交换基团与被分离成分的离子交换能力大小而分离的。离子交换树脂主要用于分离能解离为离子的化合物，如无机离子、核酸、氨基酸等。

（3）凝胶树脂　以被分离成分的大小而分离的。凝胶树脂主要是用于分离高分子化合物，甚至相对分子质量高达 150000000 的高分子化合物亦可分离纯化，在生物样品（蛋白质、酶、核酸等）分离纯化中有重要的应用价值。凝胶过滤分离蛋白质如图 3-17 所示。

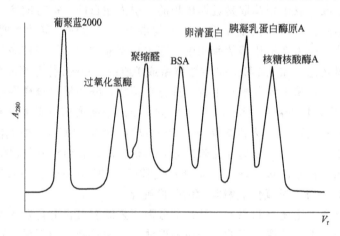

图 3-17　蛋白质在 Sephadex G-200 SF 凝胶柱的分离图

（4）分配树脂　以树脂与被分离成分的溶解能力大小而分离的。

3. 沉淀分离纯化

利用加入试剂或改变条件使功能活性成分（或杂质）生成不溶性颗粒而沉降的沉淀法是最常用和最简单的分离纯化方法。优点是设备简单，成本低，易于操作。缺点是过滤困难，纯化度低，一般适合于初步分离纯化。

沉淀分离纯化方法主要有等电点法、盐析法、有机溶剂沉淀法和其他沉淀方法等。

（1）等电点沉淀分离 当介质达到一定的 pH 值时，两性电解质表面的总静电荷等于零，两性电解质溶解度最低，分子之间由于相互碰撞，并通过静电引力的作用结合成较大的聚合体而沉淀，达到分离纯化的目的。等电点沉淀主要应用于两性电解质的分离纯化，如水化程度不大或憎水性的蛋白质、氨基酸（谷氨酸）、抗生素、多肽等。

（2）盐析沉淀 盐析沉淀又称中性盐沉淀，主要应用于易形成胶体溶液的物质，如蛋白质、酶的分离纯化等。影响盐析分离纯化的主要因素有盐析剂种类、用量、盐析温度、pH 值及杂质等，这些因素对盐析效果的影响是极为复杂的，通过正交、响应面分析（response surface methodology）等设计试验找出最佳盐析参数，是获得较理想的盐析效果的最好办法。

（3）有机溶剂沉淀法 一些有机溶剂如丙酮、乙醇、甲醇等的加入，破坏了酶、蛋白质、氨基酸、抗生素等的某些键（如氢键），使其空间结构发生某种程度的变化，致使原来包裹在内部的疏水性基团暴露于表面，并与有机溶剂的疏水性基团结合，形成疏水层，当其空间结构发生变形超过一定程度时，将会导致变性，从而产生沉淀而与杂质分离的方法，称有机溶剂沉淀法。有机溶剂沉淀法的优点在于简单易行，回收溶剂即可得到所需的分离纯化物。缺点是需耗用大量有机溶剂，收率也比盐析法低。影响有机溶剂沉淀法的因素很多，溶剂的种类和用量、沉淀的温度、pH 值、放置时间、溶液中的杂质等都会影响沉淀的得率和纯度。常用的有机溶剂有丙酮、乙醇、甲醇等，以丙酮最佳，乙醇次之。由于乙醇无环境污染，最为常用。值得注意的是在沉淀过程中，乙醇与水混合时会放出大量的热，使沉淀溶液温度升高，使热变性的功能活性成分的活性会受到影响。

（4）其他沉淀分离纯化方法 除上述三种方法外，还有很多适合功能活性成分沉淀分离的方法，如加入一些天然或合成的高分子聚合物、多聚电解质、水溶性非离子型聚合物、某些金属离子与活性成分形成二元复合物或三元复合物沉淀，达到分离目的。

4. 膜分离法

用天然或人工合成的高分子薄膜，以扩散或外界能量或化学位差为推动力，对大小不同、形状不同的双组分或多组分溶质和溶剂进行分离、分级、提纯和浓缩的方法，统称为膜分离法。膜分离过程的实质是物质依据滤膜孔径的大小透过和截留于膜的过程。

膜技术包括微滤（MF）、超滤（UF）、反渗透（RO）、电渗析（ED）、气体渗透（GP）、膜乳化（FE）、液膜分离技术等，它是一种以压力作推动力的物理分离技术，是常用的蒸馏、萃取、沉淀、蒸发等工艺所不能取代的。膜分离具有比普通分离方法更突出的优点，在分离时，由于料液既不受热升温，又不汽化蒸发，因此功能活性成分不会散失或破坏，容易保持活性成分的原有功能特性。同时，膜分离有时还可使常规方法难以分离的物质得以分离，如细胞分离、微粒-纳米分离等，而且节省能量。

（1）超滤 超过滤简称超滤，是以超过滤膜（由丙烯腈、醋酸纤维素、硝酸纤维素、尼龙等高分子聚合物制成的多孔薄膜）为过滤介质，依靠薄膜两侧压力差作为推动力来分离溶液中不同相对分子质量的物质，从而起到分离、脱盐、浓缩、分级、提纯等多重作用。只有直径小于 $0.02\mu m$ 的粒子，如水、盐、糖和芳香物质等能够通过超滤膜，而直径大于 $0.1\mu m$ 的粒子，如蛋白质、果胶、脂肪及所有微生物，特别是酵母菌和霉菌等不能通过超滤膜。超滤是目前唯一能用于分子分离的过滤方法，主要用于病毒和各种生物大分子的分离，在食品工程、酶工程、生化制品等领域广泛应用。图 3-18 超滤分离与酶反应器联用装置示意图。

（2）反渗透 反渗透是 20 世纪 60 年代发展起来的一项新型膜分离技术，是通过反渗透膜把溶液中的溶剂（水）分离出来，广泛应用于果汁、牛奶、咖啡、海水淡化、硬水软化、

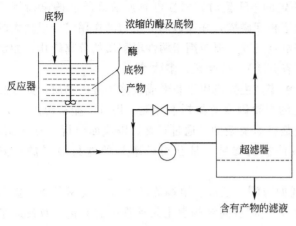

图 3-18　超滤分离与酶反应器联用装置示意图

维生素、抗生素、激素、细菌、病毒的分离和浓缩等方面。反渗透原理是在一个容器中用一层半透膜把容器隔成两部分，一边注入淡水，另一边注入盐水，并使两边液位相等，这时淡水会自然地透过半透膜至盐水一侧。盐水的液面达到某一高度后，产生一定压力，抑制了淡水进一步向盐水一侧渗透，此时的压力即为渗透压。如果在盐水一侧加上一个大于渗透压的压力，盐水中的水分就会从盐水一侧透过半透膜至淡水一侧，这一现象就称为"反渗透"。所以，反渗透是用压力作推力，克服反渗透膜两侧的渗透压，使水通过反渗透膜，从而使水和盐类分离的除盐方法。反渗透膜主要有醋酸纤维素膜（CA 膜）和芳香聚酰胺纤维膜。反渗透器的构造形式有板框式、管式、螺旋卷式和空心纤维式四种。通常采用一级或二级反渗透。

（3）电渗析　电渗析以直流电为推动力，利用阴阳离子交换膜对水溶液中阴阳离子的选择透过性进行除盐的一种膜分离方法。电渗析主要应用于酶液或其他溶液的脱盐、纯水制备、海水淡化及其他带电荷的小分子的分离，也可将电泳后的含蛋白质或核酸等的凝胶，经电渗析，使带电荷的大分子与凝胶分离。但是电渗过程中会产生热量，对生物活性有影响。

总之，膜分离法是通过不同孔径的膜在常温下对不同成分的物质进行分离、提纯、浓缩，从而使原色、原味、营养及有效成分能够完整地保存下来，同时可除菌。例如微滤可用于功能因子提取液的过滤，保健饮料及营养液的除菌；超滤可用于提取液中低分子成分与高分子成分的分离及物性修饰；反渗透可用于提取液中功能性因子及液状食品的低温节能浓缩；采用超滤净化、反渗透浓缩法生产花粉口服液；电渗析可用于液状食品的脱盐，如低盐酱油及婴儿奶粉（调整奶粉）的制造；采用电渗析脱盐、超滤除菌、反渗透浓缩法从海带浸泡液中提取甘露醇；液膜分离可用于提取液中微量元素及氨基酸的分离。

（三）功能活性成分的高度分离纯化

经初步分离纯化后的功能活性成分，纯度可能还达不到要求，还含有一些杂质，还需要进一步高度分离纯化，才能满足对功能活性成分的性质、结构和活性的研究。高度分离纯化的方法有色谱法、结晶与沉淀法等。

1. 色谱分离纯化

现代液相色谱法（modern liquid chromatography）是在经典色谱法的基础上发展起来的一项新颖快速的分离纯化技术，其优点是分离效率高、产品纯度高、设备简单、操作方便、条件温和、能有效地保持被分离活性成分的活性等；缺点是处理样品用量少，获取纯品产量低，但足够用于功能活性成分的性质、结构和活性的研究所需要的量。所以，对于功能活性成分特别是第三代功能食品的研究与开发，不失为获得纯品和鉴定产品纯度的主要方法。

通常根据固定相和流动相以及固定相形状的不同，将色谱法分为气相柱色谱、液相柱色谱、平板纸色谱和平板薄层色谱四大类，简称气相色谱、液相色谱、纸色谱和薄层色谱。

（1）气相色谱　对于纯粹用做分离纯化物质的方法来说，由于气相色谱是以气体作为流动相，较难收集被分离的组分，因此，除特殊情况外，一般不用做纯品的收集方法。

（2）纸色谱　以纸和吸附的水作为固定相，点样量少，分离后的纯品量少，难以大量收集供功能活性成分的进一步研究之用，但却是鉴定纯度的一种好方法，故常用做纯度的鉴定。

（3）薄层色谱　将吸附剂涂布在薄板上作为固定相，点样量比纸色谱大，分离纯化效果也比纸色谱好，是鉴定纯度的一种好方法。有时也可将分离后的斑点刮下，溶解后收集纯品供研究之用，但毕竟收集量还是太小，除特殊情况外，一般也不用做纯品的收集方法。

（4）液相色谱法　液相色谱法是高度分离纯化、收集纯品的最好色谱方法（特别是已知结构的低分子量化合物），按分离机理分凝胶色谱、反相色谱、正相色谱、离子交换色谱、吸附色谱、亲和色谱等。此外，还有工业色谱分离。

工业色谱有四个特点：

① 进料浓度大；

② 色谱柱径大；

③ 色谱柱的装填要求高；

④ 尽可能矩形波进料。

工业色谱分离按固定相的状态，分为固定床、逆流移动床和模拟移动床色谱分离。各种微量的高效功效成分的提纯和精制，需要相对昂贵的色谱分离技术。

2. 沉淀与结晶分离纯化

固体的形状有晶形和无定形两种状态。它们的区别在于构成物质的原子、分子或离子的有规则排列还是无规则排列。在物理性质上，晶体具有一定的熔点、特有的几何形状和各向异性等现象。而无定形则不具备这些特征。通常将物质形成晶体的过程称为结晶，而把形成无定形物质的过程称为沉淀。结晶和沉淀在本质上是一样的，只是在晶体形成和沉淀形成过程中在理论上、影响因素上有一定的差异。为了提高产品的纯度，可重复多次沉淀或结晶。为了提高产品的得率，可采用加入乙醇、丙酮等易挥发除去的有机溶剂，以降低沉淀或结晶物的浓度。

3. 层析分离技术

层析分离技术亦称色谱分离技术，是一种分离复杂混合物中各个组分的有效方法。它是利用不同物质在由固定相和流动相构成的体系中具有不同的分配系数，当两相作相对运动时，这些物质随流动相一起运动，并在两相间进行反复多次的分配，从而使各物质达到分离。层析分离技术常用于功能性成分的分离精制。例如从茶叶中提取茶多酚时可采用层析法分离除去咖啡因及其他不纯物；从橘皮的超临界萃取液中分离提取类胡萝卜素；从芝麻粕提取液中分离提取木聚糖；从蔗糖的酶处理液中分离精制低聚果糖；从牛初乳中分离提取乳铁蛋白；从磷虾酶解残渣抽提液中分离提取虾黄素、卵磷脂等。

4. 分子蒸馏法

分子蒸馏是以加热的手段进行液体混合物的分离，其基本操作是蒸馏和精馏。蒸馏和精馏是以液体混合物中各组分的挥发性的差异作为分离依据的。简单的蒸馏一般只能实现液体混合物的粗分离，并且分离效率还远达不到理想的效果。因为在通常的蒸馏过程中，存在着两股分子流的流向：一是被蒸液体的汽化，由液相流向气相的蒸气分子流；二是由蒸气回流至液相的分子流。一般说来，这两股分子流的量是不同的，前者大于后者。如果采取特别的措施，增大离开液相的分子流而减少返回液相的分子流，实现从液相到气相的单一分子流的流向，这就是分子蒸馏。因为减少了蒸气回流到液相表面的分子流，因此能提高蒸馏的效率，同时能够降低物料组分的热分解。

分子蒸馏的主要技术特征如下。

① 在中、高真空下操作。采用中、高真空操作，既保证了单向分子的流动，又保证了液体在较低的温度下高效率地蒸发。

② 在不产生气泡情况下发生相变，产品受热的时间短。中、高真空操作的分子蒸发有一个明显的特点，液体能够在不产生气泡的情况下实现相变，也就是说相变是发生在被蒸发的液体物料表面，使之就地蒸发。要实现这样的过程，必须尽可能地扩大蒸发表面和不断地更新蒸发表面，以提高传质速率。采用机械式刮板薄膜蒸发装置既可不断更新蒸发表面又能减少停留在蒸发表面的物料量，从而缩短了物料的受热时间，避免或减少了产品受热分解或聚合的可能性。

③ 分子蒸馏设备中，蒸发器的表面与冷凝器表面间的距离很短，为 $2\sim5cm$，仅为不凝性气体平均自由路程的一半。这不仅满足了分子蒸馏的先决条件，并且有助于缩短物料汽化分子处于沸腾状态的时间，仅为数秒。

脂肪酸甘油单酯是功能食品工业中常用的乳化剂，它是由脂肪酸甘油三酯水解而成。水解产物由甘油单酯和甘油双酯组成，其中甘油单酯含量约为 50%，其余为甘油双酯。甘油单酯对温度较为敏感，只能用分子蒸馏法分离。采用二级分子蒸馏流程，可得含量大于 90% 的甘油单酯产品，收率在 80% 以上。此外，链长不等的脂肪酸也可用此法进行分离。此外，采用分子蒸馏的分离技术还可以从油中分离维生素 A 和维生素 E，也可用于热敏性物料的浓缩和提取，如用于处理蜂蜜、果汁和各种糖液等。

第五节　功能性成分浓缩技术

功能活性成分经纯化后的溶液，易变质，不耐储存。必须浓缩、干燥，制成产品，以便进一步深入研究、开发和储存。

一、蒸发浓缩干燥

蒸发浓缩干燥是指溶液受热汽化，从溶液中去除溶剂，浓缩、汽化达到干燥的目的。从而提高产品的稳定性，易于保存。

（1）常压蒸发浓缩干燥　液体在常压下加热蒸发浓缩，干燥成产品。适用于被蒸发液体中的活性成分是耐热的，而溶剂无毒、无害，不易燃烧。

（2）真空蒸发浓缩干燥　通过抽真空以降低其内部的压力，使液体蒸发时的沸腾温度降低，原料在较低的温度下蒸发干燥。其优点是温度低，速度快，可以防止不耐热的成分被破坏。

（3）喷雾干燥　喷雾干燥是将液体（溶液、乳状液、悬浮液）或膏糊状物料加工成粉状产品。喷雾干燥既适用于少量物料，又适用于大量物料。喷雾干燥特点：①干燥速度快，时间短，一般只需几秒到几十秒钟就干燥完毕，活性成分在极短时间内一般不被破坏，非常适宜热敏性物料的干燥；②能使最终产品具有良好的分散性、溶解性和疏松性；③生产过程简单，适宜连续化、自动化大规模生产。

二、升华浓缩干燥

升华浓缩干燥又称冷冻真空浓缩干燥。它是将溶液中的水分冻结成冰后，在真空下使冰直接汽化的干燥方法，其优点是能有效地保存热敏性功能活性成分的功能活性，保持原有的色香味，产品复水性好。

（1）冷冻浓缩　冷冻浓缩是利用冰与水溶液之间的固液相平衡原理，将稀溶液中的水冻结，并分离冰晶从而使溶液浓缩的方法。它对热敏性功效成分的浓缩特别有利。冷冻浓缩与常规冷却法结晶过程的不同之处在于：只有当水溶液的浓度低于低共溶点时，冷却的结果才是冰晶析出而溶液被浓缩。而当溶液浓度高于低共溶点时，冷却的结果是溶质结晶析出，而溶液变得更稀。

（2）冷冻干燥　冷冻干燥是将含水物料温度降至冰点以下，使水分凝固成冰，然后在较高真空度下使冰直接升华为蒸汽，从而除去水分。冷冻干燥在低于水的三相点压力以下进行，其对应的相平衡温度低，因此物料干燥时的温度低。它特别适用于含热敏性功效的产品，以及易氧化食品的干燥，可以很好地保留产品的色、香、味。冷冻干燥有利于保存食品中热敏性功能成分的生理活性，保持食品原有的色香味，产品复水性良好。该技术已广泛用于功能食品及中药材如山药粉、芦笋粉、保健茶、蜂王精、营养冲剂、活性人参粉、天麻粉等的加工制造。

三、辐射浓缩干燥

辐射浓缩干燥方法包括利用红外线、远红外、微波辐射等浓缩干燥法。

第六节　功能活性成分的高效分离与制备实例

一、食用菌灰树花功能活性多糖的制备工艺

1. 工艺流程

制备食用菌灰树花功能活性多糖工艺流程如下：

食用菌灰树花——提取功能活性多糖——固液分离——初步分离纯化——高度分离纯化——升华浓缩干燥制备食用菌灰树花功能活性多糖——检查纯度——成品

2. 操作要点

（1）灰树花功能活性多糖的提取　采用溶剂浸提法。

（2）固液分离　采用减压过滤或离心分离。

（3）初步分离纯化　采用 Sevag 法脱蛋白去除杂质。

（4）高度分离纯化　采用弱碱性阴离子交换树脂 DEAE-Sephadex A-25 色谱高度分离纯化。取脱蛋白后的多糖溶液上 DEAE-Sephadex A-25 柱，分别用水、2mol/L 尿素和 2mol/L 尿素＋0.2mol/L NaCl 在柱上阶段洗脱得到 4 种级分（如图 3-19 所示），水洗脱得到的级分为 PGF-1，2mol/L 尿素洗脱得到 PGF-2 和 PGF-3 两种级分，2mol/L 尿素＋0.2mol/L NaCl 洗脱得到 PGF-4。PGF-1～PGF-4 的多糖得率分别约为 15％、17％、8％和 13％。

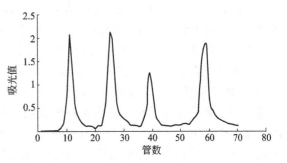

图 3-19　PGF 在 DEAE-Sephadex A-25 柱上的流出曲线

（5）纯化后产品的制备　由于灰树花多糖耐热性差，为了能保持其生理活性、原有的色香味和良好的复水性，采用升华浓缩干燥（冷冻真空浓缩干燥）方法，得到功能活性成分灰树花多糖。

（6）纯度检查　灰树花多糖为蛋白与多糖的复（缀）合物，故使用两种以上的极性不同的大孔树脂柱和纸色谱进一步检查纯度。上述已使用了 DEAE-SePhadex A-25，现再将 PGP-1～PGF-4 用 Sephadex G-200 凝胶柱色谱柱检查 4 个峰的纯度，流出曲线如图 3-20 所示。从图 3-20 中可见 PGF-1 和 PGF-2 的流出曲线为单一对称峰，而 PGF-3 包含三种多糖亚级分，PGP-4 有两种亚级分。再用纸色谱法检查，结果显示 PGF-1 和 PGF-2 为单一斑点，而 PGF-3 和 PGF-4 的显色区较宽。说明 PGF-1 和 PGF-2 为纯组分，PGF-3 和 PGF-4 纯度不够。

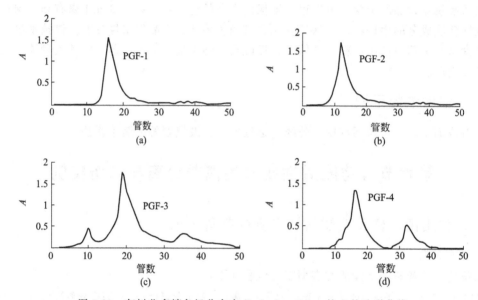

图 3-20　灰树花多糖各级分布在 Sephadex G-200 柱上的洗脱曲线

二、菜籽多肽的制备工艺

脱壳菜籽饼粕中含有约 50％的蛋白质，它的质量是相当好的，氨基酸平衡比大豆蛋白好，与 WHO/FAO 的推荐值相近，它的消化率（TD）为 95％～100％，是一种全价蛋白。其营养价值等于或优于动物蛋白。因此，它是一个极其可观的、巨大的、优质的蛋白质资源库。

但是，油菜饼粕中含有一些对动物生长不利的成分——硫代葡萄糖苷。普通油菜饼粕中硫代葡萄糖苷含量 7％～9％；双低油菜饼粕中硫代葡萄糖苷含量＜1％，植酸含量 2％～4％，多酚类物质（主要是单宁，含量 2％～4％）。它们对动物的生长发育有很强的抑制与毒害作用。硫苷本身无毒，但当菜籽细胞组织被压破后，硫苷被菜籽中的内源芥子酶或在酸、碱的作用下，水解生成一类有毒物质，如腈类、异硫氰酸盐、噁唑烷硫酮等。腈会造成动物肝和肾受损坏。异硫氰酸盐和噁唑烷硫酮能导致甲状腺肿大，还会使动物消化道受损。植酸和多酚是抗营养物质。因此，可考虑将菜籽粕中植酸、多酚和硫苷等杂质除去，变成浓缩蛋白，再水解制备多肽。

1. 工艺流程

从脱壳菜籽饼粕中制备功能活性成分多肽工艺流程如下：

脱壳菜籽饼粕──→提取硫代葡萄糖苷等杂质──→固液分离──→浓缩蛋白──→水解──→多肽──→初步分离纯化──→高度分离纯化──→干燥制备多肽──→检查多肽纯度。

2. 操作要点

（1）菜籽粕中硫代葡萄糖苷等杂质的提取　采用溶剂浸提法，经初筛后，以响应曲面法对影响菜籽中蛋白质及多酚含量的丙酮浓度、NaCl 浓度和 pH 值进行优化。以丙酮浓度、NaCl 浓度和 pH 值三个因素为自变量，以菜籽蛋白质及多酚含量为响应值，设计三因素三水平的实验，根据实验结果优化出最佳提取技术参数。

（2）固液分离　采用减压过滤或离心分离。

（3）浓缩蛋白酶解成多肽　以浓缩蛋白为基料，采用正交设计试验，得到碱性蛋白酶对菜籽蛋白的较佳酶解参数为：温度 45℃、起始 pH 值为 10、底物浓度为 4%、[E]/[S]（酶与底物比）为 4、时间为 2h。

（4）初步分离纯化　初步分离采用膜分离技术，用透析将杂质如盐等各式无机离子除去。

（5）高度分离纯化　用 Sephadex G-25 排阻柱［由葡萄糖（G 型右旋糖酐）和 3-氯-1,2-环氧丙烷以醚键相互交联而成］，对多肽溶液（相对分子质量范围在 1000～5000 之间）进行分离纯化。菜籽肽的柱色谱见图 3-21。分别收集三个出峰时的洗脱液，按出峰先后次序依次命名为 RSP-1、RSP-2、RSP-3，根据葡聚糖凝胶柱色谱法分离原理，它们相对分子质量的大小应为 RSP-1＞RSP-2＞RSP-3。总回收率为 48%，三个多肽所占比例依次为 31.3%、30.1%、38.6%。

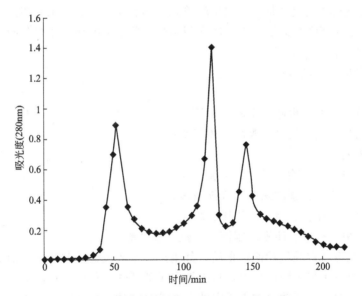

图 3-21　菜籽肽的 Sephadex G-25 柱色谱

（6）纯化后产品的制备　采用升华浓缩干燥（冷冻真空浓缩干燥）方法，得到功能活性成分多肽。

（7）纯度检查　Sephadex G-25 柱图谱说明 RSP-1、RSP-2 和 RSP-3 纯度可能较纯。再采用 SDS-PAGE 电泳分析，结果表明：RSP-2 和 RSP-3 为单一谱带，而 RSP-1 为多带，说明 RSP-2 和 RSP-3 的相对分子质量较为均一，RSP-1 菜籽肽纯度较差。

第四章 功能性成分生物活性的稳态化技术

在研究中运用现代分离、提取、培植、稳定、评价及制造技术，如膜分离技术、CO_2 超临界萃取技术、生物工程和基因工程（酶应用、重组 DNA、细胞融合、组织培养等）技术、微胶囊技术、高压无菌技术、冷冻升华干燥技术及包装和保鲜技术等，可逐渐实现从原料中提取有效成分，剔除有害成分的加工过程；再以各种生理活性物质为原料，根据科学配方和产品要求，确定合理的加工工艺，进行科学的配制、重组和调味，生产出一系列名副其实的保健食品。

第一节 功能性食品加工的单元操作

功能性食品的出现，标志着食品生产已进入更高的境界，开始从重点要求大量的传统营养素转向重点要求微量的功效成分。由于功效成分普遍具有"微量"、"高效"和"不稳定"等特点，应用传统的工程技术已不能适应微量成分的制造，因此，现代食品工程高新技术的出现为高科技的功能性食品研发开辟了更加广阔的空间。

功能性食品及其功效成分制造过程中的单元操作和品质控制技术直接制约着功能性食品的研究与开发。在功能性食品工业上，经常用到的一些单元操作，主要包括：

① 粉碎与筛分；

② 提取如浸提、萃取等；

③ 压榨；

④ 机械分离如过滤、离心、沉降、沉淀等；

⑤ 平衡分离如蒸馏、结晶、吸附、离子交换等；

⑥ 蒸发与浓缩；

⑦ 干燥如真空干燥、喷雾干燥、微波干燥等；

⑧ 杀菌如热力杀菌、微波杀菌、冷杀菌等；

⑨ 重组如混合、捏合、搅拌、均质、乳化等；

⑩ 成型如压模、挤模、注模、制模、喷丝、滴丸等。

功能食品是具有特定保健功能的食品，其生产技术的关键是制备其中的功能性因子，并在食品加工制造过程中最大限度地保留功能性因子的活性。传统的食品加工工艺往往难以满足功能食品生产的要求。目前，越来越多的高新技术在功能食品的生产中得到应用。

一、冷杀菌技术

冷杀菌技术包括超高压杀菌、辐照杀菌、欧姆杀菌等，其特点是在杀菌过程中食品温度并不明显升高，这样就有利于保持食品中功能成分的生理活性，也有利于保持食品的色香味及营养成分。特别是对热敏性功能成分的保存更为有利。

1. 超高压杀菌

将食品在 $200\sim600MPa$ 下进行短时间加压处理使微生物的细胞膜产生断裂而达到杀菌

的目的。细菌、霉菌、酵母菌一般在 300MPa 压力下可被杀死，而钝化酶则需要 400MPa 以上的压力。超高压技术也可用于食品的物性修饰、控制酶反应（50MPa）、微生物的高密度培养，还可利用超高压技术使蛋白质发生凝胶化（300～600MPa）、淀粉糊化（200～1000MPa）、脂质乳化（50MPa），作为开发食品的新资源。

2. 辐照杀菌

利用电磁波中的 X 射线、γ 射线和放射性同位素（如 ^{60}Co）射线杀灭微生物的方法。其基本作用是破坏菌体的脱氧核糖核酸（DNA），同时有杀虫、抑制马铃薯和葱头发芽等作用。辐照杀菌效果好，而且基本保持食品原来的新鲜感官特征。经平均剂量 10kGy 以下辐照处理的任何食品，都是安全的。

3. 欧姆杀菌

利用电极将电流直接导入食品中，由于食品本身的介电性质使内部产生热量，而达到杀菌的目的。对于带颗粒（粒径＜15mm）的食品，要使固体颗粒内部达到杀菌温度，其周围的液体必须过热，这势必导致含颗粒食品杀菌后质地软烂、外形改变而影响产品品质。而采用欧姆杀菌，颗粒的加热速率与液体的加热速率相接近，可获得更快的颗粒加热速率、缩短加热时间。

二、无菌包装技术

无菌包装就是在无菌条件下，将无菌的或已灭菌的产品充填到无菌容器中并加以密封。无菌包装的三大要素是：

① 食品物料的杀菌；

② 包装容器的灭菌；

③ 充填密封环境的无菌。

无菌包装的关键是要保证无菌，包装前要保证食品物料和包装材料无菌，包装时或包装后又要防止微生物再污染，保证环境无菌。

三、挤压蒸煮

挤压机是集混合、调湿、搅拌、熟化、挤出成型于一体的高新设备。挤压过程是一个高温、高压过程，通过某些参数的调节，可以比较方便地调节挤压过程中的压力、剪切力、温度和挤压时间。含有一定水分的物料，在挤压套筒内受到螺杆的推进作用，受到高强度的挤压、剪切、摩擦，加上外部加热和物料与螺杆、套筒的内部摩擦热的共同作用，使物料处于高达 3～8MPa 的高压和 200℃ 左右的高温状态下，最后被迫通过模孔而挤出。物料由高温、高压状态突然变到常压状态，水分一下子急剧蒸发，挤压物好像喷爆似的即刻被膨化成型。挤压蒸煮技术在制造富含膳食纤维的功能性食品方面有重要的应用。

四、纳米技术

纳米尺度在 10^{-8}～10^{-9}m 范围内，对粒子进行加工的技术称为纳米技术。当物料颗粒细化到纳米尺度时，会出现一些非常特别的原先没有的性质。如果将含功效成分的活性物质细化到纳米级，就有可能大大强化该成分的生理功效。因此，纳米技术有望在功能性食品工业上得到广泛的应用。

五、现代生物技术

现代生物技术，是应用生命科学、工程学原理，依靠微生物、动物、植物细胞及其产生的活性物质，将原料加工成某种产品的技术。

1. 基因工程

基因工程是对某种目的产物在体内的合成途径、关键基因及其分离鉴别进行研究，将外源基因通过体外重组后导入受体细胞内，使这个基因在受体细胞内复制、转录和翻译表达，使某种特定性能得以强烈表达，或按照人们意愿遗传并表达出新性状的整个工程技术。在功能性食品工业上，常应用基因工程原理进行微生物菌种选育。另外，强力甜味剂嗦吗甜和阿斯巴甜等，有望应用基因工程进行制造，不过目前尚停留在理论研究阶段。

利用分子生物学技术，将某些生物的一种或几种外源性基因转移到其他的生物物种中，从而改造生物的遗传物质使其有效地表达相应的产物（多肽或蛋白质），并出现原物种不具有的性状或产物。用转基因生物为原料制造的食品，就是转基因食品。转基因技术有望在功能性食品工业上得到广泛的应用。

2. 细胞工程

细胞工程是将动物和植物的细胞或者是去除细胞壁所获得的原生物质体，在离体条件下进行培养、繁殖及其他操作，使其性状发生改变，达到积累生产某种特定代谢产物或形成改良种甚至创造新物种的目的的工程技术。人参细胞、大蒜细胞等的大规模培养，是细胞工程在功能性食品工业上的应用实例。

3. 酶工程

酶工程是利用酶的催化作用进行物质转化的技术，是将生物体内具有特定催化功能的酶分离，结合化工技术，在液体介质中固定在特定的固相载体上，作为催化生化反应的反应器，以及对酶进行化学修饰，或采用多肽链结构上的改造，使酶化学稳定性、催化性能甚至抗原性能等发生改变，以达到特定目的的工程技术。酶工程在功能性食品的应用广泛，诸如功能性低聚糖、肽、氨基酸、维生素等功效成分的制造。

4. 发酵工程

发酵工程又称为微生物工程，是利用微生物的生长和代谢活动，通过现代化工程技术手段进行工业规模生产的技术，根据发酵目的对微生物的采集、分离和选育提出要求，对发酵工艺进行设计和优化，对发酵设备提出改进和配套选型的工程技术。它的主要内容包括工业生产菌种的选育，最佳发酵条件的选择和控制，生化反应器的设计以及产品的分离、提取和精制等过程。发酵工程在功能性食品的应用也十分广泛，如乳酸菌、富含 n-3 多不饱和脂肪酸的微生物、海藻、真菌多糖、氨基酸、维生素等的发酵法培养。

第二节　功能因子活性保持技术

一、提取过程中的活性保护措施

在提取过程中，保持目的物的生物活性十分重要，对于一些生物大分子如蛋白质、酶、核酸类，常采用下列保护措施。

1. 采用适宜的缓冲溶液系统

为防止提取过程中某些酸碱基团的解离导致溶液 pH 值的大幅度变化，而造成某些活性物质变性失活或因 pH 变化影响提取效果，常用磷酸盐缓冲液、柠檬酸盐缓冲液、Tris 缓冲液、醋酸缓冲液、碳酸盐缓冲液、硼酸盐缓冲液和巴比妥缓冲液等适宜的缓冲溶液系统，且所选用的缓冲液浓度均较低，以利于增加功能活性成分的溶解性能。

2. 添加适宜的保护剂

为防止某些生理活性物质的活性基团（如巯基是许多活性蛋白质和酶的催化活性基团，极易被氧比）及酶的活性中心被破坏，常添加半胱氨酸、还原型谷胱甘肽、α-巯基乙醇、二巯基赤藓糖醇等还原剂。对于某些酶类物质提取时，常加入适量底物以保护活性中心；对于易受重金属离子抑制的活性物质提取时，可添加某些金属螯合剂，以保护活性物质的稳定性。

3. 抑制水解酶的作用

抑制水解酶对目的物的作用是提取操作中的重要保护性措施之一。一般要根据不同水解酶的性质采用不同方法。根据酶的溶解性质的不同，可选 pH 不同的缓冲体系提取以减少酶的释放；或者根据酶的最适 pH 值，选用酶发挥活力最低的 pH 值进行提取。最有效的办法是在提取时，添加酶抑制剂，以抑制水解酶的活力，如提取活性蛋白和酶类时，可以加入各种蛋白酶抑制剂，如 PMSF（甲基磺酰氟化物）、DFP（二异丙基氟磷酸）、碘乙酸等。

4. 其他保护措施

为了保持某些生物大分子的活性，也要注意避免过酸、过碱或高温、高频震荡、紫外光、强烈搅拌等情况，提取时要根据目的物的不同性质具体对待。有些活性物质如固氮酶、铜-铁蛋白提取分离时还要防止氧化，要求在无氧条件下进行；有些活性蛋白如免疫球蛋白对冷、热变化等十分敏感，不宜在低温冻结。

二、加工成型过程中的活性保护措施

（一）功能性食品中常用添加剂

确保食品添加剂的安全和功能是当今世界各国食品添加剂产业研发的总趋势，因而从天然产物中提取功能性添加剂已成为世界各国研发的重点。近年来，我国功能性食品添加剂和配料以及其品种和产量，逐渐上升。许多从植物中提取的天然色素，均具有生理活性。我国已批准列入 IGB2760 国家标准的几百种食品添加剂中，虽然在分类中没有功能性添加剂这一标注，但有的已经分别列入了功能食品和药物的名单中，例如着色剂红曲、甜味剂甘草和木糖醇等。

1. 天然色素

天然色素主要从植物中提取，很多具有生理功能，如姜黄有抗癌作用；红花黄有降压作用，辣椒红、菊花黄、高粱红、沙棘黄有抗氧化作用；玉米黄有抗癌、抗氧化作用；红曲米、桑椹红、茶绿素、葡萄皮红有降血脂作用；花生衣红有凝血作用；紫草红有抗炎症作用。因此，我国近 10 多年来批准使用的天然着色剂品种从 20 多种增加到 40 多种，是目前世界上批准天然着色剂最多的国家。在天然色素中发展较快是红曲米和叶黄素。

（1）红曲米　红曲米虽是食用着色剂中古老的品种，但由于发现它含有调节血脂的功能因子洛伐他汀，受到世界各国的重视。目前红曲米年出口量在 4000t 左右。我国近年加强了研究力度，使红曲洛伐他汀含量提高到 0.4%～0.8%，最高能达到 1%，并以膳食补充剂出口到美国。对红曲中莫那克林 K 的开环、闭环结构及其测定方法也已确认，为制订功能红曲产品标准，作好了准备。在红曲降血压功能因子 γ-氨基丁酸方面，研究亦有一定进展。

（2）叶黄素　近年来发现，高量摄入万寿菊（金盏花）提取的叶黄素，能减少发生老年性视网膜黄斑性病变和白内障的危险。2000 年德国法兰克福欧洲健康食品展会上，叶黄素也是热点产品之一。我国生产叶黄素商品的山东诸城龙云天然食用色素公司、青岛大学天然产物研究所、青岛赛特香料公司等，主要品种有叶黄素酯、叶黄素粉末（深棕色），叶黄素含量 10～50g/kg。据查全世界有 170 多项专利。中国农业大学、北京大学等高校开展了高纯度叶黄素的研制工作，叶黄素纯度可达 95％以上。

2. 甜味剂

甜味剂分为非营养性高倍甜味剂和营养性甜味剂两类。高倍甜味剂又分化学合成和天然提取物两种。天然的高倍甜味剂有甜菊苷、罗汉果甜、索马甜、甘草甜等。

天然高倍甜味剂中，实现商品化且兼具医疗功能的只有甘草甜，包括甘草酸铵和甘草酸钾。其作为食品甜味剂，已经列入我国 GB 2760 使用卫生标准多年。国内市场的甘利欣是国家食品药品监督局管理审定，并为劳动保障部批准为防治肝炎的指定药物，甘利欣的有效成分就是甘草酸铵。2001 年日本山口大学报告，甘草甜能抑制艾滋病毒，有可能成为防治艾滋病的良药，引起了国际上的广泛注意。

营养性甜味剂中的糖醇，包括山梨醇、麦芽糖醇、甘露醇、乳糖醇均系六元醇。以上普遍具有防龋齿和不影响餐后血糖值的功能，可作糖尿病人的食糖替代品。但不能全部代谢，只有一定热量，欧美广泛用于无蔗糖口香糖。五元醇——木糖醇是糖醇中甜度最高，热量也最高，应是糖尿病人首选的营养性甜味剂，而且为医药主管部门批准为辅助治疗剂。木糖醇还具有护肝功能的作用，是糖醇中独有的品种。木糖醇、麦芽糖醇、山梨醇、乳糖醇被国际食品添加剂法规专家委员会认定为无需规定 ADI 值的四种糖醇；2000 年 6 月，被国际食品法典委员会列入"在食品中可以按正常生产需要使用的食品添加剂名单"。

3. 增稠剂

水溶胶及其降解产物很多具有生理活性。如高甲氧基果胶，不仅能带走食物中的胆固醇，而且能抑制内源性胆固醇的生成；降解的瓜尔豆胶能调节血脂；黄原胶有抗氧化和增强免疫功能；海藻酸钾是增稠剂中常用品种，有显著的降压作用，产品已出口到国外。2000 年新批准列入使用卫生标准的胡萝巴胶，能作为糖尿病人和高胆固醇患者的食品配料。2001 年在美国食品科学技术学会主办的展览会上展出的草药胡卢巴籽提取物，能抑制人体对胆固醇的吸收。

4. 乳化剂

辛葵酸甘油酯，是一种乳化性能优良的用于乳化香精的食品添加剂，可应用于饮料、冰淇淋、糖果、巧克力、氢化植物油中，其最高使用量不限，可按生产需要适量添加。经中国食品药品监督管理局（SPDA）确认，它是一种安全物质。在肠道内极易水解、吸收，吸收速度比一般油脂快 4 倍，并在肝脏和身体内不积累。由于它的黏度低、耐氧化性、低凝固点以及和各种溶剂、油脂、维生素的相溶性好，在食品中尚有抑制微生物繁殖的防腐功效，故在食品工业中是一个多功能的食品添加剂。辛葵酸甘油酯是中碳链脂肪酸甘油酯，作为脂肪代用品在体内吸收代谢速度快，不会引起肥胖，可用于调节脂肪代谢紊乱症，且能降低胆固醇，又可作为预防和治疗高血脂和脂肪肝的功能活性成分。由于它的口感近似脂肪，所以远胜于过去以变性淀粉或菊粉原料制取的脂肪代用品。近期国外研究发现，辛葵酸甘油酯对癌细胞还有杀伤作用，可应用于辅助药物治疗肝癌，又不影响正常肝细胞。

5. 防腐剂

乳酸链球菌素（Nisin），亦称乳链菌肽，是由 34 个氨基酸组成，人体能消化、代谢，无任何毒性，虽然不是天然提取物，但因用食用蛋白质原料经发酵生成，可视同天然物。早在 1969 年就被世界卫生和粮农组织食品添加剂法规委员会推荐为安全的食品防腐剂。近年发现，乳酸链球菌素在口腔中能抑制糖类发酵，从而在食品中使用时能发挥防龋齿功能。此外，新近发现乳链菌素对幽门螺旋杆菌有明显的抑制作用，可替代某些抗菌素，而没有抗药性。最近报道，荷兰 Utrecht University 科学家发现天然防腐剂 Nisin Z 的有效抗菌力和万古霉素（vancomycin）相当，两者均对细菌细胞膜的脂蛋白有攻击作用，造成细胞破裂死亡。Nisin Z 很可能成为新一代无抗药性抗菌素的替代品。

6. 功能食品的配料

功能食品配料方面，近年在规模化生产及新品种开发上有较大进展。

（1）低聚糖　低聚糖不仅是调整肠道功能的益生元，且有一定甜度、黏度等某些糖类的属性，作为食品配料易为食品加工企业和消费者接受，可广泛应用于低热量食品、减肥食品中，另外高纯度（95%）低聚糖可用于糖尿病人食品和防龋齿食品。目前，我国卫生部批准的改善肠道菌群和润肠通便功能的功能食品中，已使用的低聚糖有低聚果糖、低聚异麦芽糖、低聚甘露糖、大豆低聚糖等；免疫调节功能的功能食品应用的低聚糖有壳聚糖。我国低聚糖的研究，始于 20 世纪 80 年代，但形成工业化规模和商品化，则是到"九五"期间。1995 年由无锡糖果厂完成了淀粉酶法生产低聚异麦芽糖的工业性试制。1996 年，中科院微生物所和山东一生物公司合作，在山东禹城建成年产 2000t 专业低聚异麦芽糖的工厂（现规模已扩至 2 万吨以上）。接着全国各地新建很多企业，低聚异麦芽糖总生产能力超过 5 万吨。1997 年由无锡江南大学和云南天元合作，蔗糖酶法生产 3000t 低聚果糖于昆明率先投产，目前已有珠海、南宁、江门、张家港等数家企业，总生产能力超过 2 万吨。除低聚异麦芽糖、低聚果糖外，几年来低聚木糖、低聚甘露糖、大豆低聚糖、壳聚糖、水苏糖等也相继投入了生产。近年采用我国传统食用的菊芋（洋姜），经提取菊粉并酶解制低聚果糖，已在菊芋高产的青海投入工业生产；根茎作物提取的水苏糖在西安大鹏也投入了工业生产。

（2）海藻糖　美国 FDA 已批准海藻糖为公认安全的食品。日本林原生化成功地用淀粉糖化经低聚麦芽糖基海藻糖生成酶和低聚麦芽糖基海藻糖水解酶协同作用生成海藻糖，成为国际上的重大发明，使海藻糖成本大幅下降。我国浙江杭州工商大学成功地从灰树花中提取海藻糖；无锡江南大学生物工程学院对淀粉原料酶法转化开展了实验室研究工作，但尚未能实现产业化。2003 年 4 月，广西南宁中诺生物工程有限公司在广州举行的第七届中国国际食品添加剂展览会上，展出了用淀粉酶法生产的商品海藻糖。2002 年实现年产 200t 海藻糖，并得到有关部门支持立项，扩建至 2000t。这是继日本以后，世界上第二个能用淀粉为原料生产海藻糖的国家，也是我国功能性糖类发展的新突破，为今后食品工业广泛采用海藻糖作配料，提高食品品质和技术含量，创造了有利条件。

（3）赤藓醇　赤藓醇是糖醇中唯一不用糖类氢化还原方法生产的新品种，而是以淀粉原料发酵法生产。据国外有关报道，淀粉转化成赤藓醇的转化率为 50%。赤藓醇因为是四碳醇，相对分子质量比其他糖醇小。摄入试验证明，赤藓醇被小肠吸收后，由于动物体内没有任何能降解它的酶，最后通过肾脏排出体外。80% 以上的赤藓醇在 24h 以内排出体外，只有少数到达结肠，并由肠道细菌进行发酵分解。所以赤藓醇与其他糖醇不同，其产热量只有 1.67kJ/g，故不能称作营养性甜味剂。近年浙江海正药业对赤藓醇进行了中试，2003 年 10 月在山东一生物公司已投入工业化生产。它是我国第一家工业规模生产赤藓醇的企业，转化率 45% 以上，提取率 85% 以上。

（4）谷氨酰胺　谷氨酰胺人体能自身合成，属于非必需氨基酸，是人体肌肉组织中最多的一种游离氨基酸。它参与谷胱甘肽的合成，有利于抑制蛋白质分解，促进肌肉增长。谷氨酰胺有调节人体在运动过程中肌肉组织的血氨水平、缓冲乳酸对人体的不良反应的作用。在运动状态下，机体对谷氨酰胺的需求直线上升，故人体血液中谷氨酰胺的含量，可以作为运动员是否过度训练的一个评价指标。它是运动员的一种特殊营养食品，作为药物，谷氨酰胺在健胃及防治胃溃疡等方面，德国及日本早将其列入了药典，并被广泛使用。我国的胃病名药三九胃泰，也使用谷氨酰胺。国外日本年产谷氨酰胺 1500t，韩国年产 500t。我国山东保龄宝生物公司年产 600t 谷氨酰胺的生产线已开始运行。

（5）谷胱甘肽　谷胱甘肽是由谷氨酸、半胱氨酸和甘氨酸组成的三肽。谷胱甘肽能与体内的有毒物、重金属、致癌物结合，促其排出体外，故谷胱甘肽也具有对肝脏的解毒功能。我国医药监督局将谷胱甘肽批准为治疗肝炎的辅助治疗药物。谷胱甘肽过氧化酶是一种含硒酶，它能消除脂类过氧化物，是重要的抗氧化剂。食物的风味和谷胱甘肽有关，特别是当谷氨酸钠、呈味核苷酸和谷胱甘肽共同混合加热时，具有强烈的肉类风味。传统生产方法是从含谷胱甘肽的酵母中提取，一般活性干酵母含谷胱甘肽为 1%。日本研发了高谷胱甘肽（8%）的酵母，可直接用其酵母提取物和糖类通过美拉德反应制取高质量肉类风味剂。我国江南大学对谷胱甘肽的生物合成技术，大幅度降低了生产成本。

（6）酪蛋白磷酸肽 CPP 和调节血压肽　CPP 具有促进钙铁吸收、促进儿童生长发育、改善骨质疏松、促进骨折康复、预防儿童佝偻病等的功能。调节血压肽是近年受各方关注的肽，包括酪蛋白的 12 肽、7 肽、6 肽；鱼贝类的 11 肽、8 肽；植物原料低相对分子质量（1000 以下）的大豆蛋白肽；玉米醇溶蛋白的玉米蛋白肽等。广州轻工业研究所很早就开始生产酪蛋白磷酸肽 CPP，目前国内已有多家生产。它已列入 GB-2760 国家使用卫生标准。

（7）大豆肽　大豆肽的研究在我国有较大进展，已开发了消化肽、降血脂肽、降血压肽等。据日本报道，由大豆蛋白经胰蛋白酶酶解，获得了由 3～6 个氨基酸组成的肽，相对分子质量在 1000 以下，具有降胆固醇的功用。我国试验也证明，大豆肽具有调节血脂作用。山东都庆和中国食品发酵研究院合作，建成了年产 5000t 大豆分离蛋白和大豆功能肽的生产线。

（8）多不饱和脂肪酸　多不饱和脂肪酸主要是 γ-麻酸、二十二碳六烯酸（DHA）、二十碳五烯酸（EPA）等，具有降低中性脂肪、胆固醇和降血压、血小板凝聚力和血黏度的作用，可用于预防高血脂、动脉硬化及心脑血管疾病。过去市场上的 DHA、EPA 商品大部分是从鱼油中提取的，由于 DHA、EPA 不容易分离，因此商品往往是 DHA 和 EPA 的混合物，很难得到单一纯度 90% 以上的产品，且有鱼腥味，消费者不易接受。为克服上述两个缺点，已研究出一种从海洋微藻中提取高纯度 DHA 及 EPA 的方法。2000 年美国已将微藻提取 DHA 实现了商品化。我国也将发酵法生产多不饱和脂肪酸列入了"九五"及"十五"科技攻关计划。

（9）花生四烯酸（AA）　花生四烯酸（AA）是一种人体必需脂肪酸。在人体神经组织中的多不饱和脂肪酸主要是 AA 和 DHA，其中 AA 占 40%～50%。AA 和 DHA 对大脑和视网膜发育有重要作用。正常人的血浆中，含量 400mg/L。母乳中与婴儿生长发育相关的多不饱和脂肪酸，主要是 EPA、DHA、AA。母乳脂质中 AA 为 0.6%～3%。虽然人体能使亚麻酸转化成 AA，但实际远远不能满足实际需要。国际粮农和卫生组织建议：婴儿配方奶粉应含有婴儿体重 60mg/kg 的 AA。武汉烯王生物工程有限公司采用中科院离子束诱变的菌株在 2000 年实现了发酵法生产 AA。在 50t 发酵罐获得的结果为：干菌体得率 3%，总油脂含量 30% 以上，AA 占脂肪的 50% 以上。其技术水平不仅在规模，而且在 AA 含量和收率方面，均居领先水平。

（10）番茄红素和大豆异黄酮　近年通过引进国外技术开发的天然功能性提取物有番茄红素和大豆异黄酮。番茄红素有极强的消除自由基、抗氧化、延缓衰老的功能。江南大学已研究多年，并已批量生产番茄红素胶囊。广东优宝公司采用新疆地区优质番茄提取的番茄红素胶囊，已通过卫生部审批为功能食品。大豆异黄酮具有预防心脑血管疾病、缓解妇女更年期综合征、促进钙吸收等功能。在我国大豆资源丰富，可以从豆粕中提取。目前国内已有20多家企业生产，有的已作为原料生产保健品。

总之，我国功能性食品添加剂和配料的发展，已有一定基础。它推动了我国食品添加剂向天然营养多功能的方向发展。我国地域广阔，自然界给予我们极其丰富多彩的物种资源，加之我国有上千年食药同源和食疗的历史，古为今用，开发功能性食品添加剂，有充分的物质基础。

（二）功能性添加剂在强化食品中的应用

1. 营养强化剂的种类

1986年11月14日，我国卫生部首次公布了《食品营养强化剂使用卫生标准（试行）》和《食品营养强化剂卫生管理办法》。1993年卫生部对原有的《食品营养强化剂使用卫生标准（试行）》进行修改，1994年6月8日发布实施《食品营养强化剂使用卫生标准》（GB 14880—1994），在1996年又进行了补充（GB 2760—1996）。至此，明确规定了可作为强化营养素31种（87种化合物），其中氨基酸及含氮化合物有3种，维生素17种（24种化合物），微量元素10种（59种化合物）以及γ-亚麻油酸，并进一步规定了使用范围、添加量及卫生标准的实施细则。

目前，我国食品营养强化剂大致可分为氨基酸、维生素、矿物质及微量元素和多不饱和脂肪酸四类，在强化时既可单一营养素强化也可复合营养素强化。

（1）氨基酸类营养强化剂　《食品营养强化剂使用卫生标准》（GB 14880—1994）中规定可以用于营养强化的氨基酸类有赖氨酸和牛磺酸。赖氨酸是8种人体必需氨基酸之一，也是粮谷类食物中限制性氨基酸之一，因此，主要用于谷物制品中氨基酸的强化，且需要量较多。国际上对牛磺酸的使用范围比较宽松，可以添加在婴幼儿食品、乳制品、谷物制品、饮料及乳饮料中。

（2）维生素类营养强化剂　《食品营养强化剂使用卫生标准》（GB 14880—1994）规定了维生素A、维生素D、维生素E、维生素B_1、维生素B_2、维生素B_6、维生素B_{12}、维生素C、维生素K、烟酸、胆碱、肌醇、叶酸、泛酸和生物素等维生素的使用量及使用范围。维生素A主要用于强化植物油、人造奶油、乳制品。具有维生素D活性的物质最主要的是维生素D_1、维生素D_3，主要用于强化液体奶、乳制品和人造奶油。维生素B_1、维生素B_2、维生素B_6、维生素B_{12}等用于谷物制品、乳制品等的强化。维生素C用于强化果汁饮料、果泥、固体饮料。

（3）矿物质类营养强化剂　《食品营养强化剂使用卫生标准》（GB 14880—1994）制定了Ca、Fe、Zn、Mg、Cu、Mn、I和Se 8种允许使用的矿物质的使用范围和在食品中的强化量。

① 钙营养强化剂　国际上允许使用的钙营养强化剂有40多种，我国经全国食品添加剂标准化技术委员会审定、卫生部公布列入使用卫生标准的钙营养强化剂有活性钙、碳酸钙、生物碳酸钙、甘氨酸钙、柠檬酸钙、磷酸氢钙、天冬氨酸钙、醋酸钙、乳酸钙、苏糖酸钙、葡萄糖酸钙11种。实际应用的则还包括磷酸钙、氯化钙、蛋壳钙粉、天然骨粉以及新近评审通过的酪蛋白钙肽（CCP）、柠檬酸-苹果酸钙（CCM）等。

② 锌营养强化剂　主要有葡萄糖酸锌、硫酸锌、氯化锌、柠檬酸锌和乳酸锌等。

③ 铁营养强化剂　主要有硫酸亚铁、葡萄糖酸亚铁、乳酸亚铁、柠檬酸铁、柠檬酸铁胺、富马酸亚铁等，另外血红素铁、碳酸亚铁、胡索酸亚铁、琥珀酸亚铁、还原铁、电解铁

等也能用于食品中铁的营养强化，最新批准使用的铁营养强化剂还有卟啉铁、甘氨酸铁、焦磷酸铁、乙二胺四乙酸铁钠等。

（4）多不饱和脂肪酸类　主要有 DHA、EPA 以及 γ-亚麻油酸等，用于功能食品以及婴幼儿食品、乳制品、营养饮料等强化食品。

2. 营养强化剂应遵循的基本原则

① 强化量和范围必须按规定。食品强化必须遵照我国《食品营养强化剂使用卫生标准》（GB 14880—1994）规定的强化量和强化范围。使用的强化剂必须经国家法定部门审定批准，质量可靠卫生安全，并应具有相应的检测方法，以便对其实际含量进行测定。

② 要求载体食物稳定、覆盖面大。载体食物的消费量应该比较稳定，载体食物的消费覆盖面越大越好（特别是营养素缺乏最普遍的全国各地农村和贫困人群），而且这种食物应当是工业化生产的。

③ 注意各营养素之间的平衡。为了防止由于食品强化而造成营养素摄入的不平衡，添加营养强化剂时应考虑各营养素之间的平衡，加入的营养素不影响其他营养素的吸收利用。

④ 强化所用的化合物应对食物营养素无影响。强化所用的化合物应对载体食物的感官性状无明显影响，色泽不变，口味正常，无沉淀可能，生物利用率高。在进一步烹调加工、贮藏及货架期内营养素应该具有较高的稳定性，不发生明显损失。

⑤ 成本低，技术简便。

3. 氨基酸类强化剂应用

目前，赖氨酸和牛磺酸是强化食品中最主要的氨基酸类强化剂，在生理和营养上都具有重要的特殊功能。

（1）牛磺酸强化饮料　工艺流程如下。

$$水 \longrightarrow 消毒 \longrightarrow 过滤$$

$$牛磺酸及其他配料 \longrightarrow 溶解 \longrightarrow 过滤 \longrightarrow 调配混匀 \longrightarrow 过滤 \longrightarrow 灌装 \longrightarrow 杀菌 \longrightarrow 检验 \longrightarrow 成品$$

操作要点如下。

① 水的处理　水是饮料生产的主要原料，可占总量的 85％ 以上，故水质量的好坏直接影响产品质量。饮料用水应符合 GB 5749—1985 的规定。水处理主要包括水的过滤、软化和消毒处理。过滤常用的有 101 型砂棒过滤器（流量 1.5t/h，操作压力 0.294MPa），滤孔直径一般在 $2\sim4\mu m$，水在外压作用下通过砂芯棒的微孔，可有效地截留水中的杂质及大部分微生物，使水基本上达到无菌，符合饮料工艺用水的要求。使用离子交换树脂、电渗析法及反渗透方法进行水的软化处理，使水的硬度符合工艺要求。饮料用水可采用紫外线消毒的方法进行消毒处理。

② 牛磺酸及其他配料的处理　将牛磺酸、甜味剂、柠檬酸、维生素、色素、防腐剂等分别溶解、过滤待用。

③ 调配混匀　根据配方要求，将各种配料于配料罐中加水进行定量配合混匀。按《食品营养强化剂使用卫生标准》（GB 14880—1994）中的规定：牛磺酸用于饮料的强化量为 $0.1\sim0.5g/kg$。配料时应据此标准设计牛磺酸在饮料中的合理强化量，如红牛牛磺酸强化型饮料中规定每 100mL 含牛磺酸 400mg

④ 过滤　配料后需经过滤器二次过滤。在现代工艺中也可采用超滤膜过滤技术，不但效果好，而且还可达到有效除菌的目的。

⑤ 杀菌、灌装 先预热至80℃左右装罐并立即密封，于沸水中杀菌数分钟后迅速冷却至35～40℃。也可以采用高温瞬时杀菌法（95℃/15～30s）或超高温瞬时杀菌法（120℃/3～10s）杀菌后，冷却至5℃左右进行无菌灌装。

（2）赖氨酸强化面粉 工艺流程如下。

操作要点如下。

① 基料的制备 强化面粉首先需要制备强化营养素含量极高的基料，再将基料与生产线中的面粉进行定量混合。根据《食品营养强化剂使用卫生标准》（GB 14880—1994）规定，在面粉中L-盐酸赖氨酸的强化量（每100g）为10～20mg。基料的制备方法有喷雾法和直接混合法两种。喷雾法是将L-盐酸赖氨酸与水混合均匀后进行喷雾而制成高含量的L-盐酸赖氨酸基料；直接混合法则是将L-盐酸赖氨酸与淀粉定量混合过筛后而配制成的基料。

② 定量混合 根据面粉强化量的标准要求，将制备好的L-盐酸赖氨酸强化剂基料与面粉分别称量，按比例充分混合均匀。

③ 过筛、定量称量、包装 混合后的面粉经过筛后，其粗细度应达到100%通过130μm的标准要求，然后按不同的包装规格进行定量包装。

4. 维生素类强化剂的应用

维生素是维持人体正常生理功能所必需的营养素。维生素的种类繁多、性质各异，但基本上可以分为水溶性维生素和脂溶性维生素两大类。当食物中某种维生素长期缺乏或不足时即可引起代谢紊乱和出现病理状态，形成维生素缺乏症。早期轻度缺乏，尚无明显症状时称维生素不足。

（1）维生素C强化果汁饮料 工艺流程如下。

原料选择──→预处理（分级、清洗、挑选、破碎、热处理、酶处理）──→制汁
──→澄清过滤──→强化调配──→脱气──→杀菌──→灌装──→冷却、检验──→成品

操作要点如下。

① 原料选择 选择新鲜、无腐烂、具有良好风味、色泽稳定、酸度适中、汁液丰富、取汁容易、出汁率高的水果。如葡萄、柑橘、草莓、苹果等都是制作果汁的较好原料。

② 预处理 榨汁前需进行适度破碎，以提高出汁率。破碎的程度视果实品种而定，如苹果、梨经破碎机破碎后大小以3～4mm为宜，草莓和葡萄等以2～3mm为宜，樱桃为5mm。制备好的果浆泥需采用60～70℃，15～30min或95～100℃，25～45s的加热处理。其目的在于提高出汁率，钝化酶的活性，抑制微生物的生长繁殖。此外，添加适量的果胶酶制剂，有效地分解果胶物质，降低果汁黏度，以利于榨汁过滤，提高出汁率。

③ 制汁 果实的出汁率取决于果实的质地、品种、成熟度和新鲜度、加工季节、榨汁方法和榨汁效能。在水果中以葡萄、草莓等浆果类出汁率最高，其次为柑橘类，而苹果、梨等仁果类略低。可根据不同的果实特性选择不同的榨汁设备与榨汁工艺。但不论采用何种设备和方法，均要求出汁率要高，工艺过程要短，并能最大限度地防止空气混入，以防止和减轻果汁色、香、味的损害。

④ 澄清过滤 生产上采用的澄清方法有自然澄清法、明胶-单宁澄清法、酶法澄清、冷冻澄清和加热澄清等。采用明胶-单宁澄清法时，明胶与单宁的用量取决于果汁的种类、品

种及成熟度。一般用量为明胶 10~20g/100L 果汁，单宁 2~10g/100L 果汁，并且单宁应先于明胶加入果汁中，再于 10℃下静置 6~10h 即可达到最佳的澄清效果。采用酶法澄清时，果胶酶的使用量一般为 2~4kg/1000L 果汁，处理时间为 2~8h。果汁澄清后必须过滤，以分离果汁中的沉淀和悬浮物，使果汁澄清透明。可用板框过滤器、硅藻土过滤（硅藻土 2kg/1000L 果汁）、离心分离装置、真空过滤器（84.7kPa）以及超滤膜分离技术等多种方法。

⑤ 强化调配　在对果汁的糖酸比例进行调整的同时，进行维生素 C 的强化。一般果汁成品的糖酸比例为(13~15)：1，可按 120~240mg/kg 的比例强化维生素 C。另外，也可再添加适量的 EDTA（乙二胺四乙酸），以保证维生素 C 的性质稳定，减少损失。

⑥ 脱气　用真空脱气机除去附着于果汁中的气体，可防止或减轻果汁中色素、维生素 C、香气成分和其他物质的氧化，品质降低。真空脱气的关键是控制适当的真空度和果汁的温度，并且为了充分脱气，果汁温度应当比真空罐内绝对压力所对应的温度高 2~3℃。真空脱气的方法有热脱气（50~70℃）和常温脱气（20~25℃），一般控制罐内的真空度为 90.7~93.3kPa。

⑦ 杀菌及无菌灌装　为减少果汁中的营养成分在杀菌时的损失，一般采用高温瞬时杀菌法（95℃，15~30s）或超高温瞬时灭菌法（105℃，3~5s）。杀菌后经热交换器迅速冷却至 5℃左右进行无菌灌装。也可先将果汁加热至 60℃左右装罐、密封，再于沸水中杀菌数分钟，杀菌时间取决于罐型大小，杀菌后迅速冷却至 35~40℃。

(2) B 族维生素强化米　目前，世界各国对于大米的强化多以维生素 B_1、维生素 B_2 为主，此外，也有强化氨基酸如蛋氨酸、苏氨酸、色氨酸和赖氨酸的。根据《食品营养强化剂使用卫生标准》（GB 14880—1994）中规定，维生素 B_1（盐酸硫胺素）和维生素 B_2 的强化量为 3~5mg/kg。强化米的制造方法大体可归纳为外加法和内持法两种。前者是将各种强化剂由米吸收进去或涂覆于米的外层；后者则是设法保存谷粒外层所含的多量维生素。

① 外加法制造强化米（直接浸吸法）生产技术

加工原理是先将各种强化剂配成稳定的水或油溶液，将米浸渍于溶液中吸收各种强化剂成分，或将溶液喷涂于米粒上，然后干燥而成。为了使强化成分被牢固地吸附，而不易在水洗时溶出损失，则再另涂覆一或二层保持膜。

操作要点如下。

a. 浸吸及喷涂。首先将维生素 B_1、维生素 B_6、维生素 B_{12} 等维生素称量后溶解于 0.2%的多聚磷酸盐（如多聚磷酸钠、多聚磷酸钾、焦磷酸钠或偏磷酸钠等）的中性溶液中。将米粒与上述溶液置于具有水蒸气保温夹层的卧式回转鼓中，每 100kg 米粒吸附量为 10kg，溶液温度为 30~40℃，浸吸时间为 2~4h。随后鼓入 40℃的热空气，并开动回转鼓，使米粒稍为干燥，再将未吸尽的溶液由喷雾器喷至米粒上，使之全部吸收，最后鼓入热风使米粒干燥。

b. 二次浸吸。将维生素 B_2 及各种氨基酸称量后同样溶于中性多聚磷酸盐溶液中，再置于回转鼓中与米粒混合进行二次浸吸，溶液与米粒的比例同上，但不进行干燥。

c. 汽蒸糊化。将浸吸后的米粒置于连续式蒸煮机中进行汽蒸。100℃蒸汽下保持 20min，使米粒糊化，对防止米粒破碎及营养素的水洗损失均有好处。

d. 喷涂酸液及干燥。将汽蒸后的米粒再次置于回转鼓中，在转动的同时喷入 5%的醋酸溶液 5kg 以达到防腐及防虫的目的。然后于 40℃下进行热风干燥至含水量在 13%以下。

② 内持法制造强化米生产技术

加工原理是将米粒外层及胚芽中的营养成分尽可能转移至米粒内部，以便在轧米工序中能保持其本身大部分营养成分的方法，如我国传统的蒸谷米。

操作要点如下。

a. 筛选、干洁。谷粒经筛选机除去灰尘及杂质，再经干洁机除去表层上的泥灰杂质。此道工序不能采用水洗，否则会损失大量营养成分。

b. 浸渍。配制少量稀醋酸溶液，将谷粒浸入，温度保持 20～30℃，时间以谷粒能吸足酸液为度，尽可能减少酸液用量，最好能使大部分酸液为谷粒所吸收，以减少营养素的损失，醋酸液浸渍有助于米粒吸收维生素 B_1 等营养成分。

c. 蒸煮、吹凉。将浸渍后的谷粒沥干，置于蒸汽锅内于 100℃下蒸煮 5min，使谷粒内的淀粉及蛋白质糊化及凝固，形成维生素 B_1 等的保护膜，以减少食用水洗时的损失。蒸煮后的谷粒取出用鼓风机吹凉。

d. 干燥。将谷粒通过隧道式干燥机，于热风中干燥至含水量 10%～13%。

e. 轧米。按精制方法轧去糠皮及胚芽，即成蒸谷米。

5. 矿物质类强化剂的应用

矿物质类营养素缺乏症，一直是困扰世界上大多数国家的重要问题。有资料表明，世界上 3/4 的微量元素缺乏者生活在亚太地区。缺铁性贫血（iron deficiency anemia，IDA）是常见的营养缺乏病，根据 WHO 资料小儿发病率高达 52%，男性成人约为 10%，女性 20% 以上，孕妇 40%，铁缺乏影响着世界上 20 多亿人口。据全国第三次营养调查结果表明，我国不同年龄、不同职业的人群，钙摄入量普遍偏低，儿童和青少年缺钙、缺铁、缺锌的问题也十分严重。所以重视矿物质的营养功能，在食品中强化矿物元素是解决微量元素缺乏症的重要途径。

（1）钙、锌强化牛乳生产技术要点

① 原料乳验收　原料乳的质量和新鲜度是保证产品质量的基础条件。原料乳验收的标准为：d_{20}^4 1.029～1.031，脂肪≥3.0%，非脂乳固体≥8.2%，酸度≤（16～18）°T。

② 净化　验收合格的原料乳需经净乳机进行净化，以除去杂质，提高原料乳的净度。

③ 标准化　标准化是保证产品理化指标符合质量标准的重要工序，对产品的风味与营养价值有很大影响。按照强化乳的质量标准要求，对原料乳的脂肪含量、乳固形物含量、蛋白质含量等进行标准化处理。

④ 强化调配　将配制好的钙、锌强化剂与标准化后的原料乳定量混合均匀。钙、锌强化剂及其他营养素按照配方剂量添加。

⑤ 预热、均质　强化后的原料乳经板式热交换器预热至 60～65℃，并在此温度下以 20～25MPa 的压力进行均质处理。

⑥ 杀菌　均质后的原料乳随即进入杀菌器进行杀菌。超高温瞬时灭菌法（UHT）是目前消毒乳加工中最好的杀菌方法，可将营养物质的损失减少到最低点，杀菌条件为 140～150℃，2～5s。

⑦ 冷却、无菌灌装　杀菌后的牛乳通过板式热交换器，经热交换后迅速冷却到 4～8℃ 进行无菌灌装。

（2）铁强化乳粉生产技术要点

① 原料乳验收、配料及标准化　同钙、锌强化牛乳的处理方法。

② 杀菌　可采用低温杀菌法、高温短时杀菌法或超高温瞬时杀菌法等。杀菌条件和设备的选择与干燥方法有关。如采用喷雾干燥制造全脂乳粉时，一般采用高温短时杀菌法，若

采用挤压滚筒杀菌器或列管式杀菌器，通常采用的杀菌条件为 80~85℃，保持 5~10min。如采用板式杀菌器则为 80~85℃，保持 15s。若采用超高温瞬时杀菌器则为 120~124℃，保持 2~4s。杀菌方法对乳粉的品质特别是溶解度和保藏性有很大影响。提高杀菌温度和延长杀菌时间都将直接影响溶解度等指标。如温度由 63℃提高到 72℃，保持 5min，溶解度要降低 0.14%；若提高到 75℃，要降低 0.85%；提高到 80~85℃时，则降低 1.5%以上。因此必须根据制品的品质特性，选择合适有效的杀菌方法。

③ 浓缩　杀菌后的原料乳在干燥前须先经过真空浓缩，除去 70%~80%的水分，以节约加热蒸汽和动力消耗，提高干燥设备的效力，降低成本。生产上常采用的蒸发器有单效升膜式蒸发器、单效降膜式蒸发器、双效降膜式蒸发器和板式蒸发器等多种浓缩设备。当使用双效膜式蒸发器时，蒸发室的温度第一效保持 70℃左右，第二效为 45℃左右，真空度一般保持在 85.3~89.3kPa。

④ 均质　浓缩后的乳温一般为 45~50℃，以 15~20MPa 的压力均质处理后即可进入喷雾塔进行喷雾干燥。

⑤ 喷雾干燥　采用机械力量，通过雾化器将浓缩乳在干燥室内喷成 10~200μm 的极细小的雾状乳滴，以增大其表面积，加速水分蒸发速率。雾状乳滴一经与同时鼓入的热空气接触，水分便在瞬间蒸发除去，使细小的乳滴干燥成乳粉。乳粉喷雾干燥常采用的方法有压力喷雾和离心喷雾两种方法。

压力喷雾工艺条件为：浓缩乳密度 12~13°Bé，相对密度 1.089~1.098，干物质 40%~45%，料温 40~56℃；喷雾压力 10~16MPa；喷嘴孔径直径在 1~1.4mm 或更大；进风温度 140~200℃，干燥室温度 70~90℃，排风温度 75~85℃，干燥室内压力保持在 -2~-3kPa；乳粉水分不超过 2%。

离心式喷雾干燥工艺条件为：浓缩乳干物质含量为 45%~50%，料液温度为 45~50℃，离心盘转速为 8000~15000r/min，进风温度控制在 200~220℃，干燥室温度保持在 85~95℃，排风温度控制在 80~90℃，成品水分不超过 2%。

⑥ 冷却、筛粉、灌装　喷雾干燥室内的乳粉要求迅速连续地卸出并及时冷却，以免受热过久，容易引起蛋白质热变性。要求及时冷却至 30℃以下。包装室室温控制在 18~20℃，空气相对湿度以低于 75%为好。需要长期保存的还要进行充氮包装，即采用半自动或全自动真空充氮封罐机，在称量装填后，抽真空并立即充以纯度为 99%的氮气再进行密封，这是目前乳粉密封包装最好的方法之一。

（三）功能因子配方设计与稳定性

对于易劣变的营养素、敏感性生物活性物质，经包囊处理后可免受外界不良因素的影响，提高其稳定性，同时还可避免多组分食品中不相配伍组分的相互影响。例如双歧杆菌为厌氧活性菌，当直接添加到食品中时，会遇氧而死亡，采用微胶囊技术使双歧杆菌胶囊化以防其与氧敏感成分的接触，可延长存活期。

1. 添加稳定剂

目前，一般采用抗氧化剂、螯合剂等来减少其损失，常用的抗氧化剂有去甲二氢愈创木酸（NDGA）、丁基羟基茴香醚（BHA）、2-叔丁基-4-甲氧基苯酚（NDA），螯合剂有己二胺四乙酸（EDTA）。此外，有些天然食物对维生素 C 也有保护作用。

2. 改变强化剂本身的结构

用某些比较稳定的维生素衍生物代替其不太稳定的物质。例如，目前使用的硫胺素三十二烷基硫酸盐、硫胺素硝酸盐、二苯酰硫胺素、硫胺素二月桂基硫酸盐、二苯甲酰硫胺素

（DBT）等维生素 B_1 的衍生物克服维生素 B_1 的盐酸盐的不稳定性。再如维生素 C 磷酸酯镁或钙（简称 AP-Mg 或 AP-Ca）具有与维生素 C 同样的生理功能，用于强化食品比单纯使用维生素 C 好得多，是较为理想的强化剂。

（四）提高强化剂稳定性措施

通过改进加工方法来保护强化剂的稳定性，一般不需要加入其他附加剂，这是提高强化食品中强化剂的稳定性的一种最理想的方法。

简单举例如下。

在强化米的制造中，可以用胶质涂覆于米粒外层，以减少水洗的损失，并在吸收液中添加多聚磷酸盐，以防止米粒破碎、营养素流失等问题。

在果汁加工中，采用新工艺、新设备。如超高温瞬时灭菌技术（UHT），尽量缩短加热时间，减少维生素 C 的破坏损失；采用水预处理技术，用离子交换树脂除去金属离子，以尽量减少氧化的触媒剂，间接地保护了维生素 A、维生素 E、维生素 C 等易氧化维生素。

在面包中强化维生素 A，以减少加工中的损失。

预先钝化食品中的酶类，也可以保护食品中原有及添加的营养素。

三、包装环节中的活性保护技术

食品的质量一般均会随着贮藏时间而逐渐降低，包括感官风味、理化性质和营养价值等。其降低和改变的程度往往随着包装和贮藏的条件而异。一般来说，密封包装和低温贮藏的损失较少。为了使强化营养素在储存中损失最少，强化食品应该有合适的包装。强化食品中有关营养素的保留率与应用的强化剂、环境温度以及强化到食用之间的时间有关。

① 蜡纸包装　蜡纸包装具有密封、隔潮、价格低廉等优点，目前主要用于中成药的包装。

② 薄膜包装　薄膜包装不但能够防紫外线，而且其密闭性、隔氧性、防水性和耐热性等性能优良，具有重量轻、不怕磕碰挤压、携带方便，尤其是远距离和贮藏成本大大降低等优点。

③ 软管包装　用塑料或铝箔制成的软罐，形状如牙膏管，可以装强化番茄酱、花生酱等膏状食品。由于包装时可以抽真空并扎口密封，因而食品的保藏性能极佳。在食用时仅需除去小盖后可挤压进食，十分方便，是太空、军队、勘探、旅游等特殊行业所采用的包装。

④ 真空及充氮包装　很多强化食品均用马口铁罐包装，罐装粉状强化食品及某些固体食品如马铃薯片等。罐内大多抽真空或填充氮气或二氧化碳等惰性气体，以保存各种营养成分，延长保藏期。

第三节　功能性成分的成型技术

一、制粒技术

制粒是将粉末、溶液或熔融液等状态的物料，经加工制成具有一定形状、大小和强度的固体颗粒的过程。制好的颗粒可以是最终产品，也可以是中间产品，如在颗粒剂、胶囊剂生产中颗粒是终产品，在片剂生产中颗粒是中间产品。

制粒的目的主要体现在以下几个方面：

① 改善流动性，调整堆密度，改善溶解性能；

② 防止各组分的离析，防止粉尘飞扬及物料损失；

③ 使片剂生产中压力均匀传递；

④ 便于服用，携带方便，提高商品价值。

在功能性食品生产中，广泛应用的制粒方法有三类：湿法制粒、干法制粒和喷雾制粒。由于湿法制成的颗粒经过表面润湿过程，其表面色泽较好、外形美观、耐磨性较强、压缩成型性好，在生产中应用最为广泛。

(一) 湿法制粒

湿法制粒是在功能活性成分或物质的粉末中加入适量适宜的黏合剂，润湿粉粒表面使粉粒间产生黏着力，然后在液体架桥与外加机械力的作用下制成一定形状和大小的颗粒，最后干燥至所要求的含水量。湿法制粒有挤压制粒、转动制粒、高速搅拌制粒、流化床制粒等方法。

1. 挤压制粒

挤压制粒是往功效成分中加入适量适宜的黏合剂或润湿剂，搅拌混匀后制成软材。然后，用强制挤压的方式使其通过具有一定大小筛孔的孔板或筛网而制粒，颗粒的粒度由筛网的孔径大小来调节，粒子形状为圆柱体。挤压制粒的特点是粒度分布范围较窄，挤压压力不大，程序多，劳动强度大，不适合大批量生产。这类制粒设备有螺旋挤压式、旋转挤压式、摇摆挤压式等。

2. 转动制粒

转动制粒是在原料粉末中加入一定量的黏合剂，在转动、摇动、搅拌等作用下，使粉末结聚成球形颗粒，整个过程分母核形成、母核长大和压实三个阶段。往粉末中喷入少量液体使其润湿，在滚动和搓动作用下，使粉末聚集在一起形成大量母核；母核在滚动时进一步压实，并在转动过程中往母核表面均匀喷水和撒入粉末，使其继续长大，然后停止加入粉末和液体，在继续转动、滚动中多余液体被未充分润湿的颗粒吸收，慢慢地将颗粒压实。这类设备，有圆筒旋转制粒机、倾斜转动锅等。

3. 高速搅拌制粒

高速搅拌制粒是将原料粉末和所有辅料加入一个容器中，靠高速旋转的搅拌器作用，迅速混合并制成颗粒。高速搅拌制粒具有省略工序、操作简单、快速等优点，缺点是不能进行干燥。为了克服这个弱点，最近，研制了带有干燥功能的搅拌制粒机，即在搅拌制粒机的底部开孔，物料在完成制粒后，通热风进行干燥。高速搅拌制粒机的构造主要由容器、搅拌桨、切割刀组成。物料在搅拌桨的作用下，混合、翻动、分散并甩向器壁，同时向上运动，在切割刀的作用下将大块颗粒绞碎、切割，并与搅拌桨的作用相响应，使颗粒得到强大的挤压、滚动，形成致密而均匀的颗粒。通过改变搅拌桨的结构、调节黏合剂用量及操作时间，可制备致密、强度高的适合用于胶囊的颗粒，也可制备松软的适合压片的颗粒。

4. 流化床制粒

物料粉末在自下而上的气流作用下保持悬浮的流化状态，黏合剂液体雾化后喷入流化层使粉末聚结成颗粒。流化床制粒的机理是，物料粉末靠黏合剂的架桥作用而相互聚结成颗粒。当黏合剂液体均匀喷于悬浮松散的粉末层时，首先，液滴使接触到的粉末润湿并聚结在其周围形成粒子核，同时再由继续喷入的液滴落在粒子核表面上产生架桥作用，使粒子核与粒子核之间、粒子核与粒子之间相互结合，逐渐长大成较大的颗粒。干燥后，粉末间的液体架桥变成固体架桥，形成多孔性、表面积较大的柔软颗粒。由于是在一台设备中完成混合、制粒、干燥过程，故又称为一步制粒。

（二）干法制粒

干法制粒是将物料粉末直接压成较大片状后，重新粉碎成所需大小的颗粒，不加入任何液体，靠压缩力的作用使粒子间产生结合力。干法制粒常用于热敏性物料、遇水易分解以及容易压缩成型的物料的制粒。

干法制粒有压片法和滚压法两种。压片法是将固体粉末首先在重型压片机上压实，制成直径为 20～25mm 的胚片，然后再破碎成所需大小的颗粒。滚压法是利用转速相同的两个滚动圆筒之间的缝隙，将物料粉末滚压成片状物，然后通过颗粒机破碎制成一定大小颗粒的方法。

（三）喷雾制粒

喷雾制粒是将功效成分溶液或悬浮液，用雾化器喷雾于干燥室内的热气流中，使水分迅速蒸发，直接制成球状干燥细颗粒。将溶液喷雾成微小液滴是靠雾化器来完成的，雾化器是喷雾制粒的关键。

二、压片技术

压片是指功效成分与赋形剂混匀后，通过制粒或不制粒，由压片机压制成片剂的过程。制粒后压片，不仅可以改善物料流动性，以减少片剂的重量差异，而且可以保证颗粒压制成型。目前常用的压片机有撞击式单冲压片机和旋转式多冲压片机，其压片过程基本相同。

1. 常用的压片方法

（1）撞击式压片　撞击式单冲压片机主要由转动轮、冲模系统、调节器、喂粉器等组成。一般为手动和电动两用，每分钟能压片 80～100 片。片剂本身的形状取决于冲头与模圈的形状，模孔多为空心圆柱形，冲头可设计有不同弧度，能压成不同凸度形状的片。

（2）旋转式压片　旋转式压片机主要由动力部分、传动部分（带轮、蜗轮蜗杆）和工作部分组成，工作部分包括装有冲头冲模的机台、压轮、压力调节器、片重调节器、加料斗、喂粉器、吸尘器和保护装置等。冲头随机台旋转可以自转，模盘上有一固定的饲粉器与之密接，加料斗处于它的上面，颗粒源源不断地加到饲粉器中。模盘转动一圈，每副冲模便经过刮粉器一次，加一次料压一次片。

2. 粉末直接压片法

直接压片法是指原料与适宜的辅料混合后，不经制粒而直接压片的方法，其工艺过程比较简单，有利于片剂生产的连续化和自动化。

粉末直接压片时，一次压制存在成型性差、转速慢等缺点，因而将一次压制压片机改进成二次（三次）压片机，同时为了防止粉末在饲粉器内出现空洞或流动时快时慢的现象，在饲粉器中安装振荡器或其他强制饲粉装置，以使粉末均匀流入模孔。物料经过一次压轮或预压轮（初压轮）适当的压力压制后，移至二次压轮再进行压制，由于经过二次压制，整个受压时间延长，成型性好，压成的片剂密度均匀。

多层片压片机是将组分不同的片剂物料按二层或三层堆积起来压缩成型的片剂的多层片，它适用于粉末直接压片。

三、胶囊制造技术

胶囊是指将功效成分充填于硬质空胶囊或具有弹性的软质胶囊中，制成的固体制剂。空胶囊一般以明胶为原料制成，近年来也应用海藻酸钠、聚乙烯醇、甲基纤维素等高分子材料，以改善胶囊的溶解性或达到肠溶性的要求。

胶囊不仅外形美观，易于吞服，而且还具有以下特点：

① 制备时一般不加黏合剂，在胃肠中崩解快、释放快，易于吸收，生物利用率高；

② 可掩盖功效成分的不良气味和减少刺激性；

③ 可提高功效成分的稳定性，对光和热等不稳定的物质如维生素、亚油酸等装入胶囊中，避免了受湿、光照和空气中氧化等；

④ 可将液体制成固体制剂，如含油量高、液态物或者难溶于水而溶于油的物质均可充填入胶囊中，弥补了其他剂型的不足；

⑤ 可根据不同要求制成速效、长效、缓释及肠溶胶囊。

但下列情况，不宜制成胶囊：

① 功效成分的水溶液或乙醇溶液，能溶解胶囊壁；

② 易溶性或刺激性较强的物质，因在胃中溶解后局部浓度过高，会刺激胃黏膜；

③ 易风化或潮解的物质，前者使胶囊壳变软，后者使胶囊过分干燥而变脆；

④ pH<2.5 或者 pH>7.5 的溶液，过酸可使胶囊水解而引起渗漏，过碱则使明胶革质化而不易崩解。

（一）硬胶囊

硬胶囊是将一定量的功效成分，加辅料制成均匀的粉末或颗粒充填于空胶囊中，或者将物料粉末（颗粒）直接分装于空胶囊中制成。随着技术的提高和设备的改进，近年已将油状液体、混悬液、糊状物充填于空胶囊中制成硬胶囊。

空胶囊的规格由大到小分为 000、00、0、1、2、3、4、5 号共 8 种，一般常用的是 0~5 号。由于功效成分的充填多用容积控制，而其密度、晶态、颗粒大小等不同，所占的容积也不同，所以应按剂量所占容积来选用适宜大小的空胶囊。

目前，普遍采用自动胶囊充填机来装填，充填方式主要有：

① 用柱塞上下往复将物料压进；

② 由螺旋进料器压进物料；

③ 物料自由进入；

④ 在充填管内先由捣棒将物料压成一定量后，再充填于胶囊中。

第①、②种方式适用于具有较好流动性的物料，第③种方式适用于自由流动性好的物料，第④种方式适用于聚集性较强的物料，如针状结晶或易潮解物。

（二）软胶囊

软胶囊是指将一定量的物料溶液密封于球形、椭圆形或其他各种特殊形状的软质胶囊中，也称为胶丸。组成软胶囊的囊材主要有明胶、甘油（增塑剂）、水和附加剂（如防腐剂、色素、遮光剂等）和水，软胶囊的主要特点是可塑性大、弹性大，其弹性大小取决于明胶、甘油和水三者的比例，较适宜的质量比是明胶∶甘油∶水=1∶(0.4~0.6)∶1。

1. 压制法

压制法是将明胶与甘油和水等溶解后制成胶片（胶带），再将物料置于两胶片之间，用钢模压挤胶片使物料被包裹在胶片中，形成胶丸。

采用自动旋转冲膜轧囊机压制法生产软胶囊可实现连续化生产，由机器自动制出的两条胶带，连续不断地向相反的方向移动，相对地进入两个轮状模子的夹缝处，在达到旋转模之前逐渐接近，一部分经加压而结合。此时，物料液则通过充填泵定量控制，经导管由楔形注入器注入两胶带之间。由于旋转的轮模转动，将胶带与物料液压入两模的凹槽中，使胶带呈两个半球形，遂将物料液包裹而成软胶囊，剩余的胶带即自动切割分离。此为连续自动化生产，产量大，成品率高，充填差异很小，一般要小于1%～3%。

2. 滴制法

滴制法通常制备包裹油性物料的软胶囊。用本法生产的软胶囊，也叫无缝胶丸，产量大，成品率高，充填差异小，成本较低。滴制法加工软胶囊的过程：明胶溶液与油状液分别盛于贮液槽中，通过滴制机的喷头使两种液体按不同速度由同心管喷出，明胶溶液从管的外层滴出，油状液从中心管流出，在管的下端出口处使胶滴将一定量的油状液包裹起来，胶滴立即滴入到另一种与明胶溶液不相混溶的冷却液（常用液体石蜡）中。胶滴接触冷却液后，由于表面张力作用而使之形成球形，并逐渐凝固成软胶囊，从冷却液中捞出，擦去附着的液体石蜡，再用适宜的溶媒（如乙醇等）洗去残留油质，吹干即可。

第四节 功能食品微胶囊包埋保护技术

微胶囊是通过微囊化工艺将固态、液态或气态微细核心物质包埋在一种微小而无缝的膜壳中制成密封囊状粒子。微胶囊粒子的大小一般都在5～200μm范围内，微胶囊壁厚度通常在0.2～10μm范围内。微胶囊内部装载的物料称为芯材，外部包囊的壁膜称为壁材。微胶囊化时，针对不同的芯材和用途，选用一种或几种复合的壁材进行包埋。一般来说，油溶性芯材应采用水溶性壁材，而水溶性芯材必须采用油溶性壁材。

目前微胶囊化处理主要有3种方式。

一是营养和功能强化剂微胶囊化。采用微胶囊技术能够保护被包裹的物料，使之与外界不宜环境相隔绝，达到最大限度地保持原有的色、香、味、性能和生物活性，防止营养物质的破坏与损失。例如，利用微胶囊技术包埋氨基酸后，可避免在直接添加氨基酸时给食品带来的异常味道，避免焙烤食品过度地产生美拉德反应而影响食品的品质；对维生素进行包埋，可遮掩维生素的不愉快气味，同时防止如维生素C、维生素B等的降解。食品中添加的无机盐营养强化剂，主要是铁盐、锌盐，将其微胶囊化，可消除异味、不佳的口感及对胃壁的刺激作用。

二是对生物活性物质微胶囊化。在功能性食品中常添加活性多糖、DHA、EPA、亚麻酸等生理活性物质，一般都具有不稳定性，对环境因素如光、热、氧气、pH等很敏感，易氧化分解，失去对人体的生理活性功能。若通过微胶囊包埋处理可提高功能食品的安全性和储藏性。使用微胶囊造粒技术固定酶，可使酶在食品加工过程中充分发挥其作用，防止流失，同时可改变产品的品质。在烘烤食品中，聚戊糖酶可使面团柔软，稳定性好，也可延缓面包中淀粉分子的老化，防止储存过程中变硬。脂肪酶可以改善面筋结合体的结构。

三是改善食品的品质，增加食品的种类。在新颁发的食物定量标准中奶粉每人每天25～30g，长期食用不会产生厌食的情况。利用微胶囊技术将果汁、可可、咖啡、香料、香精等包埋，既可改善乳粉的品质，使之在保质期内不结块，又可增加口味和新鲜感，消费者易接受。

近年来微胶囊技术在功能食品的生产中应用日趋广泛。例如将富含DHA、EPA的鱼油及γ-亚麻酸微胶囊化，制成胶囊品以防止发生氧化劣变，并便于加入粉状食品中进行营养强化；将维生素E玉米胚芽油及其他风味油等组成微胶囊，用以煮饭，以增强米饭的营养及香味。

一、维生素微胶囊包埋保护技术

维生素（vitamin）俗称维他命，是维持机体正常生理功能及细胞内特异代谢反应所必需的一类微量低分子有机化合物。

维生素的种类很多，其结构和理化性质也有很大的差异。但它们都具有以下共同特点：

① 它们在体内既不供给能量，也不参与机体组织的构成，主要以辅酶的形式来发挥调节机体各方面的生理功能；

② 它们都是以其本体的形式存在，大多数维生素不能在体内合成，也不能大量储存于组织中，所以必须经常由食物供给。即使有些维生素（如维生素 K、维生素 B_6）能由肠道细菌合成一部分，但也不能替代从食物获得这些维生素；

③ 它们不是构成各种组织的原料，也不提供能量；

④ 虽然每日生理需要量（仅以 mg 或 μg 计）很少，在调节物质代谢过程中却起着十分重要的作用；

⑤ 维生素常以辅酶或辅基的形式参与酶的功能；

⑥ 不少维生素具有几种结构相近、生物活性相同的化合物，如维生素 A_1 与维生素 A_2，维生素 D_2 和维生素 D_3，吡哆醇，吡哆醛，吡哆胺等。

维生素种类很多，营养学上常按其溶解性质不同可分为脂溶性维生素与水溶性维生素两大类。

脂溶性维生素包括维生素 A、维生素 D、维生素 E、维生素 K，其共同特点是：

① 化学组成仅含碳、氢、氧；

② 溶于脂肪及脂溶剂，不溶于水；

③ 在食物中与脂类共同存在，在酸败的脂肪中容易破坏；

④ 在肠道吸收时随脂肪经淋巴系统吸收，从胆汁少量排出；

⑤ 摄入后，大部分储存在脂肪组织中；

⑥ 缺乏症状出现缓慢；

⑦ 有的大剂量摄入时易引起中毒，如维生素 A 和维生素 D。

水溶性维生素包括 B 族维生素（维生素 B_1、维生素 B_2、维生素 PP、维生素 B_6、叶酸、维生素 B_{12}、泛酸、生物素等）和维生素 C，此外还有黄酮类、牛磺酸、乳清酸、辅酶 Q、肌醇等通常被称之为"类维生素"的物质。

与脂溶性维生素不同，水溶性维生素的特点是：

① 少数 B 族维生素可由肠道细菌合成，但合成数量不能满足生理需要；

② 在体内不能大量储存，且易排出体外，因此必须每天通过膳食供给；

③ 食物供给充裕，当机体饱和后，摄入的维生素必然从尿中排出；

④ 一般无毒性，但极大量摄入超过生理剂量时，常干扰其他营养素的代谢，会有一定的副作用。

按维生素缺乏的程度不同，将维生素缺乏分为临床缺乏和亚临床缺乏两种。维生素临床缺乏（即维生素缺乏症）像瘟疫一样会给人们带来灾难，往往伴随着贫困、战争、传染病而发生。亚临床维生素缺乏（也称维生素边缘缺乏）是营养缺乏中的一个主要问题，亚临床营养缺乏者体内由于维生素营养水平及其生理功能处于低下状态，使机体降低了对疾病的抵抗力，降低了工作效率和生活质量。有时也可能出现一些症状，比如食欲差、视力降低、容易疲乏等，但由于这些症状不明显、不特异，往往被人们忽略，但应对此有高度警惕性。

（一）维生素 A 微胶囊化的工艺研究

维生素 A 类（retinoids）是指含有 β-白芷酮环的多烯基结构、并具有视黄醇（retinol）生物活性的一大类物质。维生素 A 类是指维生素 A 及其合成类似物或代谢产物，狭义的维生素 A 指视黄醇，广义而言应包括已经形成的维生素 A 和维生素 A 原。动物体内具有视黄醇生物活性功能的维生素 A 称为已形成的维生素 A，包括视黄醇（retinol）、视黄醛（retinal）、视黄酸（retinoic acid）等物质，4-氧视黄酸、4-羟视黄酸等是不具有视黄醇生物活性功能的类维生素 A。在植物中不含已形成的维生素 A，在黄、绿、红色植物中含有类胡萝卜素（earotenoids），其中一部分可在体内转变成维生素 A 原。维生素 A 有维生素 A_1（视黄醇）和维生素 A_2（3-脱氢视黄醇）之分。维生素 A_1 主要存在于海产鱼中，而维生素 A_2 主要存在于淡水鱼中。维生素 A_2 的生物活性为维生素 A_1 的 40%，其促进大鼠生长的功能比维生素 A_1 小，但二者的生理功能相似。

1. 维生素 A 的生理功能

（1）维持正常视觉　维生素 A 能促进视觉细胞内感光物质的合成与再生，以维持正常视觉。人视网膜的杆状细胞内含有感光物质视紫红质。视紫红质是 11-顺式视黄醛的醛基和视蛋白内赖氨酸的 ε-氨基通过形成 Schiff 碱键缩合而成，对光敏感，当其被光照射时可引起一系列变化，经过各种中间构型，最后转变为全反式视黄醛，同时释放出视蛋白，引发神经冲动，此时即能看见物体，这一过程称为光适应。人若进入暗处，因视紫红质消失，故不能看见物像，只有当足够的视紫红质再生后才能在一定照度下见物，这一过程称为暗适应。暗适应的快慢决定于照射光的波长、强度和照射时间，同时也决定于体内维生素 A 的营养状况。

（2）维持上皮的正常生长与分化　维生素 A 在维持上皮的正常生长与分化中起着十分重要的作用，其中 9-顺式视黄酸和全反式视黄酸在细胞分化中的作用尤为重要。近来发现了两组视黄酸受体（RAR 和 RXR），RAR 受体可以和全反式或 9-顺式视黄酸结合，而 RXR 受体只能与 9-顺式视黄酸结合。在视黄酸异构体与它们的核受体结合后，既能刺激也能抑制基因表达，从而对细胞分化起到调控作用。此外，在体外试验中证明肝脏中存在着一种含视黄醇-磷酸-甘露醇的糖脂，缺乏维生素 A 可使肝脏中的这种糖脂量下降，说明维生素 A 可能通过糖基转移酶系统发挥糖基运载或活化作用，从而影响黏膜细胞中糖蛋白的生物合成及黏膜的正常结构。

（3）促进生长发育　视黄醇和视黄酸对于胚胎发育也是必需的。缺乏维生素 A 的儿童生长停滞，发育迟缓，骨骼发育不良，缺乏维生素 A 的孕妇所生的新生儿体重较轻，其作用机制有两种可能，一是引起味蕾的组织学改变或唾液分泌减少从而导致孕妇厌食；二是硫酸软骨素的合成不足从而影响胎儿骨骼的发育。

（4）抑癌作用　维生素 A 或其衍生物（如 5，6-环氧视黄酸，13-顺式视黄酸）有抑癌防癌作用，可能因为它们能促进上皮细胞的正常分化，也有阻止肿瘤形成的抗启动基因的活性。类胡萝卜素抑癌作用可能与其抗氧化性有关，它们能捕捉自由基，猝灭单线氧，提高抗氧化防卫能力。许多膳食流行病学和血清流行病学研究表明，高维生素 A 和 β-胡萝卜素摄入量者患肺癌等上皮癌症的危险性减少。

（5）维持机体正常免疫功能　一些研究结果表明，维生素 A 缺乏可影响抗体的生成从而使机体抵抗力下降。

2. 维生素 A 缺乏与过量

维生素 A 缺乏已成为许多发展中国家的一个主要的公共卫生问题。维生素 A 缺乏及其导致的干眼病患病率相当高。婴幼儿和儿童维生素 A 缺乏的发生率远高于成人，这是因为孕妇血中的维生素 A 不易通过胎盘屏障进入胎儿，故初生儿体内维生素 A 储存量低。

（1）维生素 A 缺乏　一些疾病容易引起体内维生素 A 缺乏，如麻疹、肺结核、肺炎、猩红热等消耗性疾病，由于高热，使肝中维生素 A 分解加快，而食欲不振使维生素 A 摄入减少，肠道吸收降低。胆囊炎、胰腺炎、肝硬化、胆管阻塞、慢性腹泻、血吸虫病等疾病和饮酒，可影响维生素 A 的吸收和代谢，这些情况也容易伴发维生素 A 缺乏。

维生素 A 缺乏最早的症状是暗适应能力下降，即在黑夜或暗光下看不清物体，在弱光下视力减退，暗适应时间延长，严重者可致夜盲症；维生素 A 缺乏最明显的一个结果是干眼病，患者眼结膜和角膜上皮组织变性，泪腺分泌减少，可发生结膜皱纹、失去正常光泽、浑浊、变厚、变硬，角膜基质水肿、表面粗糙浑浊、软化、溃疡、糜烂、穿孔；患者常感觉眼睛干燥、怕光、流泪、发炎、疼痛，发展下去可致失明。儿童维生素 A 缺乏最重要的临床诊断体征是毕脱斑，常出现于结膜颞侧的 1/4 处，那是脱落细胞的白色泡沫状聚积物，为正常结膜上皮细胞和杯状细胞被角化细胞取代的结果。

维生素 A 缺乏除了引起眼部症状外，还会引起机体不同组织上皮干燥、增生及角化，以至出现各种症状。比如，皮脂腺及汗腺角化，出现皮肤干燥，在毛囊周围角化过度，发生毛囊丘疹与毛发脱落，多见于上、下肢的伸侧面，以后向臀部、腹部、背部、颈部蔓延；呼吸、消化、泌尿、生殖上皮细胞角化变性，破坏其完整性，容易遭受细菌侵入，引起感染。特别是儿童、老人容易引起呼吸道炎症，严重时可引起死亡。

另外，维生素 A 缺乏时，血红蛋白合成代谢障碍，免疫功能低下，儿童生长发育迟缓。

（2）维生素 A 过量　摄入大剂量维生素 A 可引起急性、慢性及致畸毒性。急性毒性产生于一次或多次连续摄入成人推荐摄入量（RDA）的 100 倍，或儿童大于其 RDA 的 20 倍，其早期症状为恶心、呕吐、头痛、眩晕、视觉模糊、肌肉失调等。当剂量极大时，可进入嗜眠、厌食、少动、反复呕吐。慢性中毒比急性中毒常见，维生素 A 使用剂量为其 RDA 的 10 倍以上时可发生，常见症状是头痛、脱发、肝大、长骨末端外周部分疼痛、肌肉僵硬、皮肤瘙痒等。大量摄入类胡萝卜素可出现高胡萝卜素血症，易出现类似黄疸的皮肤，但停止使用类胡萝卜素，症状会慢慢消失，未发现其他毒性。

3. 维生素 A 的膳食参考摄入量

中国营养学会 2000 年修订的《中国居民膳食营养素参考摄入量》中提出维生素 A 的参考摄入量（RNI）男性为 $800\mu g$ RE，女性为 $700\mu g$ RE，UL 为 $3000\mu g$ RE。其中 RE 是视黄醇当量，表示膳食或食物中全部具有视黄醇活性物质（包括已形成的维生素 A 和维生素 A 原）的总量（μg），常用的换算关系是：

$1\mu g$ 视黄醇＝$0.0035\mu mol$ 视黄醇＝$1\mu g$ 视黄醇当量（RE）

$1\mu g \beta$-胡萝卜素＝$0.167\mu g$ 视黄醇当量（RE）

$1\mu g$ 其他维生素 A 原＝$0.084\mu g$ 视黄醇当量（RE）

4. 维生素 A 的不稳定性

维生素 A 为淡黄色油溶液，溶于脂肪或有机溶剂，但不溶于水，难以均匀地添加于食品中，在食品加工过程中易被氧化和被紫外线破坏。对酸、碱和热稳定，一般烹调和罐头加工不易破坏，但当食物中含有磷脂、维生素 E、维生素 C 和其他抗氧化剂时，视黄醇和胡萝卜素较为稳定，脂肪酸败可引起其严重破坏。将维生素 A 微胶囊化，则既能保持维生素 A 的固有特性，又能弥补其不足。

5. 维生素 A 微胶囊化的工艺研究

目前，国内外关于维生素 E 和维生素 D 的微胶囊化研究比较深入，但关于维生素 A 微胶囊的研究报道甚少。王华等人（2006）研究了复凝聚法制备凝聚液、喷雾干燥法进行干燥的维生素 A 微胶囊化的工艺，既提高了微胶囊的有效载荷，又克服了复凝聚法后处理过程难度大的缺点。以微胶囊包埋率为评价指标进行单因素及正交试验，得到最佳工艺条件为：pH 值 4.2、乳化时间 20min、芯壁比 3：1、反应温度 45℃。

（1）工艺流程　芯材（维生素）＋壁材（明胶、阿拉伯胶）$\longrightarrow$ 乳化 $\longrightarrow$ 复凝聚反应 $\longrightarrow$ 凝聚液 $\longrightarrow$ 喷雾干燥 $\longrightarrow$ 微胶囊产品

（2）操作要点　取 5g 明胶、5g 阿拉伯胶分别溶于 100mL 的蒸馏水，合并后加入 15g 的维生素 A 粉末，在避光条件下乳化，乳化温度 45～60℃。乳化液用 800mL 蒸馏水稀释，用 10％的乙酸将 pH 值调节在 4.0 至 4.6 之间，明胶与阿拉伯胶产生凝聚。于显微镜中可观察到乳粒外已包有圆形膜层时，移至 0～5℃冰水浴。然后用 10％氢氧化钠回调 pH 值至中性。制备好的预聚液静置分层，过滤，将胶囊用蒸馏水洗涤，最后进行喷雾干燥。

（二）维生素 E 微胶囊化的工艺研究

维生素 E 又名生育酚或抗不育维生素，是指含苯并二氢吡喃结构、具有 α-生育酚生物活性的一类物质。具有维生素 E 生理活性的有两类共 8 种化合物，即 α、β、γ 和 δ-生育酚（tocopherol）及 α、β、γ 和 δ-三烯生育酚（tocotrienol），其中以 α-生育酚的生物活性最大。如果以 α-生育酚的生物活性为 100，则 β-及 γ-生育酚和 δ-三烯生育酚的活性分别为 40、8 及 20；其他形式的活性更小。通常以 α-生育酚作为维生素 E 的代表进行研究。

1. 维生素 E 的生理功能

维生素 E 是一种强有效的自由基清除剂，能保护机体细胞膜及生命大分子免遭自由基的攻击，在延缓衰老、防治心血管疾病、抗肿瘤方面具有良好的效果。

（1）抗氧化作用　维生素 E 是高效抗氧化剂，在体内保护细胞免受自由基损害，可与超氧化物歧化酶（SOD）、谷胱甘肽过氧化物酶（GP）一起构成体内抗氧化系统，保护生物膜（包括细胞膜、细胞器膜）上多烯脂肪酸、细胞骨架及其他蛋白质的巯基及细胞内的核酸免受自由基的攻击。作为抗氧化剂，维生素 E 的存在能防止维生素 A、维生素 C 的氧化，保证它们在体内的营养功能。

（2）延缓衰老的作用　脂褐质（俗称老年斑）是细胞内某些成分被氧化分解后的沉积物，随着年龄增长体内脂褐质不断增加。缺乏维生素 E 的人色素的堆积比正常者高。有人认为这种色素是自由基作用的产物，而衰老过程是伴随着自由基对 DNA 以及蛋白质的破坏的积累所致。因此，维生素 E 等抗氧化剂可能使衰老过程减慢。补充维生素 E 能促进人体新陈代谢，可减少脂褐质形成，改善皮肤弹性，使性腺萎缩减轻，提高免疫能力。维生素 E 在预防衰老中的作用日益受到重视。

（3）抗动脉粥样硬化作用　动脉粥样硬化发病的一个关键机制是氧化型低密度脂蛋白的形成。低密度脂蛋白是转运维生素 E 的一个重要成分，维生素 E 的抗氧化作用可以减少氧化型低密度脂蛋白的形成。维生素 E 可抑制磷脂酶 A_2 的活性，减少血小板血栓素 A_2 的释放，从而抑制血小板的聚集。维生素 E 还能促进毛细血管增生，改善微循环，可防止动脉粥样硬化和其他心血管疾病，具有预防血栓发生的效能。

（4）保持红细胞的完整性　如果缺乏维生素 E，不饱和脂肪酸被氧化破坏，红细胞就会受到损害，可引起红细胞数量减少以及缩短红细胞的生存时间，易引起贫血，使人寿命缩短。

（5）与动物的生殖功能有关　维生素 E 与精子的生成和繁殖能力有关，缺乏时可出现睾丸萎缩及其上皮变性、发育异常。实验发现维生素 E 与性器官的成熟和胚胎的发育有关，故临床上用于治疗习惯性流产和不育症。

（6）抗癌作用　近年来发现维生素 E 具有一定的抗癌作用，能预防胃、皮肤、乳腺癌的发生和发展。维生素 E 的抗癌机制可能包括阻断致癌的自由基反应、降低诱发突变物质的活性、抑制致癌物质亚硝胺的形成、抵御过氧化物对细胞膜的攻击、刺激抑癌基因的表达、提高免疫功能等。

（7）促进蛋白质更新合成　维生素 E 可促进 RNA 更新蛋白质合成，促进某些酶蛋白的合成，降低分解代谢酶的活性，再加上清除自由基的能力，使其总的效果表现为促进人体正常新陈代谢，增强机体耐力，维持骨骼肌、心肌、平滑肌、外周血管系统、中枢神经系统及视网膜的正常结构和功能。

2. 维生素 E 的缺乏症与过多症

维生素 E 长期缺乏者红细胞膜受损，红细胞寿命缩短，出现溶血性贫血，给予维生素 E 治疗可望好转。实验动物缺乏维生素 E 时，出现氧化磷酸化障碍，耗氧量增加，氧利用效率降低。肌肉中乳酸脱氢酶（LDH）、谷草转氨酶（GOT）、磷酸化酶激酶（PK）活性降低，而血浆中却有增加。这时可出现肌肉营养障碍，组织发生退行性病变、心血管系统损害、中枢神经系统变性。最近，学者们关注正常偏低的维生素 E 营养状况对动脉粥样硬化、癌（如肺癌、乳腺癌）、白内障以及其他老年退行性病变危险性的影响，流行病学研究结果表明，低维生素 E（及其他抗氧化剂）营养状况可能增加上述疾病的危险性。

在脂溶性维生素中，维生素 E 的毒性相对较小。在动物实验中，大剂量维生素 E 可抑制生长，干扰甲状腺功能及血液凝固，使肝中脂类增加。试验研究表明长期每天摄入600mg 以上的维生素 E 有可能出现中毒症状，如视觉模糊、头痛和极度疲乏等。目前不少人自行补充维生素 E，但每天摄入量以不超过 400mg 为宜。

3. 维生素 E 的膳食适宜摄入量

中国营养学会 2000 年修订的《中国居民膳食营养素适宜摄入量》中提出维生素 E 的适宜摄入量（AI）成年男女为 14mg/d，UL 为 800mg/d。

4. 维生素 E 的不稳定性

维生素 E 呈脂溶性，溶于酒精和脂肪溶剂，不溶于水。室温下为油状液体，橙黄色或淡黄色，难以均匀地添加于食品、药品和化妆品中。对热、酸等环境比较稳定，对碱不稳定。对氧十分敏感，各种生育酚都可被氧化而成为氧化生育酚、生育酚氢醌及生育醌，这种氧化可因光的照射、热、碱以及一些微量元素如铁及铜的存在而加速。油脂酸败加速维生素 E 的破坏。食物中维生素 E 在一般烹调时损失不大，但油炸时维生素 E 活性明显降低。若将维生素 E 胶囊化成微胶囊型，则既能保持维生素 E 的固有特性，又能弥补其易氧化和不易用于水溶性产品等不足之处。

5. 维生素 E 微胶囊化的工艺研究

目前，国内外关于维生素 E 微胶囊化的研究已比较深入，一些文献报道的微胶囊化产品包埋率已达 90％以上，但其载量很低，都在 30％以下。由于添加过多的辅料，这就限制了微胶囊化维生素 E 的应用范围，特别是在医药行业的应用。汤化钢等人（2005 年）通过大量的实验，以变性淀粉为壁材、PEG400-单油酸为乳化剂，通过正交试验确定了维生素 E 微胶囊化配方和工艺为：维生素 E、变性淀粉、PEG400-单油酸、海藻酸钠的比例为 25∶30∶5∶0.6，固形物含量 30%，均质压力 30MPa，均质温度 60℃，喷雾进风温度 185～195℃，进料温度 60℃，得到了高载量、高包埋率的微胶囊化产品，其生产工艺流程如下所示。

维生素 E 油＋乳化剂——→混合

海藻酸钠＋变性淀粉＋水——→混合乳化——→均质——→喷雾干燥

（三）维生素 D 微胶囊化的工艺研究

维生素 D 类是指含环戊氢烯菲环结构、并具有钙化醇生物活性的一大类物质，以维生素 D_2（麦角钙化醇）及维生素 D_3（胆钙化醇）最为常见。前者是由酵母菌或麦角中的麦角固醇经紫外光照射后的产物，后者是人体从食物摄入或在体内合成的胆固醇经转变为 7-脱氢胆固醇储存于皮下在紫外光照射后产生的，类固醇 B 环中 5～7 位这个特定位置的共轭双键能吸收紫外线中某些波长的光量子，光照启动了一系列复杂的转化过程即生成维生素 D_3。

维生素 D 具有促进小肠对钙的吸收，使其沉积于骨基质中，抗佝偻病等生物学功能。人体获得维生素 D 有两条途径，一方面是通过皮肤合成，皮肤内的维生素 D 原（7-脱氢胆固醇）经紫外线照射后形成维生素 D_3，再由维生素 D 结合蛋白将维生素 D_3 由皮肤直接运送入淋巴循环系统，另一方面是从膳食中获得，经口摄入的维生素 D 主要由空肠和十二指肠吸收。在胆汁的帮助下，维生素 D 可达到其最佳的吸收状态，并与微小的脂肪颗粒（即乳糜微粒）结合，进入淋巴循环系统。

维生素 D_3 能够被维生素 D 载体蛋白（一种球蛋白）输送到肝脏。在肝脏中，维生素 D_3 经肝细胞线粒体中羟化酶的作用，第一次羟化成 $25\text{-OH-}D_3$（即 25-羟胆钙化醇，是维生素 D 在血液中的主要运输形式，血液中的正常含量值为 20～30ng/mL），然后附着于血浆中一种专一性的 α-球蛋白上，经血液运送入肾脏中，在线粒体的 1-羟化酶的催化下进行二次羟化为 $1,25\text{-(OH)}_2\text{-}D_3$[$1,25\text{-(OH)}_2\text{-}D_3$，它是维生素 D 活性最大的形式，在正常人血清中的含量为 25～40pg/mL]。在促进小肠吸收和运转钙方面，$1,25\text{-(OH)}_2\text{-}D_3$ 要比 $25\text{-OH-}D_3$ 快 3 倍，是维生素 D_3 的 4～13 倍。当机体需要钙和磷时，便会刺激肾脏合成 $1,25\text{-(OH)}_2\text{-}D_3$；当血浆中钙、磷浓度正常时，$1,25\text{-(OH)}_2\text{-}D_3$ 的合成又会减少。

维生素 D_2 在体内的代谢方式与维生素 D_3 相似，第一次被羟化成 $25\text{-OH-}D_2$，第二次羟化成 $1,25\text{-(OH)}_2\text{-}D_2$ 或 $24,25\text{-(OH)}_2\text{-}D_2$。

维生素 D 代谢受机体的维生素 D 营养状态、甲状腺素、血清钙磷浓度等因素的调节，其中血钙、血磷浓度是调节的主要因素。低血磷可以直接刺激肾脏 1-羟化酶的活性，而低血钙则是通过甲状旁腺素起作用。另外，生长激素、雌激素、催乳激素等也会影响维生素 D 代谢，它们可加速 $1,25\text{-(OH)}_2\text{-}D_3$ 的合成。

维生素 D 主要储存在脂肪组织和骨骼肌中，在肝脏、大脑、肺、脾脏、骨骼等中也有少量储存，但体内储存的维生素 D 比维生素 A 少得多。维生素 D 的排泄主要通过粪便排泄，少量从尿中排出。

1. 维生素 D 的生理功能

维生素 D 的最主要功能是提高血浆钙和磷的水平到超饱和的程度，以适应骨骼矿物化的需要，主要通过以下的机制。

（1）促进肠道对钙、磷的吸收 维生素 D 作用的最原始点是在肠细胞的刷状缘表面，能使钙在肠腔中进入细胞内。此外 $1,25\text{-(OH)}_2\text{-}D_3$ 可与肠黏膜细胞中的特异受体结合，促进肠黏膜上皮细胞合成钙结合蛋白，对肠腔中的钙离子有较强的亲和力，对钙通过肠黏膜的运转有利。维生素 D 也能激发肠道对磷的转运过程，这种运转是独立的，与钙的转运不相互影响。

（2）对骨骼钙的动员　维生素 D 与甲状旁腺协同使未成熟的破骨细胞前体，转变为成熟的破骨细胞，促进骨质吸收；使旧骨中的骨盐溶解，钙、磷转运到血内，以提高血钙和血磷的浓度；另一方面刺激成骨细胞促进骨样组织成熟和骨盐沉着。

（3）促进肾脏重吸收钙、磷　促进肾近曲小管对钙、磷的重吸收以提高血钙、血磷的浓度。

2．维生素 D 的缺乏症与过多症

维生素 D 缺乏导致肠道吸收钙和磷减少，肾小管对钙和磷的重吸收减少，影响骨钙化，造成骨骼和牙齿的矿化异常。婴儿缺乏维生素 D_3 将引起佝偻病；成人（尤其是孕妇、乳母和老人）缺乏维生素 D_3 可使已成熟的骨骼脱钙而发生骨质软化症和骨质疏松症。

（1）佝偻病　维生素 D 缺乏时，由于骨骼不能正常钙化，易引起骨骼变软和弯曲变形，如幼儿刚学会走路时。身体重量使下肢骨弯曲，形成"X"或"O"形腿；胸骨外凸（"鸡胸"）。肋骨与肋软骨连接处形成的"肋骨串珠"。囟门闭合延迟、骨盆变窄和脊柱弯曲。由于腹部肌肉发育不好，易使腹部膨出。牙齿方面，出牙推迟，恒牙稀疏、凹陷，容易发生龋齿。

（2）骨质软化症　成人，尤其是孕妇、乳母和老人在缺乏维生素 D 和钙、磷时容易发生骨质软化症。主要表现骨质软化、容易变形、孕妇骨盆变形可致难产。

（3）骨质疏松症　老年人由于肝肾功能降低、胃肠吸收欠佳、户外活动减少，体内维生素 D 水平常常低于年轻人。骨质疏松症及其引起的骨折是威胁老年人健康的主要疾病之一。

（4）手足痉挛症　缺乏维生素 D、钙吸收不足、甲状腺功能失调或其他原因造成血清钙水平降低时可引起手足痉挛症，表现为肌肉痉挛，小腿抽筋、惊厥等。

过量摄入维生素 D 也可引起维生素 D 过多症。维生素 D_3 的中毒表现为食欲不振、体重减轻、恶心、呕吐、腹泻、头痛、多尿、烦渴、发热；血清钙磷增高，以至发展成动脉、心肌、肺、肾、气管等软组织转移性钙化和肾结石。发现维生素 D 中毒后，首先应停服维生素 D、限制钙摄入，重症者可静脉注射 EDTA，促使钙排出。

3．维生素 D 的膳食参考摄入量

维生素 D 的供给量必须与钙、磷的供给量一起来考虑。维生素 D 的数量可用 IU 或 μg 表示，它们的换算关系是：1IU 维生素 D_3＝0.025μg 维生素 D_3。

中国营养学会 2000 年修订的《中国居民膳食营养素参考摄入量》中提出维生素 D 的参考摄入量（成人）RNI 为 5μg/d，UL 为 20μg/d。

4．维生素 D 的不稳定性

维生素 D 非常不稳定，而且难溶于水，故难以均匀地添加于食品、化妆品等水溶性产品中。

5．维生素 D_2 微胶囊化的工艺研究

李强等人（2004）以明胶和环糊精为壁材，采用凝聚法制备维生素 D 微囊，通过真空干燥制得微囊成品。研究中发现，采用真空干燥法制备的微囊粒径较小（0.1～0.5mm），稳定性好，经过 7d 的高温（60℃）加速试验，微囊中维生素 D 的含量超过 83.5％，较好地增加了维生素 D 稳定性，可以作为食品的营养添加剂。实验中利用微囊化技术，使用复凝聚法制备水溶性维生素 D 微囊，提高了维生素 D 在水中的溶解性。复凝聚法制备水溶性维生素 D 微囊的工艺路线如下所示：

壁材（明胶＋环糊精）＋水──→壁材溶液──→搅拌均匀──→烘干──→粉碎过筛──→产品

维生素 D_2 ＋乙醇──→维生素 D_2 溶液

（四）水溶性维生素 C 微胶囊化的工艺研究

维生素 C，又名抗坏血酸（ascorbic acid），为一种含 6 碳原子的酸性多羟基化合物，其分子 C-2 及 C-3 位上两个相邻的烯醇式羟基易解离而释放出 H^+，所以维生素 C 具有有机酸的性质；又因其具有防治坏血病的功能，故称为抗坏血酸。抗坏血酸在组织中以两种形式存在，即还原型抗坏血酸与脱氢抗坏血酸。这两种形式可以通过氧化还原互变，因而都具有生理活性。但当氧化型的脱氢抗坏血酸继续氧化或加水分解变成二酮基古洛糖酸或其他氧化产物后，就不能再复原而失去生理活性。抗坏血酸共有 4 种异构体，天然存在的是 L-抗坏血酸，效价最高，通常所称维生素 C 系指 L-抗坏血酸。另外 3 种异构体仅 D-异抗坏血酸有 1/20 的 L-抗坏血酸效价，其余两种 D-抗坏血酸和 L-异抗坏血酸都无活性。

维生素 C 的水溶液不稳定，在有氧存在或碱性环境中极易氧化，还原型抗坏血酸被氧化成脱氢型抗坏血酸。若进一步氧化或水解，其环状结构断裂为二酮古洛糖酸时便丧失抗坏血酸活性。铜、铁等金属离子可促进上述的反应过程。因此，有 Cu^{2+}、Fe^{3+} 存在时可加速维生素 C 的破坏。人体因缺乏古洛糖酸内酯氧化酶，自身不能合成维生素 C，必须从膳食获取。

1. 维生素 C 的生理功能

① 参与机体重要的氧化还原过程　作为重要的还原剂，维生素 C 能激发大脑对氧的利用，增加大脑中氧的含量，提高机体对缺氧和低温的耐受能力，减轻疲劳，提高工作效率和人体的应激能力。作为抗氧化剂，维生素 C 可以还原超氧化物、羟基、次氯酸及其他活性氧化物，这些氧化物可损伤 DNA，并可影响 DNA 转录、蛋白质或膜结构。此外，维生素 C 由于其还原性质，在体内可防止维生素 A、维生素 E 及不饱和脂肪酸的氧化；可使双硫键（—S—S—）还原为巯基（—SH），在体内与其他抗氧化剂如谷胱甘肽一起清除自由基，阻止脂类过氧化以及某些化学物质的危害作用；已知许多含巯基的酶在体内发挥催化作用时，需要有自由的—SH，而维生素 C 能使酶分子中—SH 维持在还原状态而使这些酶保持一定的活性；维生素 C 作为体内水溶性的抗氧化剂，可与脂溶性抗氧化剂（如维生素 E）协同作用，防止脂类过氧化。

② 参与细胞间质的形成　维持牙齿、骨骼、血管、关节、肌肉的正常发育和功能，促进伤口愈合。细胞间质胶原的形成，必须有维生素 C 参加。维生素 C 是活化脯氨酸羟化酶和赖氨酸羟化酶的重要成分，而羟脯氨酸与羟赖氨酸是胶原蛋白的重要成分，因此维生素 C 不足将影响胶原合成，造成创伤愈合延缓、毛细血管壁脆弱、引起不同程度出血（皮下、骨膜出血更为常见）、牙齿釉质和骨发育不正常、齿龈肿胀、牙齿松动等坏血病症状。

③ 维生素 C 还具有解毒作用，被誉为"万能解毒剂"　当致毒剂量的铅化物、砷化物、苯以及细菌毒素等进入体内时，给予大剂量的维生素 C，往往可缓解其毒性。这是因为维生素 C 能使体内氧化型谷胱甘肽（GSSG）还原为还原型谷胱甘肽（GSH），后者可与上述重金属等毒物结合而排出体外，从而避免了毒物与体内含巯基的酶相结合而使酶失去活性，使机体避免中毒，减轻它们对肝功能的损害。此外，维生素 C 还可以使有机药物或毒物发生羟化而起到解毒作用。

④ 人体血浆中维生素 C 水平与白细胞吞噬功能相关　维生素 C 能增加机体抗体的形成，

提高白细胞的吞噬能力，具有抗感染和防病作用。缺乏时机体抗病能力降低，易感染疾病，伤口不易愈合。

⑤ 维生素C在细胞内被作为铁与铁蛋白间相互作用的一种电子供体，可促进铁的吸收利用 维生素C可使铁保持二价状态而增加铁的吸收，参与血红蛋白的合成，临床上常用来辅助治疗缺铁性贫血。

⑥ 肾上腺皮质激素的合成与释放也需维生素C的参与 肾上腺含有高浓度的抗坏血酸，但在应激状态（激动、疲劳、温度过高或过低、外伤等）下，其含量急剧下降，推测与激素合成有关。

⑦ 促进神经递质合成 神经递质5-羟色胺及去甲肾上腺素分别由色氨酸和多巴胺合成时，都需要通过羟化酶作用才能完成，而羟化酶作用时需要维生素C参与。当维生素C缺乏时，这种神经递质合成将受到影响。

⑧ 维生素C能促进叶酸转变为有生理活性的四氢叶酸，从而可以防止巨幼红细胞贫血现象。

⑨ 维生素C还可在体内将胆固醇转变为能溶于水的硫酸盐而增加其排泄；维生素C也参与肝中胆固醇的羟化作用，形成胆酸，从而降低胆固醇含量。

⑩ 维生素C在防治癌症方面有独特功用 它能阻断致癌物亚硝胺的生成；并能减轻抗癌药物的副作用，对防治癌症有良好的效果。

2. 维生素C的缺乏症与过多症

人体所需抗坏血酸必须从食物中摄取，如果严重缺乏维生素C可引起坏血病，主要临床表现为毛细血管脆性增强，牙龈和毛囊及其四周出血，严重者还有皮下、肌肉和关节出血及血肿形成，黏膜部位也有出血现象，常有鼻出血、月经过多以及便血等。

维生素C毒性很低。但是一次口服数克时可能会出现腹泻、腹胀；患有草酸结石的病人，摄入量≥500mg/d时可能增加尿中草酸盐的排泄，增加尿路结石的危险；患有葡萄糖-6，磷酸脱氢酶缺乏的病人接受大量维生素C静脉注射后或一次口服≥6g时都可能发生溶血。

3. 维生素C的供给量

制订维生素C的供给量主要基于以下三个方面的考虑，即可以治疗和预防坏血病，补偿机体每天代谢消耗及保持机体适宜贮备。

4. 维生素C微胶囊化的工艺研究

范国梁等人（1996）进行了水溶性维生素微囊包裹研究，试验材料选用了维生素C（药用级，60～80目、EC黏度200cp）聚乙烯（PE、工业级）、环己烷（试剂级）。制备过程为取PE1.5g、EC0.6g放入盛有50mL环己烷的250mL三角瓶中，电动搅拌，转速600r/min，加热，回流，待EC与PE在环己烷中全部溶解后，加入2.4g维生素C，继续搅拌20min，后停止加热，让水浴缓慢降温，冷却至室温后倾斜倒出三角瓶中的液体，将瓶底颗粒状维生素C微囊取出后，用环己烷洗涤3次，在室温下自然放置晾干即为产品。

二、蛋清高F值寡肽微胶囊包埋保护技术

高F值寡肽混合物是由3～7个氨基酸残基所组成的混合小肽体系，在该混合物中，支链氨基酸（BCAA：Val，Ile，Leu）与芳香族氨基酸（AAA：Trp，Tyr，Phe）含量的分子数比值称为F值，这是为了纪念德国著名学者J. E. Fischer在20世纪70年代提出的"伪神经递质假说"而命名的。而高F值寡肽是指氨基酸混合物中支链氨基酸与芳香族氨基酸的比

值远高于人体中这两类氨基酸比值模式的寡肽。由于它具有独特的氨基酸组成和生理功能，已经受到食品和医药界的高度关注。

（一）蛋清高 F 值寡肽的功能特性

1. 改善病人的营养状态

肝硬化或肝性脑病病人、蛋白不耐受（protein-intolerance）的病人摄入膳食蛋白往往会出现血氨增高，频频发生肝昏迷。在临床上给予蛋清寡肽制剂，则能解决病人的蛋白营养问题，使机体出现正氮平衡，其正氮平衡的程度可达到同当量的膳食蛋白的正氮平衡程度，而且不引起肝昏迷。在病人摄入正常蛋白膳食时，血清谷丙转氨酶活性增高，摄入寡肽制剂，则血清谷丙转氨酶活力下降，血清白蛋白增加。

支链氨基酸不仅是肌肉能量代谢的底物，而且还具有促进氮储留和蛋白质合成，抑制蛋白质分解的作用。由于蛋清寡肽中含有大量的支链氨基酸，现已被广泛应用于高代谢疾病如烧伤、外科手术、脓毒血症和长期卧床鼻饲等病人的蛋白质营养补充，并取得了比较满意的效果。

高代谢病人和长期卧床鼻饲病人的代谢特点之一是蛋白质合成代谢减弱，分解代谢增强，使机体处于负氮平衡状态。同时，血浆中氨基酸模式也发生改变。临床上应用了蛋清寡肽制剂，可使机体的总体蛋白质合成得到改善，转铁蛋白和视黄醇结合蛋白明显升高。支链氨基酸调节蛋白质代谢的作用是因为 Leu-tRNA 是蛋白质合成的关键，Leu 在肌细胞中含量增高时可促进蛋白质合成。也有人认为支链氨基酸在肌肉组织中氧化脱氨，生成相应的 α-酮酸，再进入三羧酸循环氧化供能，而脱下的氨基则由丙酮酸接受，经过血液到肝脏，其氮基形成尿素，碳架经糖异生转化为糖，进入糖代谢。补充外源性支链氨基酸，可节省来自蛋白质分解的内源性支链氨基酸。

2. 抗疲劳作用

多巴胺和 5-羟色胺分别是脑内中枢兴奋性神经递质和抑制性神经递质，前者能系统地缓解肌肉紧张，使机体做好进行运动的准备，并在大脑皮层冲动的触发下发动某一动作，而脑内 5-羟色胺的作用则是通过降低中枢向外周发射神经冲动的能力来降低运动能力。在正常情况下，多巴胺与 5-羟色胺在脑内保持平衡以共同维持机体的活动，使机体协调运动。在长时间运动时支链氨基酸从血液进入运动肌氧化供能，色氨酸/支链氨基酸比值升高，游离色氨酸透过血脑屏障进入脑并增多，脑内 5-羟色胺合成增加，导致多巴胺和 5-羟色胺比例失调，致使运动机能下降，产生疲劳。

支链氨基酸不仅是供能物质，而且还能影响芳香族氨基酸入脑，脑内芳香族氨基酸数量增多，也是造成疲劳的重要因素之一。通过使用寡肽制剂补充支链氨基酸可降低蛋白质的分解，而且补充支链氨基酸可促进糖异生，可能还促使生长激素的分泌，有利于脂肪的氧化。长时间大强度运动补充支链氨基酸还可阻止血红蛋白降解，阻止马拉松跑后血浆 Gln 的下降，增强生理和心里方面适应能力，有抗中枢疲劳的作用。

支链氨基酸可明显提高大鼠游泳存活率，抑制游泳运动后大鼠的血乳酸浓度、LDH 活力、骨骼肌 LPO 的升高，抑制骨骼肌 LDH 活力和膜流动下降的趋势，还可增加 Gly 在骨骼肌蛋白质中的滞留时间，可以强化运动后骨骼肌线粒体功能，缓解运动性疲劳。

因此可见，蛋清寡肽混合物在临床可用于治疗肝性脑病，补充高付出病人的膳食蛋白营养，纠正负氮平衡，促进机体建立正氮平衡。对高强度工作者及运动员，还可及时补充能量，使机体适应高强度的工作和训练。

3. 促进矿物元素的吸收利用

许多研究都证实，蛋清寡肽能促进矿物元素的吸收和利用，它具有与金属结合的特性，主要是由于蛋清寡肽中的磷酸化丝氨酸残基可与钙、铁结合，提高了它们的溶解性，从而促进矿物元素的吸收。

研究发现，寡肽铁能自由地通过成熟的胎盘，而硫酸亚铁进入血液后，经主动转运途径，被结合于运铁蛋白而吸收，由于其相对分子质量相当大，被胎盘滤出。所以通过动物试验，将母猪饲喂寡肽铁后，母猪奶和仔猪血液中有较高的铁含量，从而也证明了蛋清寡肽的功能特性。

4. 蛋清寡肽可抑制癌细胞增殖

癌症患者对于支链氨基酸消耗较多，从而加速病情的发展。日本正幸等进行的动物试验证明，支链氨基酸在促进荷瘤大鼠肌肉蛋白合成时，对移植的占田肉瘤生长无刺激作用。目前尚无应用氨基酸制剂后病人体内肿瘤生长加速的报道。为此有人正在研究配制不平衡氨基酸输液配合化学治疗以抑制癌细胞的生长，从而达到治疗癌症的目的。

5. 治疗或缓解减轻肝性脑病

肝性脑病是指各种原因引起的急、慢性肝细胞功能衰竭，门静脉循环分流，导致来自肠道的有毒物质直接由门静脉进入体循环，并通过血脑屏障导致以大脑功能障碍为主要特征的神经精神症状运动异常等继发性神经系统疾病。对于肝性脑病的发病机理目前还未得到完全的阐明，其主要包括氨中毒、氨基酸代谢失衡、假性神经递质等，大量的动物试验和临床资料证明注射和口服寡肽混合物，可使人血液中的支链氨基酸浓度上升，纠正血脑中氨基酸含量比例失调的病态模式，有效改善精神状态，缓解氨基酸代谢失衡。

（二）蛋清高 F 值寡肽溶液的不稳定性

由于蛋清高 F 值寡肽含有大量亮氨酸、缬氨酸、异亮氨酸等氨基酸都具有抗氧化能力，一般说来肽类的抗氧化能力大于氨基酸和蛋白质，在空气中长时间放置易被氧化降解，降低生理功效，因此，对于高 F 值寡肽稳定性的研究非常关键，将直接影响到其生理活性的表达。

若直接将水解寡肽液喷雾雾化，会在一定程度上影响寡肽功能成分的活性，而且干肽粉中含有大量的支链氨基酸，如亮氨酸、色氨酸、半胱氨酸、组氨酸、赖氨酸、精氨酸、缬氨酸等，这些氨基酸有极强的持水性，因此生产出的肽粉极易吸水，变潮，易于细菌及微生物滋长，不利于肽粉的储存与利用。

（三）蛋清高 F 值寡肽微胶囊化的工艺研究

目前，国内外已开始对生产高 F 值寡肽进行了大量的研究，并对寡肽的原料及提取工艺已经有了较成熟的方法，但对于寡肽稳定性研究还很少，其应用领域和研发也只是停留在根据所制得的寡肽生理活性不同而将其制成药片、口服液、粉剂或作为功能因子添加到各种食品中以发挥其多种生理功能。例如，1996 年赵新淮利用蛋白水解酶制备大豆蛋白水解物，并用于生产酸性饮料；1997 年郭凯等发明并申请了大豆肽氨基酸口服液及其制备方法的专利；2002 年武汉天天好生物制品有限公司申请了无苦味大豆肽粉的生产工艺；武汉九生堂专家对肽包装进行了试验发现肽液的最佳包装是玻璃；用木桶装置多肽溶液，在低温条件下，能保鲜半月之久；用塑料瓶做包装的多肽口服液，在不到一年时间，发现有质变，其活性大大降低，并有异味，并提出最好的是用冷冻干燥。但是真空冷冻干燥方法成本费用高，生产出的产品价格高，所以工业生产当中常采用喷雾干燥的方法将肽粉干燥。

1. 工艺流程

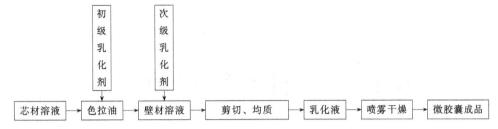

2. 操作要点

（1）初级乳化液的制备 称取一定量的寡肽溶液，加入到含有乳化剂的定量的大豆色拉油中，搅拌，混合均匀。以蛋清高 F 值寡肽溶液为研究对象，通过对 Span 和 Tween 系列乳化剂进行筛选复配，并在油中添加不同 HLB 值的复合乳化剂，以改变不同的油水比以及乳化剂的添加量，重点考察其对油包水乳状液的稳定性变化的影响程度，为深入研究多重乳状液（W/O/W）及水溶性心材微乳液的制备提供研究基础。

（2）次级乳化液的制备 将制备好的初级乳化液按照一定比例混合到定量的壁材溶液中，次级乳化液的壁材多为明胶、大豆蛋白、淀粉、麦芽糊精、β-环状糊精等物料，再加入乳化剂，搅拌混合均匀，得到次级乳化液。其中固形物含量控制在 15％～20％范围内为最优。

（3）乳化液的均质 将制备好的乳化液用高速剪切机剪切均质，得到最终乳化液。

（4）喷雾干燥处理 微胶囊方法很多，主要有喷雾冷却、挤压法、凝聚法、锐孔法、空气悬浮法、分子包接法等。而在食品工业中喷雾干燥法的应用最为广泛，它是将芯材物质分散于壁材溶液中，混合均匀，再在热气流中进行喷雾雾化，使得溶解芯材的溶剂迅速蒸发，最终得到微胶囊粉末产品。将喷雾干燥塔加热，待入口温度达到指定值时，将乳化液用蠕动泵输送到离心雾化器内，有雾化器将其分散成细小的液滴。液滴在干燥塔内与干燥的热风接触，水分迅速蒸发，壁材物质包裹在芯材的表面，形成微胶囊粉末。其工艺参数为：进风温度为 160～180℃，出风温度 95～100℃。

（5）收集微胶囊产品 干燥好的粉末通过旋风分离器达到收集器，得到了最终微胶囊产品。

第五章 功能性食品评价技术

第一节 功能性食品的功能学评价

一、功能性食品的功能学评价问题

对功能性食品进行功能学评价是功能食品科学研究的核心内容，主要针对功能性食品所宣称的生理功效进行动物学甚至是人体试验。

功能性食品必须对人体健康有某种特定的有益作用，诸如调节不正常生理功能，补充缺乏或平抑过剩的物质，遏制有害因素的侵袭，强化机体应有的功能，纠正已陷入异常的状态等。功效成分是功能食品质量的核心，是功能食品的"生命"，没有这类物质及其保健功能，就会失去功能食品的价值和意义。因此，对功能食品进行质量检测，除了感官、毒理、营养、理化、微生物等项目的检测之外，还必须检测功能因子及其保健功能。

食品中的营养成分已有较完善的检测方法。但对功能食品功效成分检测方法的研究在国内外均处于初级阶段。目前，功能性食品的功效成分主要包括活性多糖，功能性甜味剂，活性蛋白质，氨基酸与活性肽，无机盐及微量元素，维生素，活性菌，藻类，自由基清除剂，黄酮和酚类，皂苷，醇类，功能性食用色素及大蒜素，环磷酸腺苷，有机酸等。功能性食品的功效成分应与该产品保健功能相对应，并应含有其功效成分的最低有效含量，必要时应控制其有效成分的最高限量。

由于功能食品配方复杂，原料种类多，而其中的功效成分含量又很少，在大量干扰物存在的情况下就增加了功效成分检测方法的复杂性。如果采用去除杂质的办法，则同时也可能去掉部分所要检测的功效成分；如果采用提纯的方法，则所提取的功效成分能否达到一定的纯度，检测结果能否反映真实的含量，这些问题在检测中均需要认真考虑。对于功能食品功效成分的测定，有的用"药典"中的定性或定量方法。但实际上这些方法只适用于高纯度药品的检测，并不适用于功能食品中功效成分的测定。目前功能食品的生产和管理之所以比较混乱，规范性文件难于出台，其基本原因就是功效成分的检测方法不完善。为了适应功能食品开发生产与监督管理的需要，应积极研究和建立各种功效成分的测定方法。

目前，健康已成为全世界人民共同关注的主题，因此人类对安全、特效的功能性食品的开发和需求也日趋广泛。但是从国内外功能性食品开发和研究的现状看，功能性食品的特殊功效性评价与药物评价方法有很多相似之处，都是借助动物实验的分析与讨论而做出科学的结论。因为实验动物和人类之间在生理学上没有本质差异。两者都通过释放实质上相同的内分泌激素来控制它们内部的一系列生物反应过程，都从中枢神经系统和外周神经系统的神经细胞发出相似的化学传递介质，都是以相同的方式对感染或组织损伤起反应的。

二、功能学检验和评价的机构

根据《保健食品功能学检验机构认定与管理办法》的规定，功能食品的功能学评价必须由卫生部认定的机构进行。

功能学检验机构必须具备以下条件。

① 认证合格证书　功能学检验机构必须获得省级以上政府部门颁发的认证合格证书。

② 法人资格　功能学检验机构必须具有独立的法人资格，并以法人的名义出具功能学检验报告。

③ 检验人员　功能学检验机构必须拥有固定的检验人员，实验室必须有专人负责，其负责人具有副研究员（或相当职称）以上资格，并从事食品卫生或相关专业工作五年以上。检验人员的专业、数量应与申请功能学检验类别和项目相适应，检验人员必须经培训，考核合格后持证上岗。检验人员的技术培训工作由卫生部保健食品功能评价、检测和安全性毒理学评价技术中心，卫生部食品卫生监督检验所组织实施。

④ 实验室与仪器设备　功能学检验机构必须拥有与申请功能检验类别和项目相适应的实验室，拥有量值准确可靠、性能完好、按照申请功能学检验类别和项目进行检验所必需的仪器设备。

⑤ 动物实验条件　拥有与申请功能类别相适应的动物房，并取得卫生部医药卫生系统统一的二级以上《医学实验动物环境设施合格证书（动物实验条件）》，动物实验人员应取得《动物实验技术人员资格认可证》。

保健食品功能学检验机构必须向卫生部保健食品功能学检验机构认定专家组申请，并经过技术评审合格，取得卫生部颁发的《保食品功能学检验机构证书》后，方能承担保健食品功能学检验工作。

三、功能学评价的基本要求

保健食品的功能学评价程序是由卫生部卫生监督司提出，由卫生部食品卫生监督检验所《保健食品功能学评价程序和检验方法》起草小组负责起草的，规定了评价食品保健作用的统一程序和检验方法，同时也规定了评价食品保健作用的人体试食试验规程。《保健食品功能学评价程序和检验方法》中规定进行食品保健作用评价的基本要求如下。

1. 对受试样品的基本要求

① 提供受试样品的原料组成或尽可能提供受试样品的物理、化学性质（包括化学结构、纯度、稳定性等）等有关资料。

② 受试样品必须是规格化的产品，即符合既定的生产工艺、配方及质量标准，受试样品的纯度应与实际应用的相同。也就是说，送检的样品必须与工厂生产的产品一致，是上市产品的代表，真正体现今后工厂产品的全部性质和功能，至少应该是中试生产的产品，其生产工艺、配方、质量标准、形态、包装等与大生产完全相同。不能用实验室条件下得到的样品进行正式的功能学评价试验，更不允许添加生产配方中不准备添加的物质以增强其功能效果，任何弄虚作假的作法都是不允许的。

③ 提供受试样品安全性毒理学评价的资料以及卫生学检验报告，受试样品必须是已经过食品安全性毒理学评价确认为安全的食品。

特别强调：功能学评价的样品与安全性毒理学评价、卫生学检验的样品必须为同一批次（安全性毒理学评价和功能学评价试验周期超过受试样品保质期的除外）。

④ 应提供功效成分、特征成分或营养成分的名称及含量。

⑤ 如需提供受试样品违禁药物检测报告时，应提交与功能学评价同一批次样品的违禁药物检测报告。

2. 对实验动物的要求

实验动物应符合《保健食品评价程序和检验方法》的要求。根据各种试验的具体要求,合理选择动物。常用大鼠和小鼠,品系不限,推荐使用近交系动物。

动物的性别不限,可根据试验需要进行选择。动物的数量要求为小鼠每组至少10只(单一性别),大鼠每组至少8只(单一性别)。动物的年龄可根据具体试验需要而定,但一般多选择成年动物。

实验动物应达到二级实验动物要求,按国家科委规定,不符合此要求时,实验结果将不予承认。

3. 给受试样品的剂量及时间

各种试验至少应设3个剂量组,1个对照组,必要时可设阳性对照组。剂量选择应合理,尽可能找出最低有效剂量。在3个剂量组中,其中一个剂量应相当于人推荐摄入量的5～10倍。给受试样品的时间应根据具体试验而定,原则上至少1个月。

4. 对选择试验方法的要求

(1) 采用体内实验　保健功效是功能食品中一种或多种有效物质综合作用而产生的机体反应。这种反应与机体状态有关。所以功能学检测方法一般不采用体外实验,应尽可能采用活体实验。

(2) 尽可能采用人体实验　只要对人体无伤害,首选方法应是人体的临床观察或适宜的人体实验。在这种情况下必须遵守一切科学的、道德的与法制的准则,如绝对保证对被观察试验对象无健康损害,将观察试验意义、方法、目的如实告知实验对象,取得充分合作,必要时要签订有法律效力的合作协议,明确双方各自的权利和义务等。

(3) 从动物实验结果推到人体的合理性　用动物试验开展功能学检测时,必须论证该项动物试验结果外延于人的合理性。由于功能食品与普通食品的本质区别是其有调节机体功能的作用,因此,功能性食品的特殊保健功能必须进行动物或(和)人体功能试验,证明其具有明确、稳定的保健作用。

此外,《保健食品功能学评价程序和检验方法》中指出,评价食品保健作用时需要考虑到以下因素。

① 人的可能摄入量除一般人群的摄入量外,还应考虑特殊的和敏感的人群(如儿童、孕妇及高摄入量人群)的摄入量。

② 人体资料　由于人与动物之间存在着的种属差异,在将动物试验结果应用到人时,应尽可能收集人群服用受试样品后的效应资料,若体外或体内动物试验未观察到或不易观察到食品的保健效应或观察到不同效应,而有关资料提示对人有保健作用时,在保证安全的前提下,应进行必要的人体试食试验。

③ 在将本程序所列试验的阳性结果,用于评价食品的保健作用时,应考虑结果的重复性和剂量反应关系,并由此找出其最小有作用剂量。

④ 食品保健作用的检测及评价应由卫生部认定的保健食品功能学检验机构承担。

《保健食品功能学评价程序和检验方法》中对下列内容进行了附加说明:

① 进行未列入本程序范围的保健食品功能学评价时,应由保健食品的研制生产者提出检验及评价方法,经保健食品功能学检验机构验证及卫生部食品卫生监督检验所组织专家评审,报卫生部批准后方可列入本程序;

② 程序中无明确判定方法的人体试食试验结果,可由负责试验单位组织专家组(至少五人),按本程序提出的原则要求共同予以评价,并提出判定结果。

四、影响功能学评价结果的因素

1. 动物实验中的个体反应差异

不同动物个体在实验中的反应受遗传和环境等复杂因素的影响，尽管遗传基因是决定生物性状的物质基础，但个体发育中，基因作用的表现受环境的影响。实验动物的一个性状的正常发育不仅需要一组完善的基因，亦需要正常的环境。动物的性状表现与遗传和环境因素密切相关。正是由于不同个体之间存在性状差异，对来自动物实验所施加的一定处理，不同动物表现出个体反应的差异。

动物实验或生物检定是对动物性状演出型施加一定的处理，动物实验或生物检定最终是要观察和测定性状的演出型，要使其结果具有可靠性和再现性，非控制决定性状的演出型不可。动物对实验处理的反应可以用式(5-1)表示，其中 A、B、C 属遗传因素，而 D 是环境因素，与动物的总反应是正相关。必须尽量减小 D 的变化，尽量排除实验处理以外的影响，以求得演出型的稳定。对实验动物而言，为保持一致的演出型，一般要采用遗传控制（genetic control）、疾病控制（disease control）和环境控制（environmental control）。

$$R=(A+B+C)\times D+E \tag{5-1}$$

式中，R 表示实验动物的总反应；A 表示动物种的共同反应；B 表示品种及品系特有的反应；C 表示个体反应（个体差异）；D 表示环境影响；E 表示实验误差。

2. 影响动物实验结果准确性的因素

影响动物实验结果的因素很多，大致可以分为两大类，即主观因素和客观因素。

主观因素是针对于实验者本身而言，属于人为的，与实验者操作熟练程度、责任心和判断能力有关。如人类在对实验动物饲养管理、试验处理或技术操作过程中，对动物实验结果的准确性有很大的影响。在饲养动物的身上能反映出饲养管理者的性格。认真操作的人与粗糙马虎的人之间，所饲养的动物质量是不相同的。在幼龄与成熟期受到良好饲养的大鼠，在体重的增加和骨骼的发育方面都比较好，对应激的抵抗性也比较高。有人用大鼠探讨应激与休克反应有关的试验，结果发现，饲养人员不移动笼箱而仅仅在室内操作时，对血液性状的测定值无影响。但是，将笼箱从饲养架上放到实验台上超过 1min 后采血时，其血糖值、丙酮酸、乳酸都有明显的增加，经乙醚麻醉后采血时所测的上述值增加更明显。

客观因素来自于动物、环境和仪器设备等方面。就动物本身和环境条件而言，环境因素主要包括气候因素、理化因素、营养因素、居住因素、同种动物间因素和异种动物间因素等方面；而动物因素则包括遗传因素、性别因素、年龄因素和疾病因素等方面。如果想有效地控制这些因素，其难度远远超过理化实验。

因此，对于以动物实验的结果为依据进行抗疲劳性功能食品功效特性评价时，必须要严格控制影响实验结果准确性的主观因素和客观因素，才能保证评价结果的可靠性和准确性，并提高其实验结果的重现性。

五、功能学检验的程序和方法

功能学评价实验应严格按照《保健食品功能学评价程序和检验方法》进行。《保健食品功能学评价程序和检验方法》规定了评价食品保健作用的详细试验程序和方法。

（一）延缓体力疲劳（抗疲劳）

1. 延缓体力疲劳作用的功能学评价方法

卫生部 1996 年公布《保健食品功能学评价程序和检测方法》中规定的抗疲劳作用的基

本实验项目、实验原则和结果判定的规定如下。

(1) 实验项目　运动实验项目包括负重游泳试验、爬杆试验等。

生物化学指标测定项目包括血乳酸含量、血清尿素氮含量、肝/肌糖原比值测定等。

(2) 实验原则　运动实验与生化指标检测相结合。在进行游泳、爬杆实验前，动物应进行初筛。除以上生化指标外，还可检测血糖、乳酸脱氢酶、血红蛋白以及磷酸肌酸等。

(3) 结果判定　若 1 项以上（含 1 项）运动实验和 2 项以上（含 2 项）生化指标为阳性，即可以判断该受试物具有抗疲劳作用。

卫生部于 1999 年又公布了如下补充规定：

① 明确乳酸测定必须有 3 个时间点，分别为游泳前、游泳后立即及游泳后休息 30min；血乳酸的判定以升高幅度和消除幅度为判定标准，升高幅度小于对照组或消除幅度大于对照组均可判定为该项指标阳性；

② 抗疲劳评价标准中考虑增加 a. 游泳实验 3 个剂量组阳性，一项生化指标阳性；b. 游泳实验阳性，两项生化指标阳性。符合上述两项之一者可判定该受试物有抗疲劳作用。

2. 动物实验在延缓体力疲劳作用功效评价中存在的问题

以动物实验评价抗疲劳作用较人体实验有许多便利之处，不仅可以直接进行有损伤性指标的测定，而且还可以直观地进行指标评价。但是从目前研究领域现状分析可知，动物实验方法及评价体系的不完善会严重影响评价结果的客观性和可靠性。以受试小鼠为例说明，具体表现在以下几个方面：

① 受试小鼠的品种各异　目前选用较多是 NIH 小鼠、昆明小鼠、云南小鼠、SD 大鼠、Wistar 大鼠等；

② 受试小鼠的性别各异　动物实验中有的是单以雄性或雌性开展实验研究的，有的是按照规定选择雌雄各半进行实验；

③ 受试小鼠的体重和月龄不均一；

④ 受试小鼠有训练不训练之别，即使训练，但时间不一；诸如动物造模上，有的以跑台者或爬杆方式训练，而应用最多的还是游泳训练；

⑤ 受试小鼠游泳有负重与不负重之别，即使负重，但重量不一；

⑥ 受试小鼠水温控制不一，一般控制在 25～30℃ 范围内；

⑦ 受试小鼠游泳方式有以单缸或水槽进行；

⑧ 受试时间长短有仅 1 天，或 10～15 天，或 30 天等不同；

⑨ 受试获取数据时，有以力竭（运动下沉 10s）、死亡、半数致死之异。

总之，若以受试动物游泳实验评价其抗疲劳作用特性时，对上述内容应予标准化和规范化，以满足抗疲劳特性食品的开发和评价的要求，满足国际市场的竞争需要。

(二) 延缓衰老作用

1. 试验项目

(1) 动物试验　动物试验项目包括生存试验、过氧化脂质含量测定、抗氧化活力测定等。

① 生存试验

a. 小鼠生存试验

b. 大鼠生存试验

c. 果蝇生存试验

② 过氧化脂质含量测定

a. 血或组织中 MDA（过氧化脂质降解产物丙二醛）含量测定

b. 组织中脂褐质含量测定

③ 抗氧化活力测定

a. 血或组织中 SOD（超氧化物歧化酶）活力测定

b. 血或组织中 GSH-Px（谷胱甘肽过氧化物酶）活力测定

（2）人体试食试验

① 血中 MDA 含量测定

② 血中 SOD 活力测定

③ 血中 GSH-Px 活力测定

2. 试验原则

衰老机制比较复杂，迄今尚无一种公认的衰老机制学说，因而无单一、简便、实用的衰老指标可供应用，应采用尽可能多的试验方法，以保证试验结果的可信度。

动物试验，除上述生存试验、过氧化脂质含量测定、抗氧化酶活力测定 3 个方面各选一项必做外，应多选择脑、肝组织中单胺氧化酶（MAO-B）活力测定等指标加以辅助。

生存试验是最直观、最可靠的实验方法，果蝇具有繁殖快、饲养简便等优点，通常多选果蝇做生存试验，但果蝇种系分类地位与人较远，故必须辅助过氧化脂质含量测定及抗氧化活力测定才能判断是否具有延缓衰老的作用。

生化指标测定应选用老龄鼠，除设老龄对照外，最好同时增设少龄对照，以比较受试样品抗氧化的程度，必要时可将动物试验与人体试食试验相结合综合评价。

3. 结果判定

① 若大鼠或小鼠生存试验为阳性，即可判定该受试样品具有延缓衰老的作用。

② 若果蝇生存试验、过氧化脂质和抗氧化酶 3 项指标均为阳性，即可判定该受试样品具有延缓衰老的作用。

③ 若过氧化脂质和抗氧化酶两项为阳性，可判定该受试样品具有抗氧化作用，并提示可能具有延缓衰老作用。

（三）提高缺氧耐受力功能（耐缺氧）

根据卫生部 1996 年公布的《保健食品功能学评价程序和检测方法》中规定的提高缺氧耐受力功能作用基本试验项目和结果判定的规定如下。

（1）试验项目　小鼠常压耐缺氧实验；

（2）结果判定　耐缺氧实验阳性，说明该受试物具有耐缺氧作用。

卫生部 1999 年《保健食品功能学评价程序和检测方法》又公布了耐缺氧作用基本试验的补充规定如下。

① 小鼠常压耐缺氧实验中用 6～8 周（18～20g）小鼠作为实验动物。

按体重随机分为 1 个对照组和 3 个剂量组，人每千克体重日推荐摄入量的 10 倍为其中一个剂量，另外 2 个剂量根据受试物的具体情况，在这个剂量基础上，上下浮动。经口连续给予受试物 20～30 天，于末次给予受试物后 1h，将各组小鼠分别放入盛有 15g 钠石灰的 250mL 广口瓶内（每瓶只放 1 只小鼠），用凡士林涂抹瓶口，盖严，使之不漏气，立即计时，以呼吸停止为指标，观察小鼠因缺氧而死亡的时间。

② 增加亚硝酸钠中毒试验、急性脑缺血性缺氧试验。

③ 结果判定。3 项试验中 3 项试验结果阳性，可判定有耐缺氧作用。

④ 采用方差分析处理数据。受试物组与对照组比较，存活时间延长，统计差异有显著

性（$P < 0.05$），则判定该受试物具有提高缺氧耐受力作用。

（四）改善记忆作用

（1）试验项目

① 动物试验　动物试验项目主要包括跳台试验、避暗试验、穿梭箱试验、水迷宫试验等。

② 人体试食试验　人体试食试验项目主要包括韦氏记忆量表、临床记忆量表等。

（2）试验原则

① 试验应通过训练前、训练后及重测验前 3 种不同给予受试样品的方法观察其对记忆全过程的影响。

② 应采用一组（2 个以上）行为学试验方法，以保证试验结果的可靠性。

③ 人体试食试验为必做项目，并应在动物试验有效的前提下进行。

④ 除上述试验项目外，还可以选用嗅觉厌恶试验、味觉厌恶试验、操作式条件反射试验、连续强化程序试验、比率程序试验、间隔程序试验。

（3）结果判定　动物试验两项或两项以上的指标为阳性，且两次或两次以上的重复测试结果一致，可以认为该受试样品具有改善该类动物记忆作用。人体试食试验结果为阳性，则可认为该受试样品具有改善人体记忆作用。

（五）改善视力功能

（1）试验项目（人体试验）

① 一般健康状况临床检查；

② 眼部自觉症状；

③ 视力、屈光度、暗适应检测。

（2）试验原则　排除眼外伤、感染、器质性病变及其他非保健食品所能纠正的眼疾人群。

（3）结果判定

① 试验组试验前后比较和试验后试验组与对照组比较。

② 眼部症状积分提高，裸眼视力提高，屈光度 OD 值降低 0.50 以上，暗适应恢复或改善，一般健康状况无异常，检测结果判定受试样品有改善视力功能。其中，裸眼视力提高两行以上为有效、3 行以上为显著。

（六）改善睡眠

（1）试验项目（动物试验）

① 体重；

② 睡眠时间；

③ 睡眠发生率；

④ 睡眠潜伏期；

⑤ 观察指标。

被检样品在阈值上限剂量有催眠作用下是否延长睡眠时间；在阈值下限剂量作用下是否缩短入睡时间。

（2）试验原则

① 体重及另三项为必测项目。

② 观测被检样品对巴比妥或戊巴比妥等催眠剂在阈值上限、下限剂量时的催眠作用。

（3）结果判定　体重以外三项检测项目中两项为阳性，检测结果判定为有改善睡眠功能。

（七）改善营养性贫血

1. 试验项目

（1）动物试验

① 体重；

② 血红蛋白；

③ 红细胞压积；

④ 血清铁蛋白；

⑤ 红细胞游离原卟啉；

⑥ 组织细胞铁。

（2）人体试验

① 体重；

② 血红蛋白；

③ 红细胞压积；

④ 血清铁蛋白；

⑤ 红细胞游离原卟啉。

2. 试验原则

① 所列项目均为必测项目；

② 人体可增加测一般健康指标；

③ 贫血按现行临床标准诊断。

3. 结果判定

（1）动物试验中若②项为阳性，而③、④、⑤、⑥四项中任一项为阳性，则检测结果判定为阳性。

（2）人体试食试验中若②项为阳性，而③、④、⑤四项中任一项为阳性，则结果判定为有改善营养性贫血功能。

（八）改善胃肠道功能

改善胃肠功能表现在多方面：保护胃黏膜、改善胃肠道菌群、促进消化吸收、润肠通便等功能。

1. 保护胃黏膜功能

（1）试验项目

① 动物试验　胃黏膜损伤情况包括损伤面积、溃疡情况。

②人体试食试验　胃部症状、体征、胃镜或 X 射线钡餐检查胃黏膜情况。

（2）试验原则

① 人体试食试验为必做项目；

② 人体试食试验还可增加检测一般健康状况指标。

（3）结果判定

① 动物试验中胃黏膜损伤情况有明显改善，判定为阳性；

② 人体试食试验中胃部症状、体征明显改善，胃黏膜损伤症状好转，可判定为有保护胃黏膜功能。

2. 改善胃肠道菌群功能

（1）试验项目

① 动物试验　检测双歧杆菌、乳杆菌、肠球菌、肠杆菌、产气荚膜梭菌。

② 人体试食试验　检测双歧杆菌、乳杆菌、肠杆菌、产气荚膜梭菌。

（2）试验原则

① 动物与人体所列检验项目均为必做项目，肠道菌群以 cfu/g（粪便）计。

② 人体试验为必做项目，还可以加测一般健康指标。

③ 动物可用正常动物或肠道菌群紊乱动物模型。

（3）结果判定　动物试验和人体试食试验结果中：

若双歧杆菌、乳杆菌明显增加，肠球菌、肠杆菌增加但幅度小于双歧杆菌、乳杆菌的增幅，产气荚膜梭菌减少或无变化；

若双歧杆菌、乳杆菌明显增加，而产气荚膜梭菌减少或无变化，肠球菌、肠杆菌无变化。

以上两项中一项符合即可判定有改善胃肠道菌群功能。

3. 促进消化吸收功能

（1）试验项目

① 动物试验　体重、食物利用率、胃肠运动试验、消化酶活性、小肠吸收试验。

② 人体试食试验　食欲、食量、胃胀腹感、大便性状与次数、体征症状、体重、血红蛋白、胃肠运动试验、小肠吸收试验。

（2）试验原则

① 动物试验与人体试验中的所列项目均为必做项目，人体试验还应增加一般健康指标。

② 针对纠正儿童食欲不良或成人消化不良者可从所列项目中选择重点项目。

（3）结果判定

① 动物实验中胃肠运动试验、消化酶活性、小肠吸收试验 3 项中任意一项为阳性，则检测结果判定为有促进消化吸收功能。

② 针对纠正儿童食欲不振时，重点观察人体试验中食欲、食量明显增加，体重、血红蛋白项中有一项为阳性，则检测结果判定为有促进消化吸收功能。

③ 针对成人消化不良时，项目中体征症状、胃肠运动试验、小肠吸收试验项中有一项为阳性，则检测结果判定为有促进消化吸收功能。

4. 润肠通便功能

（1）试验项目　动物试验中体重、小肠吸收实验（小肠推进速度）、排便时间、粪便质量或粒数、粪便性状。

（2）试验原则

① 制造便秘动物模型，与正常对照动物一起试验。

② 不得引起动物腹泻。

（3）结果判定　动物实验中粪便质量或粒数明显增加，小肠吸收试验、排便时间中任一项为阳性，检测结果判定为有润肠通便功能。

（九）调节血糖作用

1. 试验项目

（1）动物实验

① 高血糖模型动物的空腹血糖值、糖耐量试验；

② 正常动物的降糖试验。

（2）人体试食试验　空腹血糖值、糖耐量试验、胰岛素测定、尿糖测定。

2. 试验原则

（1）建立高血糖动物模型，常用四氧嘧啶作为建模药物。

（2）人体试食试验是必做项目。

在动物学试验有效基础上并对受试样品的食用安全性作进一步的观察后进行。试验人群为Ⅱ型糖尿病患者，除测定规定的指标外，应加测一般健康指标。

3. 结果判定

（1）动物试验有一项指标为阳性，可判定受试样品具有调节血糖作用。

（2）人体试食试验的空腹血糖值、糖耐量试验两项指标中有一项为阳性，胰岛素又未升高，则可判定受试样品具有降血糖作用。

（十）调节血压作用

1. 试验项目

（1）动物实验　体重、血压。

（2）人体试验　血压、心率、症状与体征。

2. 试验原则

（1）所列动物与人的项目必测，人体可加测一般健康指标。

（2）动物试验可用高血压模型和正常动物。

（3）人体试验可在治疗基础上进行。

3. 结果判定

（1）试验动物血压下降，对照动物血压无变化，检测结果判定为阳性。

（2）人体血压下降，症状体征改善，检测结果判定受试样品有调节血压功能。其中，舒张压下降 2.7 kPa（19 mmHg），收缩压下降 4kPa（30 mmHg）以上为有效。

舒张压恢复正常或下降 2.8kPa（20 mmHg）以上为显效。

（十一）辅助降血脂作用

1. 试验项目

（1）动物实验项目　包括体重、血清总胆固醇、甘油三酯、高密度脂蛋白胆固醇等。

（2）人体试食试验项目　包括血清总胆固醇、甘油三酯、高密度脂蛋白胆固醇等。

2. 试验原则

（1）动物试验和人体试食试验所列指标均为必测项目。

（2）动物试验选用脂代谢紊乱模型法，预防性或治疗性任选一种。

用高胆固醇和脂类饲料喂养动物可形成脂代谢紊乱动物模型，再给予动物受试样品或同时给予受试样品，可检测受试样品对高脂血症的影响，并可判定受试样品对脂质的吸收、脂蛋白的形成、脂质的降解或排泄产生的影响。

（3）在进行人体试食试验时，应在对受试样品的食用安全性作进一步的观察后进行。

选择单纯血脂异常的人群，保持平常饮食，半年内采血两次，如两次血清总胆固醇（TC）均为 5.2～6.24 mmol/L 或血清甘油三酯（TG）均为 1.65～2.2mmol/L，则可作为备选对象。受试者最好为非住院的高血脂症患者，自愿参加试验。

受试期间保持平常的生活和饮食习惯，空腹取血测定各项指标。但年龄在 18 岁以下或65 岁以上者，妊娠或哺乳期妇女，对功能性食品过敏者，并有心、肝、肾和造血系统等严重疾病，精神病患者，短期内服用与受试功能有关的物品会影响到对结果的判断者，未按规定食用受试样品而无法判定功效和资料不全影响功效和安全性判断者不可作为人体试食试验对象。

3. 结果判定

(1) 动物实验

① 辅助降血脂结果判定。在血清总胆固醇、甘油三酯、高密度脂蛋白胆固醇 3 项指标检测中，血清总胆固醇和甘油三酯两项指标为阳性，可判定该受试样品具有辅助降血脂作用。

② 辅助降低甘油三酯结果判定。甘油三酯两个剂量组结果为阳性；甘油三酯一个剂量组结果为阳性，同时高密度脂蛋白胆固醇结果为阳性，可判定该受试样品具有辅助降低甘油三酯作用。

③ 辅助降低血清总胆固醇结果判定。血清总胆固醇两个剂量组结果为阳性；血清总胆固醇一个剂量组结果为阳性，同时高密度脂蛋白胆固醇结果为阳性，可判定该受试样品具有辅助降低血清总胆固醇作用。

(2) 人体试食试验　三项指标检测结果判定：

血清总胆固醇和甘油三酯两项指标为阳性，可判定该受试样品具有辅助降血脂作用；

血清总胆固醇、甘油三酯两项指标中任一项指标为阳性，同时高密度脂蛋白胆固醇结果为阳性，可判定该受试样品具有辅助降低血清总胆固醇或辅助降低甘油三酯作用。

(十二) 调节免疫力作用

1. 试验项目

(1) 动物试验

① 脏器/体重比值测定，包括胸腺/体重比值、脾脏/体重比值等。

② 细胞免疫功能测定，包括小鼠脾淋巴细胞转化实验、迟发型变态反应等。

③ 体液免疫功能测定，包括抗体生成细胞检测、血清溶血素测定等。

④ 单核-巨噬细胞功能测定，包括小鼠碳廓清试验、小鼠腹腔巨噬细胞吞噬鸡红细胞试验等。

⑤ NK 细胞活性测定

(2) 人体试食试验

人体试食试验包括 4 项：

① 细胞免疫功能测定　外周血淋巴细胞转化试验；

② 体液免疫功能试验　单向免疫扩散法测定 IgG、IgA、IgM；

③ 非特异性免疫功能测定　吞噬与杀菌试验；

④ NK 细胞活性测定。

2. 试验原则

要求选择一组能够全面反映免疫系统各方面功能的试验，其中细胞免疫、体液免疫和单核-巨噬细胞功能 3 个方面至少各选择 1 种试验，在确保安全的前提下尽可能进行人体试食试验。

3. 结果判定

在一组试验中，受试样品对免疫系统某方面的试验具有增强作用，而对其他试验无抑制作用，可以判定该受试样品具有该方面的免疫调节效应；对任何一项免疫试验具有抑制作用，则可判定该受试样品具有免疫抑制效应。

在细胞免疫功能、体液免疫功能、单核-巨噬细胞功能及 NK 细胞功能检测中，如有两个以上（含两个）功能检测结果为阳性，即可判定该受试样品具有免疫调节作用。

（十三）抗辐射作用

1. 试验项目

本功能试验研究是以动物学试验为研究基础。

（1）亚急性试验

① 30d 存活率或平均存活时间；

② 白细胞总数。

（2）亚慢性或慢性试验

① 小鼠睾丸染色体畸变试验；

② 小鼠骨髓细胞微核试验。

2. 试验原则

较高剂量一次辐射，选择亚急性试验；小剂量多次辐射，选择亚慢性或慢性试验。

3. 结果判定

① 亚急性试验项目中两项结果为阳性，则可判定该受试样品对较高剂量一次辐射有拮抗作用。

② 亚慢性或慢性试验中两项结果为阳性，则可判定该受试样品对小剂量多次辐射有拮抗作用。

（十四）抗突变作用

1. 试验项目

（1）Ames 试验或 V_{79} 细胞基因突变试验

（2）小鼠骨髓细胞微核试验

（3）小鼠睾丸染色体畸变试验

2. 试验原则

Ames 试验与 V_{79} 细胞基因突变试验任选一项，采用体外与体内试验相结合的原则。

3. 结果判定

抗突变三项试验中有两项为阳性时，则可判定该受试样品具有抗突变作用。

（十五）对化学性肝损伤有保护作用

1. 试验项目

动物试验项目包括：

① 体重；

② 谷丙转氨酶（ALT）；

③ 谷草转氨酶（AST）；

④ 肝组织病理。

2. 试验原则

（1）所列项目均为必测项目。

（2）还可加测肝中丙二醛、谷胱甘肽（CSH）、甘油三酯等。

3. 结果判定

肝组织病理为阳性，②、③项中任一项为阳性，检测结果判定为具有对化学性肝损伤的保护作用。

（十六）增加骨密度、改善骨质疏松

1. 试验项目

（1）动物试验　动物试验项目包括骨钙含量或骨密度、钙的吸收率等。

（2）人体试验　人体试验项目包括骨密度、症状体征，相关功能（如肾功能）与生化指标（如血、尿、钙、磷、碱性磷酸酶等）。

2. 试验原则

（1）若受试物为含钙样品，检测骨密度。

（2）若受试物为钙营养素或含钙食品，要测定骨密度及骨钙含量。

（3）若受试物为其他的钙源样品及未批准钙源样品要测钙吸收率。

（4）动物试验除所列项目外，还可测骨质量、骨皮质厚、骨小梁、骨磷含量等。

（5）人体可加测一般健康指标。

3. 结果判定

（1）试验动物骨钙含量及骨密度增加，钙吸收率不低于碳酸钙对照，检测结果判定为阳性。

（2）人体骨密度增加，症状体征改善，结果可判定受试样品有改善骨质疏松功能。

（十七）抑制肿瘤作用

1. 试验项目

（1）动物诱发性肿瘤试验

（2）动物移植性肿瘤试验

（3）免疫功能试验

① NK 细胞活性测定；

② 单核-巨噬细胞功能测定。

2. 试验原则

动物诱发性肿瘤试验及动物移植性肿瘤试验两项中任选一项，同时必做两项免疫功能试验。

3. 结果判定

动物诱发性肿瘤试验及动物移植性肿瘤试验两项试验中有一项为阳性，并且对免疫功能无抑制作用，则可判定该受试样品具有抑制肿瘤作用。

（十八）促进泌乳功能

1. 试验项目

（1）动物实验　泌乳量、仔鼠的发育状况（如体重与身长）等。

（2）人体试食试验　泌乳量、母乳质量（乳汁蛋白质含量、脂肪含量）、婴儿生长发育状况等。

2. 试验原则

（1）上述所列项目均为必测项目。

（2）人体试验还可选用母体乳房感觉、乳儿其他发育指标、乳汁质量指标。

3. 结果判定

（1）动物试验中泌乳量增加，与对照组相比仔鼠体重、身长增加明显，结果判定为阳性。

（2）人体试食试验中泌乳量增加，而婴儿身高、体重增加，乳汁质量改善等不低于对照组，试验结果判定为具有促进泌乳功能。

（十九）促进排铅作用

1. 试验项目

（1）动物试验 以醋酸铅给实验组和对照组，或用醋酸铅制造动物铅中毒模型，检测指标包括体重、血铅、骨铅、肝铅和脑铅。

（2）人体试验 检测血铅、尿铅。

2. 试验原则

（1）动物可加测其他组织铅含量及血液生化指标。

（2）人体可观察症状及一般健康指标。

（3）人体血铅、尿铅可多次测定，以观察其动态变化。

3. 结果判定

（1）动物骨、肝等组织中铅含量下降，检测结果判定为阳性。

（2）人体尿铅排出量增加，检测结果判定受试样品有促进排铅的功能。

（二十）促进生长发育作用

1. 试验项目

以动物学试验为研究基础。

（1）胎仔情况 包括活胎数、雌雄比例、死胎数、分娩胎仔总数。

（2）体重及食物利用率 记录出生时及出生后 4 天、7 天、14 天、21 天、30 天、60 天幼鼠的体重，计算断乳后幼鼠的食物利用率。

（3）生理发育指标 记录耳廓分离、门齿萌出、开眼、长毛、阴道开放、睾丸下降时间。

（4）神经反射指标 平面翻正、前肢抓力、悬崖回避、嗅觉定位、听觉警戒、负趋地性、回旋运动、视觉发育、空中翻正、游泳发育。

2. 试验原则

（1）给受试样品的时间可根据具体情况选择在母鼠孕期或哺乳期至成年期。

（2）在神经反射指标中应选择一组（5 个以上）的行为学试验方法，以保证结果的可靠性。

3. 结果判定

在胎仔情况、体重及食物利用率、生理发育、神经反射 4 类指标中有 3 类以上（含 3 类）指标为阳性，可认为受试样品有促进生长发育的作用。

（二十一）减肥作用

1. 减肥原则

（1）不单纯以减轻体重为标准，应以减少/消除机体内多余脂肪为标准。

（2）每日营养素的摄入量应当基本保证机体正常生命活动的需求。

（3）对机体健康无明显损害。

2. 试验项目

（1）动物试验（首先建立动物肥胖模型） 动物试验包括体重测定、体内脂肪质量测定两个主要项目。

（2）人体试食试验（必做项目） 主要测定体重、体重指数、腰围、腹围、臀围、体内脂肪含量等指标的变化情况。

3. 试验原则

在进行减肥试验时，除上述指标必须检测外，还应进行机体营养状况检测、运动耐力测试以及与健康有关的其他指标的观察。

4. 结果判定

动物试验与人体试食试验相结合综合进行评价受试样品的减肥效果。

（1）在动物试验中，体重及体内脂肪质量两个指标均为阳性，并且对机体健康无明显损害，即可初步判定该受试样品具有减肥作用。

（2）在人体试食试验中，体内脂肪量显著减少，且对机体健康无明显损害，可判定该受试样品具有减肥作用。

（二十二）清咽作用

1. 试验项目

（1）动物试验

① 大鼠棉球植入试验；

② 大鼠足趾肿胀试验。

（2）人体试食试验

观察咽部症状、体征。

2. 试验原则

（1）大鼠棉球植入试验和大鼠足趾肿胀试验任选其一。

（2）动物实验和人体试食试验为必做试验项目。

（3）在进行人体试食试验时，应对受试样品的食用安全性作进一步的观察后进行。选择慢性咽炎人群，主观症状有咽痛、咽痒、咽干、干咳、异物感等。

3. 结果判定

（1）大鼠棉球植入试验或大鼠足趾肿胀试验结果为阳性，可判定受试样品具有清咽作用。

（2）人体试食试验中咽部症状、体征明显改善，症状、体征的改善率明显增加，可判定受试样品具有清咽作用。

（二十三）美容作用

美容表现在多方面，具体功能应予明确。

1. 祛痤疮功能

（1）人体试验项目　痤疮数量、皮脂分泌、皮肤损害状况。

（2）结果判定

① 人体试验所列 3 项指标中 2 项为阳性，且不产生新痤疮，检测结果判定受试样品有祛痤疮功能。

② 皮脂分泌减少，不产生新痤疮，其他两项指标虽无明显改善，可认为受试样品有减少皮腺分泌作用。

2. 祛黄褐斑功能

（1）人体试验项目　黄褐斑面积、黄褐斑颜色。

（2）结果判定　黄褐斑面积与颜色有改善，且不产生新黄褐斑，检测结果判定受试样品有祛黄褐斑功能。

3. 祛老年斑功能

（1）试验项目

① 动物试验　测定过氧化脂质（如脂褐质）含量、抗氧化酶（SOD、GSH-Px）活性、皮肤羟脯氨酸含量。

② 人体试验　测定老年斑面积/数量、老年斑颜色、过氧化脂质含量、抗氧化酶（SOD、GSH-Px）活性。

（2）试验原则

① 所列动物及人体试验项目均为必测项目。

② 人体试验还应加测一般健康指标。

（3）结果判定

① 动物试验中 3 项指标中若 2 项为阳性，检测结果判定为阳性。

② 人体试验时老年斑面积/数量、颜色明显改善；SOD、GSH-Px 活性有一项为阳性，可判定受试样品有祛老年斑功能。

4. 保持皮肤水分、油脂和 pH

（1）人体试验项目　皮肤水分、皮肤油脂、皮肤 pH 等。

（2）试验原则　所列项目均为必测项目。

（3）结果判定　皮肤水分及油脂保持、皮肤 pH 测定为阳性，检测结果判定受试样品有保持皮肤水分、油脂和 pH 功能。对皮肤水分及油脂保持也可分别测定。

5. 丰乳功能

（1）人体试验项目　乳房体积、体重、体内脂肪含量、性激素的测定。

（2）试验原则

① 用多种方法测乳房体积，保证结果准确；

② 所列项目必测外，还应做乳腺钼靶 X 射线摄像及测定一般健康指标；

③ 检测受试样品是否含性激素。

（3）结果判定　乳房体积增加，体重与体内脂肪含量无明显变化，性激素在正常水平，检测结果判定受试样品有丰乳功能。

第二节　功能性食品的毒理学评价

一、毒理学评价的主要内容

毒理学评价分为 4 个试验阶段和试验内容。

第一阶段：急性毒性试验

急性毒性试验是经口急性毒性测定 LD_{50}，联合急性毒性。了解受试样品的毒性强度、性质和可能的靶器官，为进一步进行毒性试验的剂量和毒性判定指标的选择提供依据。

第二阶段：遗传毒性试验

遗传毒性试验是对受试样品的遗传毒性以及是否具有潜在致癌作用进行筛选，包括传统致畸试验和短期喂养试验。遗传毒性试验组合必须考虑原核细胞和真核细胞、生殖细胞与体细胞、体内和体外试验相结合的原则。

1. 致畸试验

致畸试验是了解受试样品对胎仔是否具有致畸作用的试验。而短期喂养试验是对只需进行第一、二阶段毒性试验的受试样品，在急性毒性试验的基础上，通过 30 天喂养试验，进一步了解其毒性作用，并可初步估计最大无作用剂量。

（1）细菌致突变试验　鼠伤寒沙门菌/哺乳动物微粒体试验为首选项目，必要时可另选和加选其他试验。

（2）小鼠骨髓微核率测定或骨髓细胞染色体畸变分析。

（3）小鼠精子畸形分析和睾丸染色体畸变分析。

（4）其他备选遗传毒性试验：V79/HGPRT 基因突变试验、显性致死试验、果蝇伴性隐性致死试验，程序外 DNA 修复合成（UDS）试验。

（5）传统致畸试验。

2. 短期喂养试验

短期喂养试验是经 30 天喂养试验，如受试样品需进行第三、四阶段毒性试验者，可不进行本试验。

第三阶段：亚慢性毒性试验

亚慢性毒性试验包括 90 天喂养试验、繁殖试验、代谢试验等。

（1）90 天喂养试验　观察受试样品以不同剂量经 90 天喂养试验后，对动物的毒性作用性质和靶器官的变化情况，并初步确定最大无作用剂量。

（2）繁殖试验　了解受试样品对动物繁殖及对仔代的致畸作用，为慢性毒性和致癌试验的剂量选择提供依据。

（3）代谢试验　了解受试样品在体内的吸收、分布和排泄速度以及蓄积性，寻找可能的靶器官。为选择慢性毒性试验的合适动物种系提供依据，了解有无毒性代谢产物的形成。

第四阶段：慢性毒性试验（包括致癌试验）

了解长期接触受试样品后出现的毒性作用，尤其是进行性或不可逆的毒性作用，以及致癌作用。最后确定最大无作用剂量，为受试样品能否应用于食品的最终评价提供依据。

二、影响毒理学评价的因素

对于已在食品中应用了相当长时间的物质，对其接触群体进行流行病学调查，具有重大意义，但往往难以获得剂量-反应关系方面的可靠资料，对于新的受试样品，则只能依靠动物试验和其他试验研究资料。然而，即使有了完整和详尽的动物试验资料及一部分人类接触者的流行病学研究资料，但由于人类的种族和个体存在差异，也很难做出能保证每个人都安全地评价。所谓绝对的安全，实际上是不存在的。

（1）特殊和敏感群体的可能摄入量和人体资料　除一般群体的摄入量外，还应考虑特殊和敏感群体，如儿童、孕妇及高摄入量群体。

（2）动物毒性试验和体外试验资料　在试验得到阳性结果，而且结果的判定涉及到受试样品能否应用于食品时，需要考虑结果的重复性和剂量-反应关系。

（3）结果的推论　由动物毒性试验结果推论到人身上时，鉴于动物、人的种属和个体之间的生物特性差异，一般采用安全系数高的方法，以确保对人的安全性。安全系数通常为100 倍。但可根据受试样品的理化性质、毒性大小、代谢特点、接触的群体范围、食品中的使用量及使用范围等因素，综合考虑增大或减小安全系数。

（4）代谢试验的资料　代谢研究是对化学物质进行毒理学评价的一个重要方面，因为不同化学物质、剂量大小、在代谢方面的差别，往往对毒性作用影响很大。

在毒性试验中，原则上应尽量使用与人具有相同代谢途径和模式的动物种系来进行试验。研究受试样品在实验动物和人体内吸收、分布、排泄和生物转化方面的差别，对于将动物试验结果比较正确地推论到人身上，具有重要意义。

（5）综合评价　在进行最后评价时，必须权衡受试样品可能对人体健康造成的危害与其可能的有益作用。评价的依据不仅是科学试验资料，而且与当时的科学水平、技术条件以及社会因素。因此，随着时间的推移、情况的不断改变、科学技术的进步和研究工作的不断进展，对已通过评价的化学物质需进行重新评价，做出新的结论。

总之，对功能性食品根据上述材料进行毒理学最终评价时，应全面权衡和考虑实际可能，从确保发挥该受试样品的最大效益以及对人体健康和环境造成最小危害的前提下做出结论。

第六章　功能性有效成分检测和鉴伪

在功能性食品的研制中，有的是选用了天然生物活性成分含量丰富的食品原料进行深加工，有的是从天然食品中提取纯化出生物活性物质作为添加剂加到传统食物载体及膳食补充剂中，为生物活性物质的应用提出了良好的前景。为了便于功能食品监督和管理，《功能食品功效成分及检测方法规范》中给出了不同类样品应提供的功效成分和特征成分（见表6-1）。

表 6-1　部分功能活性成分和特征成分一览表

功能食品种类	功效成分/特征成分	功能食品种类	功效成分/特征
营养素补充	产品中标示的或强化的营养素	植物油类	脂肪酸、维生素 E
五加科参类	皂苷	动物油类	脂肪酸
多糖类（灵芝、蘑菇等）	膳食纤维	初乳类	免疫球蛋白
冬虫夏草菌丝体	腺苷	鹿血类	蛋白质、氨基酸
红景天类	红景天苷	蚂蚁类	锰、蛋白质
芦荟类	芦荟苷	蚯蚓类	蚓激酶
大蒜类	大蒜素	蛇、蝎类	蛋白质、氨基酸
螺旋藻类	蛋白质、胡萝卜素、维生素 B_1、维生素 B_2	角鲨烯	角鲨烯
茶叶类	茶多酚	蜂皇浆	10-羟基葵烯酸
魔芋类	膳食纤维	蜂花粉、蜂胶	总黄酮
纤维素类	膳食纤维	甲壳质产品	脱乙酰度
磷脂类	丙酮不溶物、乙醚不溶物等	蛋白质、氨基酸制品	蛋白质、氨基酸
红曲类	洛伐它汀	褪黑素类	褪黑素

第一节　同类普通食品的检验

一、感官检验

食品感官检验是按一定标准严格挑选检查人员，对食品的感觉程度以打分等方法量化，组织与检查采用双盲法等。功能食品的感官检查既有敏感的方法学意义，又有重要的生理学意义。因此，感官性状完全可以作为制定功能食品卫生合格与否的根据，不必等待食品毒理与食品微生物检验结果，即可判定是否允许食用。

二、理化检验

一般理化性质的检验项目主要有酸度、pH、温度、粒度（粉碎程度）、折射率、黏度、黏弹性、硬度、疏松性、保水性、相对密度等。

三、营养成分的分析检验

凡食品均含有营养成分，但一种食物不可能具有人体所需的各种营养素。因此在谈功能食品时除了必须有"功效成分"外，还应有一定的营养成分。能为人体提供主要营养的是三大营养素，即蛋白质、脂肪和碳水化合物。此外还有很多微量营养素包括维生素和常量及微量元素。这些营养素在人体内缺乏时就导致疾病，在适当时能保持人体健康，在充裕时能促进健康，此外还能预防一些疾病的发生。营养学上公认的一些营养素除了具有营养作用外，还能起到保健作用，也就是功能食品中的"功效成分"。例如，当前功能食品中常用的有维生素 A、维生素 E、维生素 C 和胡萝卜素以及微量元素硒，它们有抗氧化的作用；维生素 D 和钙有预防骨质疏松和增加骨密度的作用；维生素 A、维生素 C 以及蛋白质等还有增加机体免疫力的作用；磷脂和 DHA 有改善记忆和降低血脂的作用等。功能食品中的营养成分已有较完善的检测方法。

化学组成与营养成分分析的项目内容范围如下。

（1）简化的食物基本成分全分析 包括水分、粗蛋白质、粗脂质、总碳水化合物、灰分的检测。

（2）有营养意义的营养成分全分析 包括水分、蛋白质、非蛋白氮、各种游离氨基酸、蛋白质中必需氨基酸和其他的 α-氨基酸、粗脂肪、甘油三酯、胆固醇、磷脂质衍生物、亚油酸、亚麻酸、花生四烯酸、饱和脂肪酸、多不饱和脂肪酸、总碳水化合物、还原糖、蔗糖、某些有意义的单糖、双糖、寡聚糖、糊精、淀粉、糖原、粗纤维、不消化碳水化合物（膳食纤维）、钾、钠、钙、镁、硫、磷、氯、铁、锌、氟、碘、硒、铜、锰、铝、钴、铬、镍、硅、锡、钡、其他有意义的无机盐和微量元素、视黄醇、β-胡萝卜素、胆钙化醇、麦角钙化醇、α-生育酚、有意义的其他生育酚和三烯醇、硫胺素、核黄素、烟酸、有意义的其他 B 族维生素、总抗坏血酸、还原型抗坏血酸、食物能量（实测或计算的）。

（3）一类或几类、一种或几种营养素分析 营养素共分六类，即蛋白质、脂质、碳水化合物、无机盐与微量元素、维生素、膳食纤维，共包含几十种物质。根据工作需要只分析其中一类或几类，一种或几种，是工作中常见的。

（4）非营养素的食物成分分析 很多有生物效应或营养效应，赋予该食物以特殊作用的物质，如植物性食物中的类黄酮、皂苷、植物固醇、鞣酸、色素、芳香物质、茶碱、咖啡因、呈味物质；动物性食品中的含氮浸出物、肽类、核苷酸等；还有一些不知名的物质。这些物质的种类、化学组成、在食品中存在的形式、直至对人体的作用，都是既有理论意义，又有应用价值，也是功能食品检验中要探讨的内容。

四、有毒和有害成分的分析检验

同普通食品一样，对功能食品中可能出现的有毒、有害成分也要进行检测，确保其含量不得超过国家规定的标准，保证其卫生安全。

有毒、有害成分的分析检验的内容包括以下 6 个方面：

① 砷、铅、汞、铜等有害金属成分的分析；

② 以粮豆为原料的功能食品进行黄曲霉毒素 B_1 及农药残留量的检验；

③ 油脂类功能食品进行酸价、过氧化物、羰基价、非食用油成分的检验；

④ 酒精为原料或赋型剂的功能食品（如药酒等）要进行甲醇、杂醇油、醛类等检验；

⑤ 饮料或口服液等要进行防腐剂、酸度、甜味剂等项目的检验；

⑥ 其他。

检验方法均按国家标准方法进行。

五、食品微生物检验

功能食品是由动、植物原料加工制得，含有多种营养成分，适合微生物繁殖生长。另外，功能食品的加工、运输或储存过程中不可避免地会受到微生物的污染。微生物（细菌、霉菌、酵母等）往往作为食品受污染的指标来衡量该食品的安全程度，还有一些微生物能产生毒素，对人的健康威胁更大。功能食品与普通食品一样，必须进行食品卫生微生物的检验，来评价和判定该食品的清洁度、可食性、污染程度、可能有的微生物污染及危害性等。检验项目为菌落总数、大肠菌群、致病菌及霉菌含量等项目。

检验方法均按下列国家标准方法进行。

GB 7718—1994 食品标签通用标准

GB 13432—1992 特殊营养食品标签

GB 14880—1994 食品营养强化剂使用卫生标准

GB 14881—1994 食品企业通用卫生规范

GB 2760—1996 食品添加剂使用卫生标准

GB 4789.2—1994 食品卫生微生物学检验菌落总数测定

GB 4789.3—1994 食品卫生微生物学检验大肠菌群测定

GB 4789.4—1994 食品卫生微生物学检验沙门菌检验

GB 4789.5—1994 食品卫生微生物学检验志贺菌检验

GB 4789.10—1994 食品卫生微生物学检验金黄色葡萄球菌检验

GB 4789.11—1994 食品卫生微生物学检验溶血性链球菌检验

GB 4789.15—1994 食品卫生微生物学检验霉菌和酵母计数

GB/T 5009.11—1996 食品中总砷的测定方法

GB/T 5009.12—1996 食品中铅的测定方法

GB/T 5009.17—1996 食品中总汞的测定方法

GB 14882—1994 食品中放射物质限制浓度标准

第二节　功能性食品的功能活性成分检验

根据《保健食品评审技术规程》第二十条的规定：申报功能食品，应提供产品功效成分的含量测定报告。其中，属单一功效成分的应提供该成分含量测定报告；属多组分产品，则提供主要功效成分含量测定报告；在现有技术条件下，不能明确功效成分的，则须提交食品中与保健功能相关的原料名单及含量。在这些报告中，还应提供功效成分检验的方法。

一、对功效成分检验方法的要求

选用检验方法的原则简介如下。

（1）尽量选用国家标准或行业标准规定的方法　在功能食品功效成分检验中，尽量选用国家标准或行业标准规定的方法。因为载入国家标准、行业标准、部颁标准或省级地方标准的检测方法都是经过多家单位应用并证明比较可靠的方法，又经过专家审查确认，测定结果比较可信。

（2）注意方法的专属性和可控性　要尽量选择专属性、针对性强的方法，避免其他成分的干扰。同时，要注意选择操作简单、仪器易得、灵敏度和准确度高、重复性好的方法。

（3）注意方法的先进性　尽量采用先进的检验方法代替传统的手工操作方法。先进的仪器分析法一般速度快、用样量少、灵敏度高，更适于生产企业的质量监控。可采用的检验方法有容量法、质量法、比色法、分光光度法、气相色谱法、高效液相色谱法、薄层扫描法、荧光光度法、综合定量法以及生物测定法等。

二、自行建立测定方法的考察项目

自行建立的测定方法或引用有关标准所载的方法，由于样品品种不同而需要在操作上进行调整时，必须进行方法学的考察。有些列入国标的测定方法，其测定样品符合标准的要求，在操作上又未改变的，可以不做方法学考察。

自行建立测定方法的考察项目如下。

① 提取、分离、纯化的条件和方法。

② 测定条件的选择　如比色、薄层色谱法的最大吸收波长；液相色谱的固定相、流动相、内标物；薄层扫描的扫描条件等。

③ 线性关系的考察　比色法应制备标准曲线，确定取样量并计算含量；色谱法一般均采用对照品比较法，还应考察浓度与峰面积或峰高是否成线性关系。

④ 测定方法的稳定性　不管采用什么方法进行测定，应对测定方法进行稳定性考察，以确定适当的测定时间。

⑤ 重现性试验　利用所拟定的方法对同一批样品进行多次平行测定，一般是 5 次以上，计算相对标准偏差（RSD），一般应低于 5％。

⑥ 回收率测定　一般采用加样回收方法，测定 5 次以上，计算平均回收率，回收率一般要求在 95％～105％。

⑦ 灵敏度考察　测定方法应考察最小检出限度，要求具有较高的灵敏度，由于各种有效成分含量和性质不同，其灵敏度要求也不同。一些膳食推荐量很低的成分，其检出灵敏度要求要高，如硒、铬等。

三、功效成分的常用检验方法

目前，我国功能食品中与保健作用有关的成分主要有皂苷（人参皂苷、红景天皂苷、绞股皂苷等）、多糖（虫草多糖、灵芝多糖、香菇多糖、枸杞多糖等）、低聚糖、总黄酮、L-肉碱、卵磷脂、10-羟基葵烯酸、角鲨烯、花青素、茶多酚、大蒜素、褪黑素、洛伐他汀、SOD、多肽、核甘酸、牛磺酸、不饱和脂肪酸（γ-亚麻酸、DHA、EPA）、维生素和无机盐、膳食纤维、双歧杆菌、乳酸杆菌等。

国内对于功能食品检测多采用液相色谱法和气相色谱法。其优点是能快速、准确地分析功效成分明确的物质，如洛伐他汀、褪黑素、DHEA，10-羟基-α-葵烯酸、β-胡萝卜素、吡啶甲酸铬、L-肉碱等。薄层色谱法用于定性鉴别，如总蒽醌化合物、前花青素、葡萄籽提取物等。比色法也较广泛地用于功效成分的检测，如总黄酮、茶多酚、人参皂苷、红景天苷、绞股蓝皂苷、黄芪甲苷、粗多糖、SOD 等，但特异性相对较差。表 6-2 中列出了部分功能食品功效成分的检测方法。

表 6-2　功能食品中功效成分及其检测方法

功　效　成　分	检　测　方　法
氨基酸	氨基酸测定仪色谱法,HPLC 法
粗多糖	比色法、HPLC 法
低聚糖	HPLC 法
葡聚糖	HPLC 法或苯酚-硫酸比色法
几丁聚糖	比色法(Ehrlich 试剂法测定氨基葡萄糖)
皂苷	薄层层析法,分光光度法
红景天苷	HPLC 法
芦荟苷	HPLC 法
免疫球蛋白	放射免疫法,单向免疫扩散法
低分子肽	高效毛细管电泳仪测定法或凝胶电泳法
大豆磷脂	丙酮不溶物,乙醚不溶物
卵磷脂	乙醇可溶物,HPLC 法(高效液相色谱法)或等效方法
脂肪酸	GC 法
角鲨烯	GC 法,HPLC 法
10-羟基 α-癸烯酸	HPLC 法
膳食纤维	AOAC-酶重量法
β-胡萝卜素	HPLC 法
维生素 A、维生素 E	HPLC 法
总黄酮	HPLC 法、薄层层析法、比色法
胆汁酸	薄层层析法、糠醛反应比色法
甲酸	GC 法
腺苷	薄层层析法、HPLC 法(测虫草素或腺苷)
茶多酚	薄层层析法、分光光度法
大蒜素	HPLC 法、薄层层析法(定性实验)
卟啉酸	比色法
褪黑素	HPLC 法
洛伐它汀(lovastation)	HPLC 法、薄层层析法、分光光度法
总萜内酯(银杏叶)	GC 法
L-肉碱	HPLC 法
去氢表雄酮(DHEA)	HPLC 法
大豆异黄酮	HPLC 法、分光光度法(需大孔树脂纯化样品)

　　国内外专家对功效成分的检测方法十分关注,多年来致力于这方面的研究,使功能食品的检测技术大大向前发展。但是面对繁多的功能食品,目前的检测方法还远远不能满足检测和研制工作的需要,有相当一部分功效成分已明确知道其结构特点、功能作用,但苦于分离条件的不足,不能对其检测。目前已知黄酮类有 4000 多种化学结构,但其中只有一部分具有生理功能,由于现有的检测方法比较粗浅,不能确切地表明功效成分的含量。

第三节　功能活性成分的纯度检查

　　对于大多数功能活性成分来说,纯度实际上是一定相对分子质量范围内的均一组分,难以用通常化合物的纯度标准来衡量,因为即使纯品其微观也并不均一。因此,最好的纯度标准是建立多项指标,每一项指标测定不同的特性。近年来,随着色谱技术的不断发展,应用也较方便,建议至少用两种以上色谱技术来证明样品的纯度。

　　从功能性动植物的基料中经提取精制后得到的功能活性成分的纯度取决于其性质、结构的确定和功能评定结果的可信性,因此纯度的测定是绝对不可忽略的环节。

一、已知功能活性成分分子式的纯度检验

我国生产的化学试剂一般分为实验试剂（L. R.）、化学纯（C. P.）、分析纯度（A. R.）和优级纯（G. R.）。此外，还有光谱纯试剂、色谱纯试剂、基准试剂、生物试剂等。通常，如果功能活性成分是已知分子式的化合物，纯度可参照化学试剂的纯度，通常要求纯度达到 A. R. 以上或 98% 以上（指该功能活性成分在物质中的含量）。对这类已知分子式的功能活性成分纯度（含量）的检查，较为简单，可参照相关方法。

二、对聚合或复（缀）合物功能活性成分的纯度检验

对于聚合或复（缀）合物来说，纯度是指在较窄的相对分子质量范围内在干物质中的含量。大多数功能活性成分都属于此类（如蛋白多糖、多肽等）。对纯度的要求，根据具体情况处理。通常认为，在多柱的色谱测定中为单峰（色谱纯）。因此这类未知结构的功能活性成分常用色谱法检查纯度。

① 树脂柱检查纯度　使用两种以上的极性不同的大孔树脂柱检查纯度，如果用于鉴定的多柱均只出现单峰，说明该未知功能活性成分有极高的纯度，可用此产物做性质、结构确定和功能评定；如出现多峰，通过面积归一化，可略知产物的纯度（注意：溶剂峰不能列入计算范畴）。

② 高效液相色谱（HPLC）检查纯度　高效液相色谱法具有塔板数高、分辨率高、选择性好等特点，能有效地检查出产物的纯度。

③ 其他方法检查纯度　使用纸色谱法、薄层色谱法、电泳等其他色谱法检查纯度。

第四节　功能性食品的稳定性检验

一、功能食品稳定性检验的必要性

根据《保健食品评审技术规程》第二十一条的规定，功能食品必须进行产品稳定性考察。产品的稳定性是评价其质量的重要指标之一，是核定产品保质期的主要依据。必须对功能食品稳定性进行检验，其原因主要体现在以下几个方面。

① 保健食品从生产出工厂经流通渠道最终到达消费者手中短则需 2～3 个月，长则要半年以上。如果其内在质量达不到在一个相对较长的时间内保持恒定不变，则可能会发生质量劣变，消费者食用了变质的食品，不仅达不到保健目的，而且可能对身体健康造成危害。

② 功能食品主要由有机原料组成，易遭受细菌或其他微生物污染，微生物在大量营养物质存在下，在适宜温湿度条件下，就会繁殖生长，造成产品变质。

③ 有一些功效成分，在一定条件下也会发生分解或转化，影响功能食品的功能。

④ 不适当的储存也易于造成物理性能的改变，如潮解、粘连、硬化、香味逸散、液体食品浑浊、沉淀、颜色改变等。

总之，所有以上的生物、化学、物理性能的改变，都称为功能食品稳定性改变，都将严重影响功能食品的质量，影响其营养、功能和安全。因此，功能食品必须进行产品稳定性检验。

二、功能食品稳定性检验的方法

将定型包装的产品置于温度 37～40℃ 和相对湿度 75% 的条件下，选择能代表产品内在

质量的指标，每月检测一次，连续3个月，如指标稳定，则相当于样品可保存两年。有条件的申请者，还可选择常温条件下进行稳定性检验，周期1年，此法较前者更可靠。

三、稳定性检验的要求

（1）检测批次与指标　稳定性检验至少应对三批样品进行观察，所有代表产品内在质量的指标均应检测，这些指标应与产品质量标准制定的指标相一致，包括颜色、状态、气味、味道、含水量、微生物指标等。

（2）功效成分的稳定性　有明确功效成分的产品，必须提供功效成分的稳定性资料，功效成分在保存期间应保持稳定。

（3）包装材料的稳定性　应注意直接与产品接触的包装材料对产品稳定性的影响，主要考察颜色变化、口味改变、溶解、浸渗、黏结以及是否与食物成分发生化学反应。

（4）检验机构　产品稳定性检验应由省、市、自治区卫生防疫部门或卫生部指定的检测机构进行。

第五节　功能活性成分的鉴伪

对功能活性成分的鉴伪检验主要包括两大类，即营养成分和一些存在于天然食品中的具有特殊生物活性的成分。营养成分和功效成分相辅相成，共同促进健康。对营养成分和功效成分的基础研究不仅是探讨和研制功能食品的理论基础，也是监督产品质量、鉴别产品真伪的有效方法。

一、相对分子质量的测定

大多数的功能活性分子是由各种基团组成的更为复杂的复（缀）合物。由C、H、O、N、P、S等组成的有机大分子，它们具有不均一性，所以它的相对分子质量的测定比较困难。通常所测定的相对分子质量只能是一种统计平均值，代表相似链长的平均分布，给出相对分子质量的分布范围、数均相对分子质量（$\overline{M}_n$）、重均相对分子质量（$\overline{M}_w$）。往往用不同方法会测得不同相对分子质量。

功能活性分子相对分子质量测定的常用方法有超离心法、渗透压法、黏度法等，这些方法比较麻烦且误差很大。亦有利用自动元素分析仪测定，然后通过推导计算分子量。实验室中简单易行的方法是凝胶法，对于水溶性活性成分可用高效凝胶渗透色谱法；对于非水溶性活性成分用高效凝胶过滤色谱法。

高效凝胶色谱法是根据在凝胶柱上不同相对分子质量的活性成分与洗脱体积成一定关系的特性，先用各种已知相对分子质量的活性成分制成标准曲线，然后根据样品的洗脱体积从曲线中求得相对分子质量。高效凝胶色谱法具有快速、高分辨率和重现性好的优点。虽然可能会由于标准品和样品结构上的差异，凝胶柱对样品可能产生的吸附作用，样品在柱上的扩散、浓度、黏度和测试温度的影响给测定带来误差，但高效凝胶色谱法所具有的优点仍是其他方法无法比拟的，因此已得到越来越多的应用。下面以香菇多糖的分子量测定方法为例进行说明。

香菇多糖为水溶性多糖，可采用凝胶渗透色谱（CPC）法测定相对分子质量。该法也适合于其他水溶性功能活性成分相对分子质量的测定。

（1）色谱条件

色谱柱 TSK G5000PW（7.5m×30cm，17μm）。

流动相 0.2mol/L 磷酸缓冲液（pH 值 6.0），流速 1.0mL/min

检测器 示差折光检测器。

Pullulan 系列相对分子质量标准物 P-800（$\overline{M}_w$ 870000）、P-400（$\overline{M}_w$ 432000）、P-200（$\overline{M}_w$ 186000）、P-50（$\overline{M}_w$ 48000）、P-20（$\overline{M}_w$ 23700）。

（2）相对分子质量标准曲线制作 以相对分子质量对数对其保留时间作图。

① 待测物相对分子质量测定 以其保留时间从重均相对分子质量标准曲线中查出。

② 待测物相对分子质量分布范围（纯度） 从起峰保留时间和峰底保留时间可大致了解相对分子质量的分布范围；从重均相对分子质量和数均相对分子质量求出多分散系数 d（$d=\overline{M}_w\overline{M}_w/\overline{M}_n$）可了解待测物的纯度。分散系数愈接近 1，相对分子质量分布愈窄，纯度愈高。

（3）香菇多糖的相对分子质量 采用凝胶渗透色谱（GPC）法测定香菇蛋白多糖三个级分相对分子质量，以相对分子质量对数对其保留时间作图，得到以 Pullulan 为参考的相对分子质量标准曲线，则三个级分相对分子质量即为可知。

二、组成特征的研究

功能活性分子中的各种功能基团的组成、比例决定了活性成分的性质和功能，弄清活性成分结构、结构与功效的关系有重要的意义。如香菇多糖和灰树花多糖都是真菌多糖，它们之间的功能特性的差异与它们含有的多糖和氨基酸的种类、组成比例、连接方式等有很大的关系。以蛋白多糖中单糖组成分析方法——气相色谱法为例简单概述。

① 多糖的水解及衍生 采用糖腈乙酰酯衍生物气相色谱法测定单糖。操作步骤：取蛋白多糖样品 10mg 置于安瓿管中，加入 2mL、2mol/L 三氟醋酸，真空封管后置于 110℃ 水解 2h，冷却后以玻璃棉过滤，然后减压蒸干残余的三氟醋酸。在水解物中加入 2mg 肌醇六乙酰酯作为内标物，分别加入 10mg 盐酸羟胺及 1mL 无水吡啶，溶解后在 90℃ 反应 30min，冷却至室温，加入 1mL 无水醋酸酐于 90℃ 水浴中反应 30min，冷却后加入 1mL 水搅拌，然后用氯仿萃取 3 次，合并氯仿层，减压抽干后加入 1mL 氯仿溶解进行气相色谱分析。

② 色谱条件 OV-1701 石英毛细管柱（0.32mm × 30m），内径 0.32μm；N_2 为载气，流速 50mL/min，分流比 1：50；氢火焰离子化检测器，H_2 为 59.8kPa，空气为 49KPa；进样口温度 250℃；柱温采用程序升温，从 0～6.6min 为 205℃，然后以 20℃/min 的速率升至 230℃。

③ 标准曲线的制作 以各标准单糖（葡萄糖、鼠李糖、阿拉伯糖、木糖、甘露糖、半乳糖、岩藻糖）进样前的浓度为横坐标，单糖与内标的峰面积比为纵坐标作线性回归，计算出回归方程与相关系数。

④ 通过蛋白多糖中单糖的摩尔比计算，得到单糖测定的回归方程。

⑤ 参照标准单糖色谱图，分析组成相同而摩尔比不同，其功能特性上的差异。

三、活性成分的结构鉴定

研究功能活性成分的功能需要熟知它们的结构，特别是它们的空间结构。结构决定功能，有什么样的结构就有什么样的功能，两者是统一的。功能活性成分的结构一直受到研究工作者的关注，是功能活性成分研究的热门课题。

简单地说，功能活性成分的一级结构是指一个无空间概念的一维结构。如脂蛋白，它的一级结构应包括肽链、脂链是以何种方式接在哪些残基上。真菌多糖是一个蛋白多糖，它的一级结构的研究应包括肽链以及糖链的氨基酸、单糖的种类、组成、组成比例、各残基的连接方式等。

功能活性成分的二级结构是指局部骨架形成的构象。构象是指组成一个分子的各个原子和基团间的相对位置。由于分子中的单键的旋转，分子中的一些原子和基团的相对位置有所改变，形成多种构象。构象之间的互变，是非共价键的变化，而共价键并没有变换。如蛋白多糖中，二级结构是研究肽链骨架、糖链骨架的构象。将局部的肽、糖链骨架形成的空间构象与其他无规则的组成链接，构成完整的立体结构，则是蛋白多糖的三级结构。因此，蛋白多糖的二级结构是构成三级结构的部件。

从目前发表的论文来看，一些功能活性分子如蛋白多糖的结构研究大多集中在一级结构的研究上。只有少部分开展了二级结构的研究，三级结构难度较大，研究论文还不多。但是随着科学技术的飞速发展，现代分析仪器的不断更新，二、三级结构的研究将会成为热门的课题。

四、功能活性成分结构的研究方法

本文以活性多糖为例阐述活性成分结构的一些研究方法。多糖的结构分析手段很多，主要分为三大类，即化学分析法、物理分析法和生物学分析法。其中包括酸水解、酶降解、碱降解、Smith 降解、免疫化学技术、甲基化、放射层析、薄层色谱法、纸色谱、高效液相色谱、红外光谱、核磁共振、质谱、X 射线衍射等。

糖的位置、糖环的大小、异头碳的结构、连接位置、内部排列顺序、分支、非碳端的取代等都不可能通过一种方法解决。因为组成多糖的单糖种类繁多（目前已知单糖就达 200 多种），且每种单糖组成多糖的连接部位多，若连接方式不同以及可能形成的支链（蛋白质形成支链较少）也不同，使得多糖生物大分子结构远比蛋白质更为复杂，所以造成多糖的结构测定非常困难，必须几种方法结合使用才能完成。

1. 多糖的构象、构型的研究方法

（1）核磁共振分析　核磁共振（NMR）对多糖结构分析起了决定性的作用，最大特点是不破坏样品，对碳链的结构特征通过化学位移、偶合常数、积分面积、NOE 等参数表达。^{1}H-NMR 主要解决多糖结构中糖苷键构型问题。^{13}C-NMR 在多糖结构分析上主要解决分子的构型和构象。

（2）质谱分析　多糖由于相对分子质量太大，需将多糖部分酸解或酶解成相对分子质量较小的多糖或寡糖后再进行质谱分析。可给出相对分子质量、糖序列和支链结构等信息。

2. 单糖的组成和糖链连接位置的确定方法

（1）水解　在多糖结构研究中，最基本的必须掌握的应用技术是水解。可以从水解产物中获得多糖的单糖成分和部分糖链结构的最基本信息。多糖的完全水解的目的是获得多糖的单糖成分信息。多糖水解的难易与单糖的性质、单糖环的形状和糖苷键的构型有关。呋喃糖苷键较吡喃糖苷键易水解，α 型较 β 型易水解，含有糖醛酸或氨基糖的多糖不易水解。但水解也受条件影响，如用一般无机酸测（1→4）键较（1→6）键易水解。水解条件必须严格控制，否则会发生不必要的降解反应。多糖的部分水解是部分糖链结构测定时很有用的技术。通过部分水解可得到一系列水解断裂结构较为容易测定的寡糖片段，在测定这些片段结构后，可借助重叠片段，推测糖链的全结构。

（2）甲基化法　在复合多糖中，测定糖链中的各种单糖残基的连接方式，甲基化分析是必不可少的方法。先将多糖中各种单糖残基中的游离羟基全部甲基化，进而将多糖中的糖苷键水解，水解后得到的化合物，其羟基所在的位置，即为原来单糖残基的连接点。同时，根据不同甲基化单糖的比例，可以推测出这种连接键型在多糖重复结构中的比例。气相色谱是定性和定量分析多糖中各种单糖残基连接键的最简便方法。单甲基化单糖必须转化为可挥发性的衍生物，较为常用的衍生物为糖醇醋酸酯。多糖的甲基化虽然不能解决多糖中各种单糖的连接顺序，但对于阐明多糖的连接方式（键型）具有重要的意义。

（3）多糖的高碘酸氧化和 Smith 降解　高碘酸氧化反应是一种选择性的氧化降解反应。通过测定高碘酸消耗量及甲酸释放量，可以用来辅助判断糖苷键的位置、直链多糖的聚合度、支链多糖的分支数目等。Smith 降解是将高碘酸氧化产物还原后进行酸水解，再鉴定水解产物，其产物可以推断糖苷键的位置。

3. 酶学测定法

糖苷酶是研究糖苷链结构的另一种工具。糖苷酶在糖链结构中应用主要是确定糖链残基的顺序，阐明糖链的一级结构及确定每个组成单糖残基异构体。尤其对糖苷连接的异构体的构型（α/β）和糖残基的绝对构型（D/L）的测定尤为重要，这是由糖苷酶具有高度的底物专一性所决定的。

第七章 典型功能性食品的生产技术

第一节 糖类功能性食品

一、膳食纤维的生产技术

（一）膳食纤维的制备原料

膳食纤维的制备原料很多，采用最多的是各种农产品加工的废弃物，如麦麸、米糠、稻壳、玉米渣、豆渣、甘蔗渣等。一方面，这些原料纤维含量高，另一方面，也能提高农产品的综合利用变废为宝，满足可持续发展经济和环保的需要。膳食纤维的制备原料主要有以下几类。

① 粮谷类　麦麸、米糠、稻壳、玉米、玉米渣、燕麦麸等。

② 豆类　大豆、豆渣、红豆、红豆皮、豌豆壳等。

③ 水果类　橘皮、椰子渣、苹果皮、苹果渣、梨子渣等。

④ 蔬菜类　甜菜渣、山芋渣、马铃薯、藕渣、茭白壳、油菜、芹菜、苜蓿叶、香菇柄、魔芋等。

⑤ 其他　酒糟、竹子、海藻、虾壳、贝壳、酵母、淀粉等。

（二）膳食纤维的制备方法

膳食纤维的制备分为不溶性膳食纤维制备技术和可溶性膳食纤维制备技术，两者既有区别又有联系。

1. 不溶性膳食纤维的制备

不溶性膳食纤维制备方法大致可分五类，即粗分离法、化学法、酶法、发酵法和综合制备法。

（1）粗分离法　粗分离法适合于制备不溶性膳食纤维。选择膳食纤维含量较高的原料，经过清洗，过40目筛，以除去泥沙和部分淀粉，再采用悬浮法和气流分级法，去除大部分淀粉而得以粗分离，然后，经过烘干、粉碎等工序，得到膳食纤维成品。这类方法所得的产品不纯净，但不需要复杂的处理手段，也能改变原料中各成分的相对含量，如减少植酸、淀粉含量，破坏酶活力，增加膳食纤维的含量等。

（2）化学法　原料经过碱处理，使其中可溶性蛋白质远离等电点而被除去，不溶性蛋白质降解为可溶性小分子肽和游离氨基酸；同时原料中的少量脂肪在碱性条件下，皂化水解，对脂肪含量高的原料，需用石油醚或丙酮脱脂处理；在原料中加入酸，水解其中的淀粉，然后漂洗至中性，最后，烘干、粉碎得到膳食纤维成品。

（3）酶法　在原料中分别加入淀粉酶和蛋白酶，酶解原料中的淀粉和蛋白质，然后加热灭酶，经烘干、粉碎得到膳食纤维成品。

（4）发酵法　利用微生物发酵，消耗原料中碳源和氮源，消除原料中的植酸、减少蛋白

144

质、淀粉等成分制备膳食纤维。

2. 可溶性膳食纤维的制备

可溶性膳食纤维一般是在不溶性膳食纤维制备基础上进一步加工而制成的，也有通过挤压法将不溶性膳食纤维中一些成分改性为可溶性膳食纤维制成；还可以利用淀粉水解而制成，即乙醇沉淀法、膜浓缩法、挤压法和淀粉转化法等。

（1）乙醇沉淀法　将不溶性膳食纤维制备过程中产生的滤液或发酵液收集，加入乙醇使可溶性膳食纤维沉淀，通过离心，弃去上清液，即得到可溶性膳食纤维。

（2）膜浓缩法　将不溶性膳食纤维制备过程中产生的滤液或发酵液收集，经超滤浓缩即得到可溶性膳食纤维。

（3）挤压膨化法　使原料在挤压膨化设备中受到高温、高压、高剪切作用，物料内部水分在很短的时间内迅速汽化，纤维物质分子间和分子内空间结构扩展变形，并在挤出膨化机出口的瞬间，由于突然失压造成物料质构的变化，形成疏松多孔的状态，再进行粉碎、溶解、浓缩等工序制得可溶性膳食纤维。

（4）淀粉转化法　淀粉经水解反应变成较小分子的糊精，又通过葡萄糖基转移反应，使葡萄糖单位间 α-1,4 键断裂，生成 α-1,6 键的支链分子，不放出水分，然后加入淀粉酶使糊精进一步水解成 α-极限糊精，α-极限糊精又通过复合反应聚合成低聚糖类成为可溶性膳食纤维。

（三）典型膳食纤维的制备工艺

1. 麦麸膳食纤维

麦麸中约含 36% 的膳食纤维，属于水不溶性膳食纤维，主要由半纤维素、纤维素和木质素构成，它们的含量分别是 62%、24% 和 11%。

（1）制备工艺　将麦麸浸泡在适当浓度的酸液中，使麦麸中淀粉等物质水解，提高膳食纤维的含量，同时消除部分麦麸中原有不良气味，减少植酸含量，改善色泽。然后将酸处理后麦麸水洗至中性，再用 150℃ 热风干燥，主要是为了烘干和破坏麦麸中脂肪酶等活性物质的作用，从而提高膳食纤维的稳定性。再用辊式粉碎机粉碎，使其粒度在 80 目以上。最后取 100 份已处理的麦麸，添加 1 份柠檬酸、0.5 份酒石酸、50 份蜂蜜和 50 份水搅拌均匀，经 110℃ 干燥 40min 取出，即得口感、风味良好、无麦麸气味的膳食纤维。

（2）质量标准　见表 7-1 所示。

表 7-1　我国麦麸膳食纤维企业标准　　　　　　　　　　（2000 年）

指 标 名 称	数 值	指 标 名 称	数 值
总纤维/%	≥76.0	细度(20～120 目筛通过率)/%	≥95
总糖(以还原糖剂)/%	≤0.5	重金属(以 Pb 计)/(mg/kg)	≤0.5
蛋白质/%	≤8.0	砷(以 As 计)/(mg/kg)	≤0.5
脂肪/%	≤6.0	大肠杆菌/(个/g)	≤30
灰分/%	≤3.5	细菌总数/(个/g)	≤3000
水分/%	≤8.0	致病菌	不得检出

2. 米糠半纤维素

（1）工艺流程（图 7-1）

（2）质量标准（见表 7-2 所示）

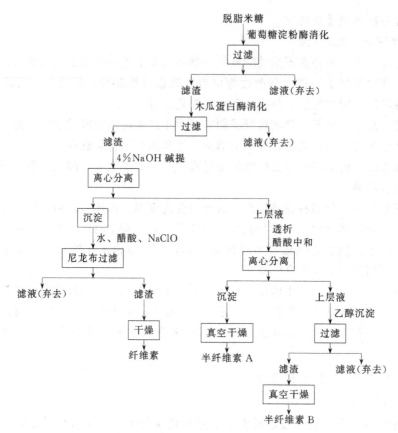

图 7-1 米糠半纤维素生产工艺流程

表 7-2 米糠半纤维素企业标准 （日本）

指 标 名 称	数 值	指 标 名 称	数 值
总膳食纤维	60%～75%	灰分	2%～10%
水分	5%～10%	杂菌数	≤1×10⁴ 个/g
粗蛋白质	7%～10%	大肠菌数	阴性

　3. 大豆膳食纤维

　　大豆膳食纤维的主要成分是非淀粉多糖类，它包括纤维素、混合键的 β-葡聚糖、半纤维素、果胶和树胶。大豆膳食纤维的各个成分特点在于所含糖的残基及各个糖基之间的键合方式。纤维素和混合键的 β-葡聚糖是由 β-1,4 键合的葡萄糖多聚体，在混合键的 β-葡聚糖中还间杂有以 β-1,3 键连接的键合形式。大豆膳食纤维没有还原性和变旋现象，也没有甜性，而且大多数难溶于水，有的能和水形成胶体溶液。大豆膳食纤维不溶于有机溶剂，只能溶于铜氨溶液，加酸时膳食纤维又沉淀出来。大豆膳食纤维是具有不同形态的固体纤维状物质，不能融化，加热到 200℃ 以上则分解。大豆膳食纤维是以葡聚糖苷键形成的高分子化合物，糖苷键对酸不很稳定，它能溶于浓硫酸和浓盐酸中，并同时发生水解。对碱则比较稳定。大豆膳食纤维中的纤维素可以被稀酸完全水解成 D-葡萄糖，若控制使之不完全水解则可以得到纤维二糖，则可说明大豆膳食纤维中纤维素的结构单位是纤维二糖。大豆膳食纤维的生物活性主要包括调节血脂、降低胆固醇作用；能改善血糖生成反应；能改善大肠功能；降低营养素利用率；还具有膳食纤维的相关特性。

　　大豆膳食纤维的分离制备方法大致可分为 4 类：粗分离法、化学分离法、膜分离法及化学试剂和酶结合分离法。

(1) 粗分离法　悬浮法和气流分级法可作为粗分离法的代表。这类方法得到的产品不纯净，但它可以改变原料中各成分的相对含量，如可减少植酸、淀粉含量，增加大豆膳食纤维含量等。本法适合于原料的预处理。

(2) 化学分离方法　化学分离方法是指将粗产品或原料干燥、磨碎后，采用化学试剂提取而制备各种膳食纤维的方法，以碱法应用较普遍，其工艺流程如图 7-2 所示。如果提取过程中改变碱液浓度，并辅以其他化学试剂，还可将水溶性或非水溶性膳食纤维进一步分离。化学分离法除碱法外，还有酸法、絮凝剂法等。

图 7-2　碱法提取大豆纤维的生产工艺流程

(3) 膜分离法　膜分离法应用于制备大豆膳食纤维的报道不多。由于该法能通过改变膜的分子截留量制备不同相对分子质量的大豆膳食纤维，且能实现工业化生产，可以预见，它将是分离水溶性大豆膳食纤维最有前途的方法。

(4) 化学试剂和酶结合分离法　采用前述的化学分离法和膜分离法制备的大豆膳食纤维还含有少量的蛋白质和淀粉，要制备极纯净的大豆膳食纤维，必须结合酶处理。所用酶包括 3 种：淀粉酶、蛋白酶和脱皮酶。所得膳食纤维如果再引入其他酶如半纤维素酶、阿拉伯聚糖酶处理可制备一些活性成分。也有报道，非水溶性膳食纤维采用一些物理方法（如纤维挤压技术等）处理可提高水溶性膳食纤维含量。

4. 香菇膳食纤维

(1) 制备工艺　取 10g 香菇柄粉碎，过 20 目筛，搅拌，在 1%SDS（十二烷基硫酸钠）溶液中放入含 5mmol 焦亚硫酸钠 200mL，置于冰箱中低温 2℃ 保持 22h，并不断搅拌，经冷冻离心后将残渣用水洗涤 2 次，放入 20℃ 100mL 的 PAW（苯酚：醋酸：水＝2∶1∶1）混合液中搅拌保持 40min，再经离心，将残渣放入 90%DMSO（二甲基亚砜）200mL 溶液中 20℃ 处理 22h，再次离心，将残渣分别经含有胰蛋白酶和糖化酶的 20mmol/LNa$_2$HPO$_4$/10mmol/LNaCl 缓冲柱（pH=7），恒温 37℃ 保持 17h 和 24h，以进一步去除残余的细胞间蛋白质与可利用碳水化合物（淀粉），最后得到的就是纯净的香菇膳食纤维。

(2) 质量标准　见表 7-3 所示。

表 7-3　香菇膳食纤维企业标准（日本）

指 标 名 称		数　值	
		非水溶性产品	水溶性产品
膳食纤维	不除蛋白者	61%	69%
	经除蛋白处理者	78%	80%
铅		≤20mg/kg	
砷		≤2mg/kg	
农药残留 BHC 及 DDT		均≤0.2mg/kg	
农药残留对硫酮		≤0.3mg/kg	
农药残留其他		不得检出	

5. 胡萝卜膳食纤维

(1) 制备工艺

① 原料处理　以胡萝卜渣为原料，磨碎后过 60 目筛，用酒精浸泡脱脂。过滤，滤液回收酒精。滤渣加 12 倍量的软化水浸泡过夜，用 HCl 调至 pH 1.5～2.5，加热到 85℃保湿 1h，脱果胶。过滤，20μm 滤渣为脱果胶样品，用于提取半纤维素。

② 浸碱　将脱果胶后的榨渣用 10%NaOH 碱液（干渣∶碱液＝1∶20，湿渣∶碱液＝1∶10）于室温下浸泡一夜。

③ 过滤　将浸泡过的物料过滤（50μm 尼龙孔径滤布）、滤液用于提取半纤维素，滤渣用于提取纤维素。

④ 半纤维素 A 的提取　用 50%HAc 调节上述滤液至 pH5.0，离心后的残渣为半纤维素 A。

⑤ 半纤维素 B 的提取　将提取半纤维素 A 中离心获得的悬浮液加 3 倍体积的 95%酒精离心后残渣为半纤维素 B。悬浮液回收酒精。

⑥ 木质素提取　由提取半纤维素过滤得到的滤渣，用水洗除碱液，加醋酸、亚氯酸钠，调至 pH4～5，加热到 75℃、1h，冷却至室温，过滤，滤液为木质素。

⑦ 纤维素提取　将木质素提取时所得的滤渣，用水洗除酸，再用 95%酒精洗涤几次，空气干燥，得纤维素，回收酒精。

(2) 质量标准

感官指标：橙红至黄褐色粉末，无异味、异物。

理化指标：膳食纤维含量/(%)≥50，As/(mg/kg)≤2，Pb/(mg/kg)≤20。

卫生指标：杂菌数/(个/g)≤5×10^4，大肠菌群阴性。

农药残留：BHC 及 DDT/(mg/kg)≤0.2，对硫酮/(mg/kg)≤0.3，其他不得检出。

6. 高活性蔗渣膳食纤维添加剂（HABF）

相对来说，HABF 的持水性和结合力较大，可防脱水收缩。在某些产品如肉制品中，HABF 的高持水性能使肉汁中香味成分发生聚集作用而不逸散。此外，它还可望明显提高某些加工食品的经济效益，如在焙烤食品中可减少水分损失而延长产品的货架寿命。因此，HABF 能在很多食品中得到应用并能获得附加的经济效益，包括谷物早餐食品、小吃食品、面条制品、焙烤食品、焙烤食品填充馅、酸奶、饮料、肉制品和冷冻食品等。

(1) 制备工艺　高活性蔗渣膳食纤维添加剂的工业化制备流程主要包括原料清理、粗粉碎、浸泡漂洗、异味脱除、二次漂洗、漂白脱色、脱水干燥、细粉碎、功能活化和极细粉碎等几个主要步骤。

① 原料清理　取材于甘蔗制糖厂的蔗渣受原料甘蔗本身及贮放环境的干净程度和搬移过程中可能带来的污染情况，所能得到的蔗渣往往混杂着石块、泥块、粉尘、金属屑与蔗皮等各种杂质。

② 粗粉碎　清理后的原料进行粗粉碎，粗碎的蔗渣粒径控制在 1～2mm 以内，不可太细以利于后续处理的顺利进行。

③ 浸泡漂洗　目的在于软化蔗渣纤维，洗去残留在蔗渣上的可溶性糖分，浸泡时要不时搅拌以利于残留糖分的溶出。浸泡操作的影响参数有加水量、浸泡水温和时间，加水量调节在蔗渣浓度 10%～20%范围内。通常的水温最高不要超过 40℃，时间 8～10h，若浸泡水温过高、时间过长，会造成可溶性纤维的损失，反之，则起不到作用。

④ 异味脱除　异味脱除是制备膳食纤维的关键步骤之一。蔗渣带有明显的异味，若不

脱除会给应用带来诸多不便。异味脱除的方法很多，诸如加碱蒸煮法、加酸蒸煮法、减压蒸馏脱气法、高压湿热处理法、微波处理法、己烷或乙醇等有机溶剂抽取法和添加香味的掩盖法等。在这些方法中，以加碱蒸煮法、减压蒸馏脱气法和高压湿热处理法的效果较好。加酸蒸煮法会使产品纤维色泽明显加深，纤维成分分解损失严重，因此不宜使用。

⑤ 漂白脱色　漂白脱色是制备蔗渣纤维的主要步骤之一。因为蔗渣本身带有较深的色泽，经碱煮后色泽更深，若不进行脱色就无法在食品中使用。可使用的脱色剂包括 H_2O_2 或 Cl_2 等，使用 H_2O_2 漂白的参考参数是 10mg/g、30～100min。脱色时的温度应仔细调节，温度过高会引起 H_2O_2 分解而起不到脱色效果，温度过低则脱色时间延长且效果也不好。

⑥ 脱水干燥　经上述处理后的蔗渣通过离心或过滤后可得浅色湿滤饼，干燥至含水 6%～8%。

⑦ 功能活化　脱水干燥后要进行功能活化处理。这是制备高活性多功能膳食纤维的关键步骤。活化处理要应用现代食品工程的高新技术，它包括两个方面的内容：a. 纤维内部组成成分的优化与重组；b. 纤维内某些基团的包埋，以避免这些基团与矿物元素相结合，影响人体内矿物质代谢的平衡。只有经过活化处理的膳食纤维，才算得是生理活性物质，可在功能性食品中使用。没有经活化处理的膳食纤维，充其量只属于无能量填充剂。遗憾的是，国内已开发的膳食纤维品种基本上属于后一种产品，与国际上的先进水平差距很大。

⑧ 极细粉碎　膳食纤维经过功能活化处理后，可按照需要再经干燥处理，最后采用高速粉碎至其粒度都通过 120 目筛为止，即得高活性蔗渣膳食纤维添加剂。产品外观呈白色，整个处理过程的出品率为 75%～80%。

（2）质量分析　直接测定的总膳食纤维（TDF）为 91.82%，利用其他方法对 HABF 的分析结果如表 7-4 所示，HABF 的物化性质测定数据为：阳离子交换能力 0.63mmol OH^-/g、持水力 3.6mL/g、结合水力 4.7mL/g、膨胀力 5.3mL/g。

表 7-4　HABF 的纤维组成成分

成　　分	含量/%	成　　分	含量/%
中性洗涤剂纤维（NDF）	79.98	不溶性纤维素（NDF-ACF）	31.25
酸性洗涤剂纤维（ADF）	48.73	纤维素（ADF-ADL）	29.87
酸性洗涤剂木质素（ADL）	19.96	总膳食纤维（NDF＋SDF）	91.11
水溶性膳食纤维（SDL）	11.13	简化的冷中性洗涤剂纤维	86.87

7. 菊粉

菊粉是一种优质可溶性膳食纤维，菊粉不被人体消化吸收，同时还是一种天然的油脂替代品，可在不加或少加脂肪的条件下，依然保持食品原有的良好的质构和口感。菊粉在自然界中的分布十分广泛，某些真菌和细菌中也含有菊粉，但其主要来源是植物。其中菊芋和菊苣最适合作为生产菊粉的原料，它们资源丰富，菊粉含量高，占其块茎干重的 70% 以上。

（1）制备工艺　菊苣块根（以干物质计的含量 70%～80%）用水冲洗干净，切片干燥后，粉碎成小颗粒，加入萃取釜中，料水比 1:10，加热至 60～80℃，调节 pH 值为 8～11 下萃取 1h。萃取结束后，加入 3% H_2O_2 溶液浸泡，离心分离或过滤除渣得上清液，经离子交换树脂除杂脱色，再经超滤脱苦并除去低聚合度成分，超滤后的纯菊粉液经真空浓缩、喷雾干燥，即可得菊粉产品。其生产工艺流程如下。

原料─→清洗─→切片─→干燥─→粉碎─→萃取─→灭菌─→离心分离─→上清液─→除杂脱色─→
超滤脱苦─→纯菊粉汁─→真空干燥─→喷雾干燥─→包装─→成品

（2）应用前景　菊粉具有调节肠胃的功能。菊粉属水溶性膳食纤维，在消化系统中不能被分解，产生热量很低，约占蔗糖的 1/4。能促进人体结肠中双歧杆菌的生长，降低有害菌数，以调节菌群比例。菊粉还具有预防龋齿、调节血糖、减肥和调节脂类代谢等作用，且能提高人体对钙、镁等重要物质的吸收，可提高骨质密度，防止骨质疏松。实验表明人体每日摄入 40～70g 菊粉对健康无不良影响。此外，菊粉不会影响食品的感官、色泽及风味，因此可作为功能食品的基料用于焙烤食品、乳制品、果蔬饮料等产品中，还可用于医药及饲料中。

（四）膳食纤维在功能性食品中的应用

由于膳食纤维具有的独特生理功能以及在食品营养和临床医学上的重要作用，使得膳食纤维在食品工业中得到了广泛的应用。日本膳食纤维制品年销售额约 100 亿美元，欧美市场年销售额约 200 亿美元。我国膳食纤维的研究越来越深入，高膳食纤维制品日益增多，而且还有逐年上升的趋势。

（1）在焙烤食品中的应用　膳食纤维在焙烤食品中的应用最为广泛，主要有高膳食纤维面包、蛋糕、饼干和桃酥等产品。几乎所有种类的膳食纤维都可添加到焙烤食品中，进而改变了产品的质构，提高了产品的持水力，增加了产品的柔软性和疏松性，以防储存变硬。一般膳食纤维的添加量为 5％～6％，不要超过 10％，否则会使面团流变学特性发生改变，如面团形成时间延长，面团醒发速度减慢，面团稳定性下降，产品质地口感恶化，故在添加膳食纤维时，可以适当使用些品质改良剂，如活性面筋粉、氧化剂或乳化剂等。

（2）在主食中的应用　膳食纤维用于生产挂面、快餐面、馒头等主食，其添加量为 5％～6％。面条中加入膳食纤维后，生面条的强度有所降低，但面条煮熟后其强度反而增强。韧性良好，耐煮耐泡，口感清爽，有特殊香味；馒头中加入膳食纤维，强化面团筋力，成品馒头的颜色和味道如同一般面粉馒头，并且有特殊香味，口感良好，无发干感和粗糙感，令多数人品尝满意。此外，膳食纤维添加到谷物原料中，经过压片、压丝、制粒、膨化等处理，做成早餐食品，配合牛乳或豆奶等一起食用。

（3）在饮料中的应用　膳食纤维饮料早已风靡欧、美、日本等发达国家和中国台湾地区。我国膳食纤维饮料种类繁多，一般主要用于液体、固体和碳酸饮料，也有将膳食纤维用乳酸杆菌发酵后制成乳清型饮料。生产饮料时，水不溶性膳食纤维的用量为 1％，粒度应在200 目以上，以避免沉淀的产生；水溶性膳食纤维的用量可适当增加。

（4）在肉制品中的应用　在肉制品中添加膳食纤维，可保持肉制品中的水分，同时降低肉制品的热量，制成低热能香肠、低热能火腿、肉汁等肉制品，在加工肉类食品中的添加量一般为 1％～5％。

（5）在休闲食品中的应用　膳食纤维可添加到布丁、饼干、薄脆饼、油炸丸、巧克力、糖果、口香糖等休闲食品中，添加量随不同食品而差异较大，如口香糖为 20％～30％，巧克力为 1％～2％。

（6）在调味料中的应用　为改变膳食纤维食品的口感质量，人们将膳食纤维与某些食品添加剂混合在一起，制成馅料，如将膳食纤维与焦糖色素、动植物油脂、山梨酸、水溶性维生素、微量元素等营养成分以及木糖醇、甜菊苷等甜味剂混合加热制成膳食纤维馅料，用于牛肉馅饼、点心馅、汉堡包馅等制品，效果良好。此外，也可在汤料中加入膳食纤维粉。为防止汤料产生粗糙感。其添加量为 1％，粒度在 200 目以上。此外，还可将膳食纤维用作酱汁和调味品的增稠剂。

（五）几种膳食纤维食品的生产技术

1. 麸皮饮料的生产技术

小麦、燕麦籽粒的麸皮口感粗糙，不经特殊处理直接分散于水中很快就会沉淀并结块，且很难再分散成始终如一的悬浮液。

麸皮饮料的生产过程：首先将麸皮适当碾碎使颗粒小于 40 目，加水调匀使麸皮浓度达 5%～15%，添入 0.1%～1.0% 的镁铝硅酸盐化合物和足够的酸味剂使 pH 保持在 3.5～5.5 之间，升温至 82～98.5℃ 连续加热 20～60min，冷却后再加入占麸皮重量 0.1%～1.0% 的表面活性剂、0.1%～0.6% 食用防腐剂、0.01%～1.0% 食用着色剂和 15%～40% 甜味剂，调匀后通过压力为 13.79～41.37MPa 的均质机即为终产品。这种饮料在储存过程中可能会产生沉淀现象，但只要轻微摇晃一下瓶子颗粒就会很容易地重新悬浮，并在消费者饮用的时间内保持良好的悬浮状态，风味与口感相当不错。生产中的酸味剂可以是无机酸或有机酸，只要人体生理能接受即可，诸如磷酸、柠檬酸、酒石酸、己二酸、苹果酸或富马酸均可选用。镁铝硅酸盐化合物的组成是 62%～69% 的二氧化硅、10%～15% 氧化铝和 3%～12% 氧化镁，它的最佳添加量为 0.2%。表面活性剂可用山梨糖醇酐单硬脂酸酯、聚氧化乙烯山梨糖醇酐、单月桂酸酯或单硬脂肪酸酯。麸皮饮料生产配方举例见表 7-5 所示。

表 7-5　麸皮饮料配方

配　料	配方 1	配方 2	配　　料	配方 1	配方 2
麸皮	10	10	苯甲酸钠	0.25	0.05
氢化葡萄糖浆	—	25	络合镁铝硅酸盐	0.2	0.2
氢化玉米淀粉水解液	25	—	单甘酯	0.2	0.2
柠檬酸	—	0.2	二氧化钛	1	—
磷酸	0.45	—	食用香料	0.5	0.1
山梨酸钾	0.25	0.05	水	62.05	54.2

2. 高纤维豆乳饮料

直接往豆乳中添加豆腐渣，由于豆腐渣不溶于水而易产生沉淀，这可通过温度调理和高频电位处理来增加豆乳中的—SH 基含量及通过超高压均质处理来解决。

生产过程：首先将添加了豆渣的混合豆乳液升温至 85～100℃ 下保持 3～10min 即可有效地将大豆蛋白中的 S—S 键还原成—SH 基；然后通过超高压均质机将豆乳粒径降低到 $50\mu m$ 以下，最后用高频电位发生装置进行通电处理，以进一步增加—SH 基含量，同时也可除去豆乳的苦涩味并改善产品的色泽与口感。例如，往豆乳中添加 30% 豆渣（干物质为 18.9%），再加入少量的水调匀，升温至 98℃ 保持 10min，之后通过 60MPa 的超高压均质机进行均质，冷却至 5℃ 后用高频电位发生器处理 15h，即得富含膳食纤维的豆乳饮料，其中—SH 基含量为 $4.5\times10^{-6}mol/g$（蛋白质）。这种富含纤维的豆乳饮料风味很好，可直接饮用，也可用来生产豆腐、冰淇淋等产品。

3. 带果皮的高纤维饮料

苹果、杏、枇杷、无花果、桃、葡萄和番茄等水果，其果皮部分的纤维、维生素和色素的含量均高于果肉部分。因此，以整个水果或只用果皮为原料制得的果汁饮料，其纤维含量要比不用皮的产品高出很多。

带果皮的高纤维饮料的生产过程：首先将水果带皮或只用果皮切碎，并根据需要加些水，用 24.52MPa 以上的压力进行微粉碎与均质化，就可得到悬浮状态稳定的果汁。这种产品饮用时口感好、无渣，果皮中所含的果胶及水溶性黏多糖使得产品黏度增加，饮用时有浓厚感。以苹果、桃和番茄为例说明。

① 苹果皮高纤维饮料　取 100 份苹果皮，加入同量的由 15% 葡萄糖、0.5% 柠檬酸和

0.2％抗坏血酸调制的水溶液，均质5次后在95℃水浴中保持30s进行杀菌。这种产品具有苹果的香味和柔润的口感，可在室温下长时间放置而无沉淀出现。

② 桃高纤维饮料　将桃洗净去核后不剥皮直接破碎，升温至90℃保持1min进行杀菌处理。之后取出100份，加入由1％柠檬酸、10％山梨醇调制的水溶液60mL，在49.03MPa的压力下均质处理4次，即得到黏稠状的果子露，静置6h消泡贮藏，一周后即成为具有均匀黏稠状的桃高纤维饮料。

③ 番茄皮高纤维饮料　以番茄皮为原料，取100份切碎果皮加入300份含0.6％食盐、5％葡萄糖的水溶液，均质4次后得到黏稠的汁液，口感滑润，适合饮用。

（六）膳食纤维的测定方法（酶-重量法）

1. 原理

样品分别用α-淀粉酶、蛋白酶、葡萄糖苷酶进行酶解消化以去除蛋白质和可消化的淀粉。总膳食纤维（TDF）的测定是先酶解，然后用乙醇沉淀，再将沉淀物过滤，将TDF残渣用乙醇和丙酮冲洗，干燥称重。不溶性和可溶性膳食纤维（IDF和SDF）的测定是酶解后将IDF过滤，过滤后的残渣用热水冲洗，经干燥后称重；SDF的测定是将上述滤出液4倍量的95％乙醇沉淀，然后再过滤，干燥，称重。TDF、IDF和SDF量通过蛋白质、灰分含量进行校正。

2. 仪器

烧杯400mL、过滤用坩埚（玻璃滤板需经过如下处理。在马弗炉中于525℃下灰化过夜。炉温降至130℃以下取出坩埚，用真空装置移出硅藻土和灰质，在室温下用2％的清洗液浸泡1h；用水和去离子水冲洗坩埚，再用15mL丙酮冲洗后风干；在干燥的坩埚中加0.5g硅藻土，在130℃烘干至恒重；在干燥器中冷却1h，记录坩埚加硅藻土的质量，精确至0.1mg）、真空装置、振荡水浴箱（自动控温使温度能保持在98℃±2℃，恒温控制在60℃）、马弗炉（温度控制在525℃±5℃）、干燥箱（温度控制在105℃和130℃±3℃）。

3. 试剂

丙酮、热稳定α淀粉酶溶液、蛋白酶、淀粉葡萄糖苷酶、硅藻土（酸洗）洗涤液（实验室用液体清洁剂或铬酸洗涤液）0.561mol/L盐酸溶液、

MES-TRIS缓冲液：在1.7L的蒸馏水中溶解2-磺酸基乙烷19.52g和三羟氨基甲烷12.2g，用6mol/L NaOH调节pH值到8.2，用水定容至2L。注意24℃时的pH值为8.2，但是，如果缓冲液温度在20℃，pH值就为8.3，如果温度在28℃，pH值为8.1。为了使温度在20～28℃之间，需根据温度调整pH值。

4. 操作方法

（1）样品的制备

① 固体样品　如果样品粒度大于0.5mm，研磨后过40～60目筛。

② 高脂肪样品　如果脂肪含量大于10％，用石油醚去脂。每克样品用25mL石油醚，每次提取完静置一会儿再小心将烧杯倾斜，慢慢将石油醚倒出，共洗3次。

③ 高碳水化合物样品　如果样品干重含糖大于50％，用85％乙醇去除糖分。每克样品每次用85％乙醇10mL，共洗3次轻轻倒出，然后在40℃烘箱中不时翻拌、干燥过夜，并研磨过0.5mm筛。

（2）样品的消化　准确称取两份（1.000±0.005）g样品（m_1和m_2），置于高脚烧杯中。在每个烧杯中加入40mLMES-TRIS缓冲液，在磁力搅拌器上搅拌直到样品完全分散（注意：防止团块形成，使受试物与醇能充分接触）。用热稳定的α-淀粉酶进行酶解处理；

加 $100\mu L$ 热稳定的 α-淀粉酶溶液,低速搅拌;用铝箔片将烧杯盖住,在 95～100℃水浴中反应 30min(注意:起始的水浴温度应达到 95℃);所有烧杯从水浴中移出,晾至 60℃;打开铝箔盖,用刮勺将烧杯边缘的网状物以及烧杯底部的胶状物刮离,以使样品能够完全地酶解;用 10mL 蒸馏水冲洗烧杯壁和刮勺,在每个烧杯中各加入 $100\mu L$ 蛋白酶溶液;用铝箔盖住,在 60℃持续摇动反应 30min(注意:开始时的水浴温度应达 60℃),使之充分反应;30min 后,打开铝箔盖,搅拌中加入 0.561mol/L HCl 的 5mL 至烧杯中;60℃ 时用 0.561mol/L 或 1mol/L 的 HCl 溶液调节最终 pH 值为 4.0～4.7(注意:当溶液为 60℃时检测和调节 pH 值,因为在较低温度时 pH 值会偏高)。搅拌的同时加 $100\mu L$ 淀粉葡萄糖苷酶溶液;用铝箔盖住,在 60℃持续振摇反应 30min,温度应恒定在 60℃。

(3)测定

① 总膳食纤维含量的测定　用乙醇沉淀膳食纤维,在每份样品中,加入预热至 60℃的 95%乙醇 225mL,乙醇与样品的体积比为 4:1。室温下沉淀 1h。过滤装置的处理:用 78%乙醇 15mL 将硅藻土湿润和重新分布在已称重的坩埚中;用适度的抽力把坩埚中的硅藻土吸到玻璃滤板上。用 78%乙醇和刮勺转移所有内容物微粒到坩埚中(注意:如果一些样品形成胶质,用刮勺破坏表面,以加速过滤)。分别用 15mL 的 78%乙醇、95%乙醇和丙酮冲洗残渣各 2 次,将坩埚内的残渣抽干后在 105℃烘干过夜。将坩埚置于干燥器中冷却至室温。坩埚质量包括膳食纤维残渣和硅藻土,精确称至 0.1mg;减去坩埚和硅藻土的干重,计算残渣重。

蛋白质和灰分含量的测定:取成对的样品中的一份测定蛋白质,用凯氏定氮法或其他方法测定,用"N×6.25"作为蛋白质的转换系数;分析灰分时用平行样的第二份在 525℃灼烧 5h,在干燥器中冷却,精确称至 0.1mg,减去坩埚和硅藻土的质量,即为灰分质量。

② 不溶性膳食纤维含量的测定　称适量样品进行酶解,过滤前用 3mL 水湿润和重新分布硅藻土在预先处理好的坩埚上,保持抽气使坩埚中的硅藻土抽成均匀的一层。过滤并冲洗烧杯,用 70℃水 10mL 洗残渣 2 次,然后再过滤并用水洗,转移到 600mL 高脚烧杯中,保留用以测定可溶性膳食纤维的含量。

在抽滤装置中分别用 15mL 78%乙醇、95%乙醇和丙酮各冲洗残渣 2 次(注意:应及时用 78%的乙醇、95%乙醇和丙酮冲洗残渣,否则可造成不溶性膳食纤维含量数值的增大)。用两份样品测定蛋白质和灰分的含量。

③ 可溶性膳食纤维含量的测定　将不溶性膳食纤维过滤后的滤液收集到 600mL 高脚烧杯中,对比烧杯和滤液,估计体积。加相当于滤液约 4 倍量的已预热至 60℃的 95%乙醇;或者将滤液和洗过残渣的蒸馏水的混合液调至 80g,再加入预热至 60℃的 95%乙醇 320mL。室温下沉淀 1h,然后测定总膳食纤维的含量,即为可溶性膳食纤维的含量。

5.结果计算

FDF,IDF、SDF 均用公式(7-1)计算。

$$DF = \frac{m_5 + m_6 - 2m_3 - 2m_4}{m_1 + m_2} \times 100\% \tag{7-1}$$

式中,DF 为膳食纤维的含量,g/100g;m_5,m_6 分别为两份样品的残留物质量,mg;m_3,m_4 分别为蛋白质和灰分的质量,mg;m_1,m_2 分别为两份样品的质量,mg。

二、真菌活性多糖的生产技术

真菌多糖包括酵母菌多糖、霉菌多糖、真核藻类多糖和大型真菌多糖等。真菌多糖包括结构多糖和活性多糖，都属于生物活性多糖。结构多糖指组成细胞壁的结构成分——几丁质，真菌活性多糖的生理功能主要体现在：增强机体免疫功能、抗肿瘤、抗突变、降血脂、抗衰老、抗菌和抗病毒等方面。

（一）影响真菌活性多糖功能的因素

活性多糖是由 D-葡萄糖、D-麦芽糖、L-阿拉伯糖、L-鼠李糖、D-半乳糖、L-岩藻糖、D-木糖、D-甘露糖、水苏糖等单糖主要以 1→3，1→4，1→6 糖苷键连接而成的高聚物。活性多糖的结构层次是其生物活性的基础。影响真菌活性多糖功能的因素主要包括以下几个方面。

1. 活性多糖的结构

活性多糖的一级结构和高级结构与其生物活性之间有直接的关系，也是当前糖化学和糖生物学共同关注的焦点问题。从总体上看，对于多糖构效关系的研究很不完善，这可能是因为多糖的结构过于复杂。

（1）多糖的一级结构与功能的关系 多糖的糖组成和糖苷键类型对其生物活性有一定的影响。从菌体中获得的活性多糖一般是由葡萄糖构成的，而且葡萄糖主链上的 β-1,3 糖苷键、支链上的 β-1,6 糖苷键是抗肿瘤所必需的。而从高等植物中获得的具有激活补体作用的多糖一般为酸性杂多糖，酸性部分主要为半乳糖醛酸和葡萄糖醛酸。对具有抗病毒活性的硫酸酯化多糖而言，硫酸酯化均多糖的活性大于硫酸酯化杂多糖。

多糖中的官能团的种类或有无对其生物活性有极大的影响，而这些官能团往往可以通过一定的化学方式进行添加或消除，所以多糖中官能团的改造已成为研究多糖构效关系的有力手段。常用于多糖官能团改造的方法有硫酸酯化、降解、乙酰化、羧甲基化、磷酸酯化、烷基化、二乙基氨基乙基化、碘化、氨化等。而对不同的多糖来说，不同官能团改造方法对其生物活性的影响各不相同，除了大多数硫酸酯化多糖具有明显的抗病毒作用外，其他官能团对多糖生物活性的影响尚无规律可循。

（2）多糖的高级结构与其生物活性的关系 目前，多糖的高级结构与生理活性的关系尚不十分清楚。由于多糖的生物活性体现在与其受体的相互识别、相互作用的过程中，当多糖与受体作用时，往往是其中的特异性寡糖片段与受体结合。由此可推断，多糖像蛋白质和酶一样，在分子中存在一个或几个活性中心，因此，高级结构比一级结构在活性方面起更大的决定作用。有些多糖具有相同的一级结构，但活性大不相同，这主要是由高级结构的差别引起的。

2. 活性多糖的相对分子质量

多糖的活性很大程度上取决于其相对分子质量的大小。一般说来，相对分子质量在 1 万以上的多糖具有较高的生物活性。

3. 活性多糖的分支度

多糖的分支度与抗肿瘤活性关系密切，对于真菌多糖一般分支度在 0.2～0.3 的分子有较高的生物活性。

4. 活性多糖的溶解度

多糖的活性与溶解度有重要的关系。如 β-(1→3)-D-葡聚糖不溶于水，将其部分羧甲基化后，水溶性提高，则它的抗肿瘤活性也明显提高。水溶性 D-葡聚糖有抗肿瘤活性，特别是那些直链的、无过长支链、不易被人体内 D-葡聚糖酶很快水解的多糖；而非水溶性多糖，如糖原、淀粉、糊精无活性，可能与它们有过长的支链、易被酶解有很大关系。

5. 提取方法对多糖活性的影响

不同的提取方法得到的多糖结构有差别，进而对多糖的功能发挥有影响。因此，在多糖的制备工艺中，要注意提取溶剂、温度、pH 及酶制剂等对多糖活性的影响。

此外，机体摄入多糖的方式、机体种系和性别及多糖的协同作用等因素都可能或多或少影响到多糖功能的发挥。

（二）真菌活性多糖的制备原料

制备真菌活性多糖的原料主要有以下两种。

① 从真菌子实体提取得到子实体多糖。子实体多糖来源于传统农业栽培的大型真菌子实体，其主要缺点是农业栽培劳动强度大，占用场地大，子实体生长时间长，子实体成熟后由于木质化导致多糖提取率低等。

② 通过液体深层发酵法制备胞内多糖（从菌丝体提取，菌丝体多糖）和胞外多糖（从发酵液提取，发酵液多糖）。与传统法不同的是，深层液体发酵法是在大型发酵罐内进行，可通过调节培养基的组成、发酵工艺条件等，在短时间内得到大量菌丝体和胞内外多糖。实践表明，深层发酵得到的胞内、外多糖无论是含量，还是生物功能活性都与子实体相似，甚至超过子实体，而其生产规模、产率和经济效益都是农业栽培所无法比拟的，因此液体深层发酵是取代食用菌生产的有效途径，具有很大的发展前景。至今，已被研究过适合深层发酵的食用菌种类很多，但真正实现生产规模的还很少。深层发酵法制备真菌活性多糖工艺包括发酵工艺和提取纯化工艺两大部分。

（三）深层发酵法制备真菌活性多糖的基本工艺

真菌多糖深层发酵法是对食用真菌的菌丝体在深层液体培养基中的生长和产物代谢的条件进行控制发酵，得到菌丝体胞内外真菌多糖。

1. 工艺流程

真菌液体深层发酵工艺包括菌种制备、种子扩大培养、培养基配制与灭菌、发酵过程工艺控制等工序，工艺流程如图 7-3 所示。

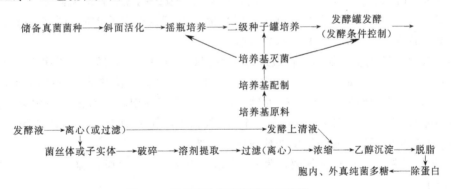

图 7-3　真菌液体深层发酵工艺流程

2. 操作要点

（1）菌种　菌种可以直接从菌种保藏中心购买，也可以从野生或优良生长的人工培养的真菌子实体或孢子分离纯化得到。但都应该对菌种进行培育筛选，使菌种获得优良的符合生产要求（如多糖产量高、培养基成本低等）的优良性状，通过斜面或沙土管孢子低温保藏，定期复壮、分离纯化以保持其优良性状。

（2）培养基　真菌培养所用的培养基包括斜面种子培养基、孢子培养基、液体种子培养基和发酵培养基等，不同真菌培养所用培养基大同小异。培养基的选择除要考虑价廉易得的因素外，还要考虑它对后续多糖的提取和产品风味的影响。真菌发酵所用的培养基原料来源广泛，生产厂家可根据自己原料来源和对终产品的需要，在实验的基础上选择原料。需要说明的是，虽然在栽培中，真菌可在纤维素基质上生长，但在液体培养条件下，纤维素不被消化，故不能用纤维素作为菌丝体的碳源和能源。

（3）种子制备　种子制备又称种子扩大培养，是指将保藏的生产菌种经活化后，通过摇瓶和种子罐等一系列规模的扩大培养，得到数量足够、代谢旺盛、符合发酵罐发酵要求的纯种子的过程。对于真菌发酵来说，种子制备一般包括斜面活化、摇瓶培养和种子罐培养三个阶段。

① 斜面活化　目的是使保藏的生产菌种恢复活力，能达到生产对菌种活力的要求。为了使菌种尽快恢复活力，斜面活化的培养基通常营养比较丰富，斜面活化的次数随保藏菌种的活力而定，一般通过数次活化，直到菌种的生长速度达到稳定即可。

② 摇瓶培养　将经试管斜面活化的菌种接入经灭菌的三角瓶液体培养基中，置于摇床上振荡培养，即摇瓶培养。一般用 $500 \sim 1000mL$ 的三角瓶，装液量在 $10\% \sim 20\%$，对于固体斜面三角瓶接种，则用接种针（尖端弯成直勾）挖取 $2 \sim 3mm$ 大小的培养基连同培养物 5 块左右接入三角瓶，若是小三角瓶向大三角瓶接种则接种量在 $5\% \sim 10\%$ 即可。摇床速度 $200r/min$，培养温度和 pH 随真菌种类不同而不同。种龄要控制在对数期。在摇瓶培养过程中，为避免菌丝球过大，可向三角瓶加入 $3 \sim 5$ 粒玻璃珠。

③ 种子罐扩大培养　三角瓶培养的种子接入种子罐，在更大规模上扩大培养。种子罐的级数随发酵罐规模而定，为保证种子质量，一般不要超过三级。种子罐装载系数 $60\% \sim 75\%$，通气量 $1:1$，搅拌转速 $200r/min$，接种量 $5\% \sim 10\%$，培养温度和 pH 随真菌种类不同而不同。

（4）发酵过程控制

发酵罐：一般使用机械搅拌通风发酵罐（通用式发酵罐），也有报道可用气升式发酵罐，但由于真菌发酵过程黏度大对传质要求高，故通用式发酵罐优于其他发酵罐。

发酵过程控制：真菌发酵属丝状菌需氧发酵，发酵过程主要控制的参数有温度、压力、搅拌速度、通气量、溶氧、pH、染菌、泡沫等。

① 温度和 pH 控制　发酵过程最适温度和 pH 随不同真菌而异。值得注意的是，最适生长温度和 pH 并非一定是目的产物形成的温度和 pH，例如，灵芝菌丝体的最适生长 pH 为 5.5，而目的产物形成的 pH 为 4.5。因此有必要根据不同菌种的情况，采用发酵过程不同阶段将温度和 pH 控制在不同的水平。当 pH 较低时可通过加氨水或低浓度氢氧化钠来调节，当 pH 较高时可通过加低浓度盐酸或磷酸调节。

② 压力控制　为避免染菌，发酵过程一定要正压发酵，罐内压力通常控制在 $30 \sim 50kPa$。

③ 溶解氧控制　真菌发酵过程中特别注意溶解氧浓度，其主要是通气和搅拌进行溶解氧控制。用溶氧电极在线测量溶氧浓度，通过通气和搅拌使溶氧浓度保持在饱和溶氧浓度的 20% 以上即可。实际生产中，多采用搅拌转速在 $150 \sim 200r/min$，通气量采用发酵前期（对数期前）控制在 $0.5vvm$，中期（对数期）控制在 $1vvm$，后期控制（稳定期）在 $0.5 \sim 0.7vvm$。

④ 泡沫控制　通过加入食用级消泡剂来消除，例如可加入 0.05% 左右的泡敌。

⑤ 中间补料　为避免发酵过程中由于菌丝过多而导致溶氧供应的困难和提高目的产物的转化率，发酵过程中一般采用营养基质中间补料的方法，对于真菌来说，多糖的形成一般

在减速期和稳定期形成，故在此时期内可连续或多次补加碳源。

⑥　染菌控制　主要采取的措施：严格做到无菌操作；设备密封性能勤检查；从种子制备开始，每级种子向下一级转移的同时要作种子是否染菌的检查。从三角瓶到种子罐的接种一般采用火圈接种，而从种子罐到种子罐和从种子罐到发酵罐一般采用压差接种。

（5）发酵终点判断　如果发酵以菌丝体量最大为目的，则在菌丝体量最大时放罐，即在菌丝体开始衰老时放罐，一般在衰老期菌丝体镜检时，菌丝体内很少或没有横隔，菌丝体变细并有大量分支，菌丝球表面毛刺消失。如果以胞外多糖产率最大为目的，一般控制在菌丝体自溶前放罐。总之，何时放罐要根据发酵目的、经济等因素综合考虑，根据实验确定。

（6）发酵液预处理　发酵至终点的发酵醪经 400 目的板框加压过滤或真空抽滤，也可在 4000r/min 转速下离心 30min，得菌丝体。菌丝体或子实体可以干燥后提取，也可直接用湿态提取。干态子实体或菌丝体要粉碎至 1～2cm 大小，湿态通过匀浆后提取。

（7）提取溶剂及浸提条件的选择　溶剂可选用水或 0.5mol/L NaOH 溶液，固液质量比 1：（20～40），浸提温度 80～90℃，回流浸提时间每次 2h，共浸提 2 次。浸提温度不宜过高，以免多糖降解或结构发生变化。为提高胞内多糖的提取率，可在热浸提前，先加纤维素酶酶解细胞壁。

（8）浸提液固液分离　合并 2 次浸提液，滤液经 400 目的板框加压过滤或真空抽滤，或在 6000r/min 转速下离心 30min，弃去废渣，得清液，其中若用热碱浸提，则浸提液用 HCl 中和至中性。

（9）浓缩上清液　传统的热浓缩法，能量消耗大、热处理过程中多糖易发生降解或结构变化而失活。浸提液浓缩的最佳方法是超滤浓缩，具体做法：浸提液先经 0.45μm 精密过滤器过滤，再用 MWCO10000 的超滤膜在 40℃、0.2MPa 下浓缩至原体积的 1/5。超滤法的优点是能耗低、工艺简单、浓缩过程多糖不会发生降解或结构变化。

（10）醇析　向浓缩液中加 4℃冷乙醇至终浓度 70%（体积分数）。注意加入过程要缓慢多次，边加边缓慢搅拌，低温醇析 6h 以上。

（11）脱脂、除蛋白　用无水乙醇、丙酮脱脂，再用 Sevag 法脱除杂蛋白。Sevag 法具体做法：氯仿/正丁醇（体积比）为 1：0.2，氯仿＋正丁醇/样品（体积比）为 0.24：1，时间为 5min，离心得纯多糖，然后经真空干燥得成品。

（四）几种真菌活性多糖的生产技术

1. 香菇多糖

（1）提取法

① 工艺流程

鲜香菇──→捣碎──→浸渍──→过滤──→浓缩──→乙醇沉淀──→乙醇、乙醚洗涤──→干燥──→成品

② 操作要点　取香菇新鲜子实体，水洗干净，捣碎后加 5 倍量沸水浸渍 8～15h，过滤，滤液减压浓缩。浓缩液加 1 倍量乙醇得沉淀物，过滤，滤液再加 3 倍量乙醇，得沉淀物。将沉淀加约 20 倍的水，搅拌均匀，在剧烈搅拌下，滴加 0.2mol/L 氢氧化十六烷基三甲基胺水溶液，逐步调至 pH 值 12.8 时产生大量沉淀，离心分离，沉淀用乙醇洗涤收集沉淀。沉淀用氯仿、正丁醇去蛋白，水层加 3 倍量乙醇沉淀，收集沉淀。沉淀依次用甲醇、乙醚洗涤，置真空干燥器干燥，即为香菇多糖。

（2）深层发酵法

① 工艺流程

A：深层发酵工艺流程

菌种——→斜面培养——→一级种子培养——→二级种子培养——→深层发酵——→发酵液

B：上清液胞外多糖的提取工艺流程

发酵液——→离心——→发酵上清液——→浓缩——→透析——→浓缩——→离心——→上清液——→乙醇沉淀——→沉淀物——→丙酮、乙醚洗涤——→P_2O_5 干燥——→胞外粗多糖

C：菌丝体胞内多糖的提取工艺流程

离心——→菌丝体——→干燥——→菌丝体干粉——→抽提——→浓缩——→离心——→上清液——→透析——→浓缩——→离心——→上清液——→乙醇沉淀——→沉淀物——→丙酮、乙醚洗涤——→P_2O_5 干燥——→胞内粗多糖

② 操作要点

a. 斜面培养 在土豆琼脂培养基接菌种，25℃培养 10 天左右，至白色菌丝体长满斜面，0~4℃冰箱保存备用。

b. 摇瓶培养 500mL 三角瓶盛培养液 150mL 左右，0.12kPa 蒸汽压力下灭菌 45min。当温度达到 30℃时，接斜面菌种，置旋转摇床（230r/min），25℃培养 5~8 天。培养液配方为蔗糖 4g/100mL，玉米淀粉 2g/100mL，NH_4NO_3 0.2g/100mL，KH_2PO_4 0.1g/100mL，$MgSO_4$ 0.05，维生素 B_1 10.001。培养液的 pH 值为 6.0。

c. 种子罐培养 培养液同前，装量 70%（体积分数），接入摇瓶菌种，菌种量 10%（体积分数），25℃，通气比 1:0.5~1:0.7（体积分数）培养 5~7 天。

d. 发酵罐培养 发酵罐先灭菌。罐内培养液配方同前。配料灭菌 0.12kPa 下 50~60min。冷却后，以压差法将二级菌种注入发酵罐，接种量 10%（体积分数），装液量 70%（体积分数）。发酵温度 22~29℃，通气比 1:0.4~1:0.6（体积分数），罐压 0.05~0.07kPa，搅拌速度 70r/min；发酵周期 5~7 天。放罐标准：发酵液 pH 值降至 3.5，镜检菌丝体开始老化，即部分菌丝体的原生质出现凝集现象，中有空泡，菌丝体开始自溶，也可发现有新生、完整的多分枝的菌丝；上清液由浑浊状变为澄清透明的淡黄色；发酵液有悦人的清香，无杂菌污染。

e. 发酵液中多糖的提取 香菇发酵液由菌丝体和上清液两部分组成，胞内多糖含于菌丝体，胞外多糖含于上清液。因此多糖提取要分上清液和菌丝体两部分来完成。

上清液胞外多糖提取的操作步骤：离心沉淀，分离发酵液中菌丝体和上清液。上清液在不大于 90℃条件下浓缩至原体积的 1/5。上清浓缩液置透析袋中，于流水中透析至透析液无还原糖为止。透析液浓缩为原浓缩液体积，离心除去不溶物，将上清液冷却至室温。加 3 倍预冷至 5℃的 95%乙醇，5~10℃下静置 12h 以上，沉淀粗多糖。沉淀物分别用无水乙醇、丙酮、乙醚洗涤后，真空抽干，然后置 P_2O_5 干燥器中进一步干燥，得胞外粗多糖干品。

菌丝体胞内多糖提取的操作步骤：将菌丝体在 60℃干燥，粉碎，过 80 目筛。菌丝体干粉水煮抽提三次，总水量与干粉质量比为 50:1~100:1。提取液在不大于 90℃下浓缩至原体积的 1/5。其余步骤同上清液胞外提取。

2. 金针菇子实体多糖分离工艺

（1）工艺流程

原料——→称重——→匀浆——→调配——→热水抽提——→过滤——→醇析——→复溶——→去除蛋白——→多糖产品
　　　　　　　　　　　　　　　　　　　　　↓
　　　　　　　　　　　　　　　　　　　　滤渣

（2）操作要点

① 原料 选用质地优良的鲜子实体（或按失水率计算称取一定量的干菇）。

② 使用试剂　氯仿、正丁醇、乙醇、葡萄糖等均为分析纯。

③ 多糖总量测定　采用酚-硫酸法，以葡萄糖为标准品。

④ 提取条件　浸提时间1h，温度80℃，溶剂体积为样品30倍，多糖得率达到1.03％。

⑤ 醇析　乙醇最终浓度为60％～70％，放置一定时间后，离心收集沉淀并烘干称重得多糖粗品。

⑥ 去除蛋白　多糖粗品中的蛋白质去除可用Sevag法，即氯仿/正丁醇（体积比），（氯仿＋正丁醇）/样品（体积比）分别为1∶0.2和1∶0.24。选用该法去除蛋白质时，如能连续操作，直接使用溶剂抽提，粗多糖产品中蛋白质去除效率高，效果好。

⑦ 真空干燥　粗多糖经Sevag法去除蛋白质后，再进行真空干燥，即得到纯多糖粉状产品。

本工艺在分离多糖产品时，可因生产目的和要求不同而异。通过30倍体积80℃浸提1h后，直接从子实体中提取的提取物，再经醇析后制得的多糖产品可广泛用于饮料、食品行业中，而粗多糖再经优化的Sevag法去除蛋白质纯化后即可。

（五）开发真菌活性多糖功能食品的生产技术

真菌多糖由于具有增强机体免疫力而对正常细胞无毒副作用，在保健食品行业备受青睐。目前已开发出多种富含或添加真菌多糖的产品。一般是将真菌活性多糖的浓缩液、菌丝体、粗糖成品、纯糖成品作为活性成分添加到各种食品中，即制成功能性食品。

1. 香菇营养面包生产工艺

（1）工艺流程

原辅料处理──→调制面团──→发酵──→分块、称重──→揉圆──→醒发──→烘烤──→冷却──→包装

（2）操作要点

① 原辅料预处理　香菇子实体或菌丝体去杂，粉碎过40目筛。

② 生产配方　面粉85％，脱脂奶粉4.0％，糖10.8％，α-单甘酯0.5％，盐1.0％，色拉油3.0％，即发型活性干酵母0.8％，总含水量51％，香菇粉2.0％。

③ 发酵条件　发酵温度30℃，相对湿度75％，3～4h。

④ 醒发条件　醒发温度37℃，相对湿度85％，1h。

⑤ 烘烤时间　烘烤温度200～230℃，18～30min。

（3）产品质量标准　色泽棕黄色，表面光滑，表面可看到香菇沫，松软可口，有香菇特有香味。

2. 金针菇冰淇淋生产工艺

（1）工艺流程

原辅料预处理──→混合调配──→加热──→杀菌──→均质──→冷却、老化──→凝冻、成型──→包装──→硬化──→冷藏──→成品

（2）操作要点

① 主料预处理　选择优质品种金针菇，剔除腐烂变质部分，切去金针菇蒂，用清水洗净沥干，用榨汁机进行榨汁，通过过滤机制得金针菇生汁，经高温蒸煮后制得金针菇原汁。

② 辅料预处理　先用水浸泡复合稳定剂，软化后备用。奶油加热融化、备用。

③ 生产配方　金针菇汁45％，超细淀粉1％，鲜牛奶35％，复合稳定剂1％，白砂糖15％，奶油3％，香精适量。

④ 杀菌　把调好的料液经高温杀菌器杀菌，杀菌条件为90℃、15s。

⑤均质 经杀菌后的料液迅速冷却至 65℃ 左右，再进行均质处理。均质压力为 17～19.6MPa。

⑥冷却和老化 均质后的料液冷却至 10℃ 以下，但冷却温度不能低于 0℃，以防止产生大的冰晶，影响产品的口感和组织状态。将冷却的料液倒入老化缸搅拌老化使其黏度增加，提高膨化率，改善产品的组织状态。老化条件为 0～4℃，4～8h。

⑦凝冻和成型 在混合料液中均匀地混入空气，使其冻结成半流动状态，注入不同的模具冻结成型。

⑧硬化、冷藏 凝冻分装后的冰淇淋，必须及时硬化处理，硬化温度为 −23～−25℃。若不及时分装、硬化，则冰淇淋表面易受热融化，再经低温冷冻，表面会形成粗大的冰晶体。硬化的冰淇淋经包装后放入 −18℃ 以下的冷库中冷藏。

（3）产品质量标准 具有金针菇冰淇淋特有的香气和奶香，香甜适口，风味纯正，无其他异味，组织细腻，形体柔软，轻滑，质地均匀，无肉眼可见的大冰晶。无任何异物，杂质。

3. 灵芝多糖口服液生产工艺

（1）工艺流程

灵芝纯多糖──→调配──→均质──→过滤──→灌装──→杀菌──→成品

（2）操作要点

①生产配方 灵芝纯多糖 0.1%、蜂蜜 8%、山梨酸钾 0.02%、水 92.9%。用柠檬酸调制最佳糖酸比。

②均质 调配好的液体，均质机 30MPa 下均质。

③过滤 先经过 0.45μm 精密过滤器过滤，再经过截留相对分子质量 20 万的超滤机过滤，取透过液灌装。

④灌装、杀菌 口服液瓶水洗后，用 200mg/kg 的二氧化氯浸泡 10min，无菌水清洗，捞起滤干，灌装、封口。杀菌条件为 120℃，30min。

（3）产品质量标准 色泽淡黄或金黄色，无沉淀，酸甜适口，口感圆润，每支（10mL）含纯灵芝多糖 10mg。

4. 灵芝菌丝体袋泡茶生产工艺

（1）工艺流程

干绿茶──→粉碎──→过筛

灵芝干菌丝──→粉碎──→过筛──→袋装──→成品

（2）操作要点

①原料及粉碎 取成品绿茶及干燥菌丝体除异物粉碎。

②过筛、混匀、袋装 分别过 50 目筛。按茶∶菌丝体为 85∶15 比例混合均匀。取滤纸袋包装。

（六）多糖/活性多糖的测定方法

1. 苯酚-硫酸法测定多糖

（1）原理 苯酚-硫酸试剂可与游离的寡糖、多糖中的己糖及糖醛酸起显色反应，己糖在 490nm 处（戊糖及糖醛酸在 480nm 处）有最大吸收，吸收值与糖含量呈线性关系。采用苯酚-硫酸法测定样品中的多糖简便快速，重现性好。

（2）仪器 分光光度计。

（3）试剂 硫酸、乙醇、三氯乙酸、石油醚、80% 乙醚。

①葡萄糖标准液 精确称取 105℃ 干燥恒重的标准葡萄糖 100mg，置于 100mL 容量瓶

中，加蒸馏水溶解并稀释至刻度。

② 苯酚液　取苯酚 100g，加铝片 0.1g、碳酸氢钠 0.05g，蒸馏收集 182℃ 馏分，称取此馏分 10g，加蒸馏水 150g，置于棕色瓶中备用。

（4）操作方法

① 样品的制备

a. 水提醇沉法　将样品烘干、研碎，过 40 目筛。取研成粉末的固体样品 10g，加 10 倍量的水，在 100℃ 水浴中煮沸 1h，重复 3 次。提取液过滤，浓缩至 1∶1（g/mL），加 3 倍量的 95% 乙醇置于冰箱中冷藏 24h 使其沉淀；抽滤，将沉淀物按 1∶25 的比例加水溶解，放置后过滤，在滤液中加 95% 乙醇，冷藏后抽滤；将沉淀物用蒸馏水溶解后，加三氯乙酸，使之含量至 15%，离心 25min，取上清液加入 95% 乙醇，使溶液中乙醇浓度达 75%，抽滤；取残留物水溶后，装入透析袋（相对分子质量 10000～70000）内，透析 3 天，透析液冷冻干燥后，得到多糖粗品。

b. 酶法　选用无杂质子实体干品，按 1∶80 加水比在室温（20～25℃）下浸泡 30min，置于高速组织捣碎机中充分捣碎，制成浆液。将浆液 pH 值调至 6.3，加入 1% 复合酶制剂（果胶酶、纤维素酶和中性蛋白酶），在 50℃ 下酶促反应 40min，迅速升温至 80℃ 灭酶，并保温浸提约 1.5h，用乙醇沉淀，残留物水溶后浓缩，装入透析袋（相对分子质量 10000～70000）内，透析 3 天，真空干燥，得到多糖粗品。

c. 脱脂法　称取剪碎的样品 100g，经 500mL 石油醚（60～90℃）回流脱脂 2 次，每次 2h，回收石油醚。再用 500mL 80% 乙醚浸泡过夜，回流提取 2 次，每次 2h。将滤渣加蒸馏水 3000mL，90℃ 热提取 1h，滤液减压浓缩至 300mL，用氯仿多次萃取以除去蛋白质，加 1% 活性炭脱色，抽滤，滤液加入 95% 乙醇，使含醇量达 80%，静置过夜。过滤，沉淀物用无水乙醇、丙醇、乙醚多次洗涤，真空干燥，即得多糖粗品（适合于脂肪含量高的多糖样品，如枸杞、山药等）。

② 标准曲线的绘制　吸取葡萄糖标准液 10μL、20μL、40μL、60μL、80μL、100μL，分别置于具塞试管中，各加蒸馏水使体积为 2.0mL，再加苯酚试液 1.0mL，摇匀，迅速滴加浓硫酸 5.0mL，摇匀后放置 5min，置沸水浴中加热 15min，取出冷却至室温；另以蒸馏水 2mL 加苯酚和硫酸，同上做空白对照。于 490nm 处测吸光度，绘制标准曲线。

③ 换算因数的测定　精确称取多糖样品 20mg，置于 100mL 容量瓶中，加蒸馏水溶解并稀释至刻度（储备液）。吸取储备液 200μL，照②方法测定吸光度。从标准曲线中求出供试液中葡萄糖的含量，按式 $F=m/(\rho D)$ 计算换算因数，式中 m 为多糖质量（μg）；ρ 为供试多糖液中葡萄糖的含量，%；D 为多糖的稀释因数。

④ 样品的制备　精确称取样品粉末 0.2g，置于圆底烧瓶中，加 80% 乙醇 100mL 回流提取 1h，趁热过滤，残渣用 80% 乙醇洗涤（10mL×3）。残渣连同滤纸置于烧瓶中，加蒸馏水 100mL，加热提取 1h，趁热过滤，残渣用热水洗涤（10mL×3），洗液并入滤液，放冷后移入 250mL 容量瓶中，稀释至刻度，备用。

⑤ 样品中多糖含量的测定　吸取适量样品液，加蒸馏水至 2mL，按②方法测定吸光度。查标准曲线得供试样品液中葡萄糖的含量（μg）。

（5）结果计算　样品中多糖的含量（%）按式（7-2）计算。

$$多糖含量 = \frac{\rho DF}{m} \times 100\% \tag{7-2}$$

式中，ρ 供试样品液中葡萄糖的含量，μg；D 为样品液的稀释因数；F 为换算因数；m

为样品质量，μg。

（6）注意事项

① 用苯酚-硫酸法测定样品中的多糖含量时，提取时间以 1h 为宜，提取时间太长可能会引起糖结构变化甚至使碳键断裂，导致所测多糖含量降低。

② 配制好的苯酚溶液应冷藏避光保存，否则以苯酚-浓硫酸作空白时颜色变深，影响测定结果。

2. 高效液相色谱法测定香菇多糖

（1）原理　采用高效液相色谱法分析香菇多糖，选用 TSK-SW 凝胶排斥色谱柱为分离柱，香菇样品经预处理，用示差折光检测器进行检测，以不同相对分子质量的标准右旋糖酐（dextran）作标准品，同时测定样品中多糖的相对分子质量分布情况及含量。该方法较其他多糖测定法具有快速、简便、准确等优点，是目前较为有效的测定方法。

（2）仪器　高效液相色谱仪，配有示差折光检测器、数据处理机或色谱工作站。

（3）试剂　无水硫酸钠、乙酸钠、碳酸氢钠、氯化钠、右旋糖酐（dextran）美国 Sigma 公司生产，MW2000T、MW500T、MW178T、Mw71T、MW39T。

（4）操作方法

① 色谱条件

色谱柱：4000SW Spherogel TSK 柱，7.5mm×300mm，13μm；

流动相：0.2mol/L 硫酸钠溶液；

流速：0.8mL/min；

检测器，示差折光检测器；

灵敏度，16AUFS。

② 相对分子质量标准曲线的绘制　精确称取不同相对分子质量的右旋糖酐标准品 0.100g，用流动相溶解并定容至 10mL。分别进样 20μL，由分离得到各色谱峰的保留时间。将其数值输入相对分子质量软件中，经校准后建立相对分子质量对数值（$\lg M_w$）与保留时间（RT）的标准曲线。结果表明，相对分子质量在 $3.9×10^4 \sim 2.0×10^6$ 范围内具有良好的线性。

③ 标准曲线的绘制　确称取相对分子质量为 50000 的右旋糖酐 0.100g，定容在 5mL 定量瓶中，再进一步稀释为 10mg/mL、5mg/mL、2mg/mL、1mg/mL 标准液。分别进样，根据浓度与峰面积关系绘制曲线。

④ 样品的处理和测定　称取一定量样品（多糖含量应大于 1mg），用流动相溶解并定容至 100mL，混匀后经 0.3μm 的微孔滤膜过滤后即可进样。若样品溶液不易过滤，可将其移入离心管中，在 5000r/min 下离心 20min，吸取 5mL 左右的上清液，再经 0.3μm 的微孔滤膜过滤，收集少量滤液用于高效液相色谱分析。

（5）结果计算

① 相对分子质量分布计算　待测样品经分离后得到不同相对分子质量峰的保留时间值，通过相对分子质量标准工作曲线即可计算出多糖的相对分子质量分布。该计算程序由相对分子质量辅助软件自动进行。

② 多糖含量的计算　选择与待测样品多糖相对分子质量相近的标准右旋糖酐为基准物质，用峰面积外标法定量，则香菇多糖的含量（mg/100g 或 mg/100mL 以右旋糖酐计）按式(7-3)计算。

$$含量 = \frac{\rho V}{m} × 100\%$$

(7-3)

式中，ρ 为进样样品溶液的多糖的浓度，mg/mL；m 为样品质量或体积，g 或 mL；V 为提取液的体积，mL。

三、大豆低聚糖的生产技术

大豆低聚糖广泛存在于植物中，以豆科植物含量居多。大豆中的低聚糖含量因品种、栽培条件不同而异，其大致范围是水苏糖为 4％左右，棉籽糖为 1％左右，蔗糖为 5％左右。大豆中的水苏糖、棉籽糖在未成熟期几乎没有，到成熟期含量增加，且随着发芽而减少。另外，收获后的大豆即使储存于低于 15℃的温度，低于 60％相对湿度条件下，水苏糖、棉籽糖仍会减少。大豆低聚糖有促进双歧杆菌增殖的作用；抑制外源性致病菌和肠道内固有腐败细菌的增殖，从而减少有毒发酵产物及有害细菌酶的产生；在体内还与维生素 B 群合成有关；促进肠道的蠕动，防止便秘；有一定的预防和治疗细菌性痢疾的作用，提高人体的免疫力；分解致癌物质等生物活性。

大豆中天然存在的低聚糖主要有棉籽糖族低聚糖，即棉籽糖、水苏糖、毛蕊花糖和花骨草糖等。此外，在一些大豆发酵食品中还存在许多由于酶降解所得的低聚糖类，包括有蔗果三糖（包括其三种异构体）、低聚果糖、低聚半乳糖、低聚异麦芽糖以及低聚木糖等。目前日本市场上已出现较多的大豆低聚糖产品。而国内有很多生产大豆低聚糖方法的报道，其中最具有前景的是利用膜技术（超滤和反渗透）生产大豆低聚糖，可以肯定，大豆综合利用过程中回收大豆低聚糖的效益非常可观。

（一）大豆低聚糖的制备工艺

大豆低聚糖是以生产浓缩或分离大豆蛋白时的副产物大豆乳清（干基含量 72％）为原料，加水稀释后加热处理使残留大豆蛋白沉淀析出，上清液再经过滤处理进一步滤去残存的大豆蛋白微粒，经活性炭脱色后用膜分离技术（如反渗透）或离子交换技术进行脱盐处理，真空浓缩至含水 24％左右即得颗粒状产品。

1. 工艺流程（图 7-4）

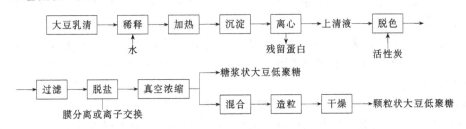

图 7-4 大豆低聚糖生产工艺流程

2. 操作要点

（1）原料 大豆低聚糖以生产浓缩或分离大豆蛋白时的副产品大豆乳清（干基糖量 72％）为原料。

（2）稀释和沉淀蛋白质 加水稀释后加热处理使残存大豆蛋白沉淀析出。

（3）离心 3000r/min 离心 30min。上清液再用选择性半透膜过滤处理以进一步滤出残存的大豆蛋白。

（4）脱色、脱盐 经活性炭脱色后，用功能性膜分离技术或离子交换法进行脱盐处理。

（5）真空浓缩 真空浓缩至含水量 24％左右即得透明液体状糖浆产品。加入赋形剂混匀后造粒，再行干燥即得颗粒状产品。

3. 质量控制

表 7-6 所示的是日本大豆低聚糖企业标准。产品根据不同需要，可做成糖浆状、粉末状和颗粒状等规格，表 7-7 所示的是四种典型大豆低聚糖产品的组成。

表 7-6　大豆低聚糖企业标准（日本）

指　　标		粉末或颗粒	糖　浆
外观及形状		白色粉末或颗粒，味甜，无异味	无色至淡黄色透明液体，味甜，无异味
异物		无	无
水分/%	≤	3	25
水苏四糖和棉籽糖（干基计）	≥	26	26
pH 值		—	5.5±1.0
As/(mg/kg)	≤	1	1
Pb/(mg/kg)	≤	10	10
霉菌/(个/g)	≤	100	5
酵母/(个/g)	≤	100	5
杂菌数/(个/g)	≤	1000	300
大肠菌数		阴性	阴性

表 7-7　四种典型大豆低聚糖产品的组成　　　　　　　　单位：%

产　品	水苏糖	棉籽糖	蔗糖	水分	其他
糖浆状	18	6	34	24	18
颗粒状	23	7	44	3	23
粉末状	11	4	22	3	60
精制糖浆	52	17	5	24	2

（二）大豆低聚糖在功能性食品中的应用

我国研究开发低聚糖始于 20 世纪 90 年代，大豆低聚糖近年来才着手研究和开发。大豆低聚糖冲剂、系列饮料等保健制品，市场潜力很大，随着对其生物特性物质研究的日益深入，大豆低聚糖的开发应用前景广阔。

大豆低聚糖广泛地应用在功能性保健食品的基料和甜味剂中。

① 饮料　乳酸菌饮料（含乳制品类型）、豆乳、麦芽饮料、碳酸饮料、固体饮料、运动饮料和保健饮料等。

② 糕点　大豆低聚糖可用于面包、甜饼干、馅饼、纤维面包等焙烤食品。在面包等制品中添加大豆低聚糖，能增加保湿作用，延缓淀粉老化，防止食品变硬，使其松软可口，并延长货架寿命。

③ 糖果及乳制品　大豆低聚糖可代替部分蔗糖用于生产各种糖果、果冻、口香糖、巧克力等甜食制品以及乳粉、婴儿奶粉中。添加大豆低聚糖后，既能保持其甜度，又能预防龋齿，特别适合儿童食用。

④ 大豆低聚糖在酸性条件下的稳定性优于蔗糖，因此，它可以替代部分蔗糖广泛地应用于清凉饮料、酸奶、乳酸菌发酵饮料等酸性食品及需经高温灭菌处理的酸性软罐头和果茶食品中，以提高其稳定性。

⑤ 功能性保健和营养食品　阿根廷学者与美国学者联合研制出一种适合于中、老年人食用的大豆低聚糖面包，旨在促进这类人群肠道双歧杆菌的增殖；日本学者利用大豆低聚糖、食用纤维、果胶、苹果粒等研制出一种叫作比非斯特的功能性健美饮料，经常饮用该产品能滋润皮肤、美容，受到女性的欢迎。另外，大豆低聚糖还可用于生产健美茶，运动员补充体力和临床胃肠功能障碍患者等营养和疗效性食品。

⑥ 其他　大豆低聚糖还可用于冰淇淋、雪糕、棒冰等冷饮食品，及低热量食品、老幼

保健品、食醋、果酱、调味剂等，使这些食品的营养价值等得到提高。

（三）大豆低聚糖的测定方法

1. 高效液相色谱法测定大豆低聚糖

（1）原理　以十八烷基修饰的硅胶（ODS）作为固定相，以纯水作流动相来分离单糖和寡糖，所得结果与常用的氨基柱 HPLC 法一致，并且具有流动相价廉、无污染、方法快速简便等特点，并且 ODS 柱比氨基柱稳定，使用寿命长。

（2）仪器　高效液相色谱仪（配有示差折光检测器）、离心机、索氏提取器。

（3）试剂　乙醚、乙醇、饱和醋酸铅、0.5mol/L 草酸、蔗糖标准品、水苏糖标准品、棉籽糖标准品（标准品用蒸馏水配成 10mg/mL 标准溶液）。

（4）操作方法

① 色谱条件

色谱柱：ODS 柱，5mm×300mm，5μm。

柱温 12℃；流动相为纯水（去离子水）；流速为 1.0mL/min；进样量 20μL。

② 标准曲线的绘制　取 10mg/mL 的标准糖液 1.0μL、2.0μL、3.0μL、4.0μL、5.0μL 直接进样，即得到下列浓度的糖溶液：10μg/mL、20μg/mL、30μg /mL、40μg/mL、50μg/mL。测量出各组分的色谱峰面积或峰高，以标准糖浓度和对应的峰面积（或峰高）做标准曲线，求回归方程和相关系数。

③ 样品的制备　称取大豆粉样品 10g，在索氏提取器中用乙醚脱脂。挥发去乙醚，放入 250mL 带塞的锥形瓶中，加入 80％乙醇水溶液 100mL 充分混合，置于 70℃恒温水浴中保温 1h。取出经 3000r/1min 离心 10min，再用相同的乙醇水溶液重复提取 2 次，上清液合并于一烧杯中。加入饱和醋酸铅 10mL 沉淀蛋白，此时溶液 pH 值应控制在 4～5（大豆蛋白等电点）。多余的铅离子通过加入 0.5mol/L 草酸溶液 6mL 除去。离心除去沉淀，溶液以 0.5mol/LNaOH 中和至中性。再浓缩至 10mL 左右，用纯水定容至 50mL。取 10μL 用于色谱分析，色谱图见图 7-5。

（5）结果计算　根据样品液中蔗糖、水苏糖、棉籽糖各自的峰面积，由标准曲线计算出样品中蔗糖、水苏糖及棉籽糖的含量。

（6）注意事项　用 HPLC 分离低聚糖，使用较多的是氨基柱。

目前已采用氨基柱成功地测定了大豆中低聚糖的含量，流动相为乙腈-水（体积比＝70 : 30）。

使用氨基柱的缺点是：

① 在使用氨基柱分离糖时一些还原糖容易与固定相的氨基发生化学反应，产生席夫碱，氨基柱使用寿命短；

② 乙腈要求纯度高，价格昂贵；

③ 系统平衡所需时间较长，一般在 5h 以上。

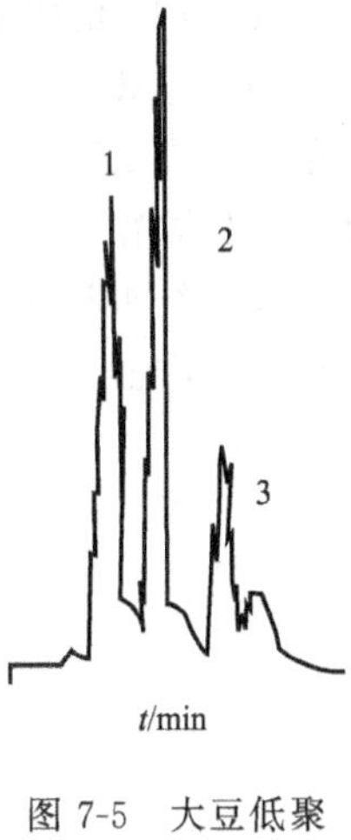

2. 气相色谱法测定大豆低聚糖

（1）原理　用气相色谱法（GC）对糖进行定量时，对相对分子质量大的四碳糖、五碳糖的衍生物，必须选用在高温下稳定的固定液。本法给定的三甲基硅烷（TMS）化条件为：在室温下，五碳糖完全 TMS 化后，至少要在 7h 内保持稳定。使用不锈钢柱，固定液用 2％的 Silicone OV-17，采用 10℃/min 的程序升温分析，进样口温度高达 350℃，各种低聚糖分离效果良好。该方法适用于含有蔗糖、棉籽糖、水苏糖等低聚糖的大豆、小豆、豌豆制品及一般农产食品。

图 7-5　大豆低聚糖的 HPLC 测谱图
1—蔗糖；2—水苏糖；
3—棉籽糖

（2）仪器　气相色谱仪：配有氢火焰离子化检测器 FID、色谱柱为 5mm×3m 不锈钢柱、微量注射器。

（3）试剂　吡啶（用氢氧化钾干燥后蒸馏）、芘（作内标物用）、六甲基二硅烷（HMDS）、三氟乙酸（TFA）、正己烷、乙醇、糖标准品［将蔗糖、棉籽糖、水苏糖等标准糖（70℃下减压干燥）用蒸馏水溶解，制备成 1mg/mL 标准溶液］。

（4）操作方法

① 色谱条件

色谱柱：2% 的 Slicone OV-17，Chromosorb W（AW，DMCS，60～80 目，5mm×3m）不锈钢柱；

柱温：120～340℃（程序升温）；升温速度 10℃/min；

进样口及检测器温度，350℃；

氮气流速，60mL/min；FID 的氢气流速，50mL/min；FID 的空气流速，1L/min。

② 标准曲线的绘制　取适量标准溶液（每种糖含量 0～3mg），放置于磨口容器内，冷冻干燥。采用 TMS 衍生物制备法制备标准糖的 TMS 衍生物溶液。注入 1µL，按上述色谱条件进行 GC 分析。从得到的色谱图计算糖和内标物的面积。设 X 为质量比［TMS 衍生物溶液中糖的质量（mg）/TMS 衍生物溶液中内标物的质量（mg）］，Y 为面积比（糖的峰面积/内标物的峰面积），求回归直线（即标准曲线）和相关系数。

③ 样品的制备　准确称取粉碎的粒径在 0.5mm 以下的均匀试样 1g，放入 50mL 具塞玻璃离心沉降管中，加正己烷 10mL，充分振摇后离心分离，用倾注法弃去正己烷层，再重复一次。将试样中残存的正己烷蒸发除去。加入 80% 乙醇 10mL，并放入沸石，装好冷凝管在水浴上回流 30min，离心分离，将乙醇层倾入 200mL 容量瓶中，残渣再用 80% 乙醇 10mL 充分混匀，离心分离，乙醇层并入 200mL 容量瓶中（反复操作 3～4 次）。以 80% 乙醇稀释定容至 200mL，取此液 10mL 浓缩至干，作为 TMS 化试样。

④ TMS 衍生物的制备和测定　取 TMS 化试样，加入内标物芘的吡啶溶液（40mg/50mL）500µL，再加入 HMDS 0.45mL、TFA 0.05mL，加塞充分振摇混匀，使糖溶解，在室温下放置 15～60min，即为 TMS 衍生物溶液。注入 1µL 进行 GC 分析。使用 TMS 衍生物测定低聚糖的气相色谱图见图 7-6。

（5）结果计算　首先求出样品的 GC 色谱图上各种糖的峰面积与内标物峰面积之比，然后再从标准曲线上查出样品中各种糖的含量。

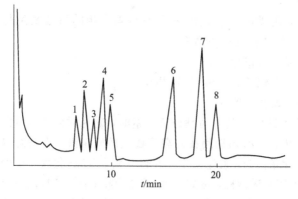

1,2—果糖；3,4—葡萄糖；5—芘（内标物）；6—蔗糖；7—棉籽糖；8—水苏糖

图 7-6　低聚糖的气相色谱图（Slicone OV～17，10℃/min）

第二节　肽与蛋白质类功能性食品

一、谷胱甘肽的生产技术

谷胱甘肽（GSH）是由谷氨酸、半胱氨酸及甘氨酸构成的三肽化合物，是机体内最主要的、含量最丰富的含巯基的低分子肽，是维持机体内环境稳定不可缺少的物质。GSH 广泛存在于动物肝脏、血液、酵母、小麦胚芽等中。小麦胚芽及动物肝脏中含量高达 100～1000mg/100g，人血液中的含量为 26～34mg/100g，鸡血中含 58～73mg/100g，猪血中含 10～15mg/100g，狗血中含 14～22mg/100g。另外，在许多蔬菜、薯类和谷物中也含有 GSH。GSH 具有很多生理功能，如清除自由基、参与解毒、维持红细胞完整、保护肝细胞、促进肝功能、参与机体代谢等，近年来对其开发和应用备受人们关注。

（一）GSH 制备方法

GSH 的制备主要有直接萃取法、化学合成法、酶转化法和发酵法四种方法。采用溶剂萃取或发酵法从酵母或其他天然动、植物体内提取 GSH，具有一定的实用意义。

1. 萃取法

萃取法是生产 GSH 的经典方法，也是发酵法生产流程中下游过程的基础。它是利用一些天然的动植物组织细胞内存在丰富的谷胱甘肽，采用物理、化学或生物的方法将其细胞壁破坏，释放出其中的 GSH，再通过离子交换等技术将其分离出来。以小麦胚芽为例提取 GSH 的工艺流程如图 7-7 所示。

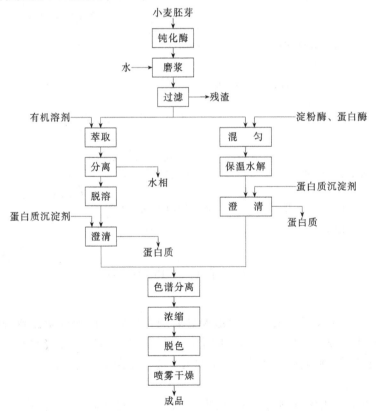

图 7-7　从小麦胚芽中提取 GSH 的工艺流程

提取的关键是使谷胱甘肽从细胞中释放出来，其方法有 3 类。

（1）机械破碎法　可采用高压均质法和高速球磨研磨法。前者是利用流体高速流动时，在均质机头的缝隙处产生强烈的剪切作用使细胞壁破碎。后者是将细胞置于含玻璃球的球磨机中研磨。

（2）化学抽提法　利用一些无机或有机化学试剂溶解细胞壁和膜上的表面结构或者改变细胞膜的通透性，使胞内物质外流。通常可用热水抽提、乙醇抽提、甲酸抽提、三氯乙酸抽提及有机溶剂混合抽提等。如酵母 GSH 乙酸抽提法：在鲜酵母中加 3 倍水和 1/50 倍乙酸，混匀，90℃抽提 30min，然后，迅速冷却至 4℃，用 2mol/L 盐酸调整 pH3.0，用 3000r/min 离心，得黄色澄明的鲜酵母抽提液。

（3）酶溶解法　将细胞置于合适温度、pH 及缓冲液中，一定时间后激活细胞内自溶酶系统，溶解细胞壁和细胞膜，使其释放出胞内物质。也可添加糖酶、蛋白酶溶解细胞壁、细胞膜以及胞内大分子，使胞内物质顺利溶出。

2. 化学合成法

化学合成法制备 GSH 是以谷氨酸、半胱氨酸及甘氨酸为基本原料，通过一系列化学反应合成 GSH，其合成路线见图 7-8。化学合成法的生产工艺比较成熟，但合成的是其消旋体，分离十分困难，造成产品纯度不高，生物效价很难一致，而且反应步骤多，反应时间长，操作复杂，成本较高，同时，存在一定的环境污染。

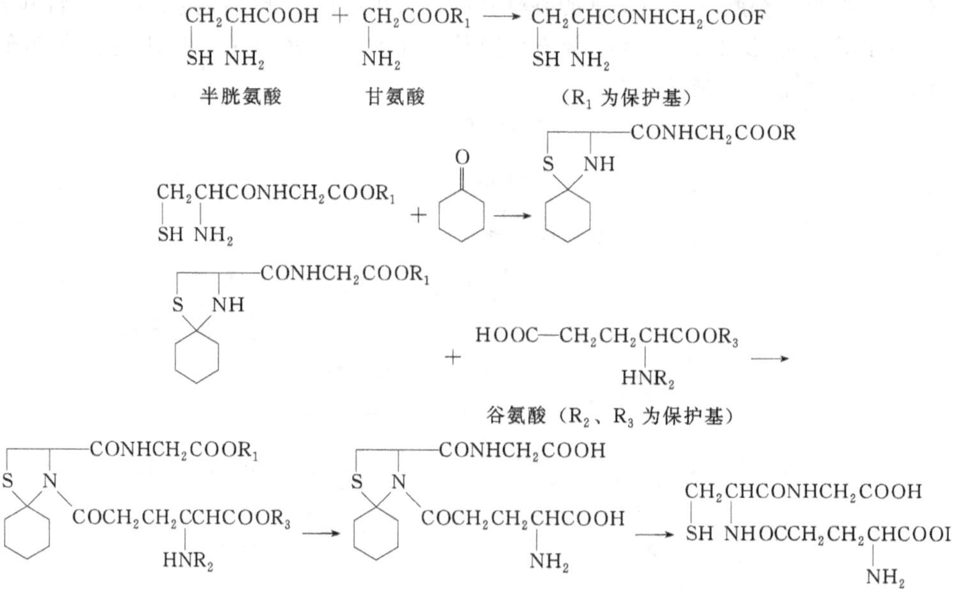

图 7-8　化学法合成 GSH 的路线

3. 酶转化法

酶转化法是以 L-谷氨酸、L-半胱氨酸及甘氨酸为底物，添加少量三磷酸腺苷，在谷胱甘肽合成酶催化下合成 GSH，再经树脂吸附、水洗等工序制得。谷胱甘肽合成酶大多取自酵母菌和大肠杆菌等。酶转化法生产 GSH 的工艺流程见图 7-9 所示。

4. 发酵法

自 1938 年发表了由酵母制备 GSH 的专利以来，发酵法制备工艺和方法得到了不断的改进，现已成为生产 GSH 最普遍和最具潜力的方法。其原理是谷胱甘肽在生物体内是 L-

Glu、L-Cys 和 Gly 在 ATP 存在下由 γ-谷氨酰半胱氨酸合成酶和谷胱甘肽合成酶催化合成的。在反应体系中需要 ATP 提供能量。

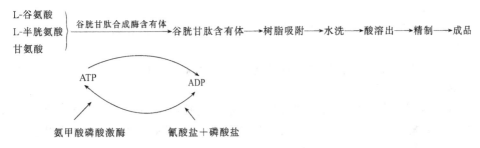

图 7-9　酶转化法生产 GSH 的工艺流程

目前发酵法主要有以下 4 种方法。

① 选育富含 GSH 的高产酵母菌株，再由此分离提取制得，其工艺流程见图 7-10 所示。

② 通过培养富含 GSH 的绿藻，再以酵母相似的方法提取，其工艺流程见图 7-11 所示。

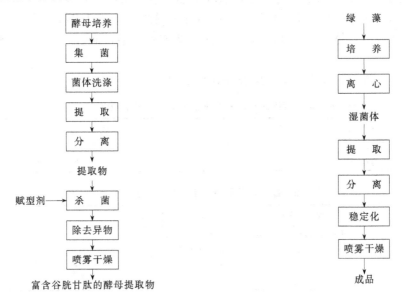

图 7-10　富含 GSH 酵母分离提取工艺流程　　　　图 7-11　绿藻培养提取 GSH 工艺流程

酵母提取法原料来源充足，方法容易掌握，投资少，得到了普遍认可，现在日本和一些西方国家已实现了 GSH 的工业化生产。绿藻培养法虽也简便，生产成本也低，但受地区资源的影响和限制较大，使其应用受到了限制。

③ 重组大肠杆菌工程菌发酵生产法　通过选育或构建 GSH 合成能力强、胞内含量高的微生物菌种，筛选和优化培养基配方，建立和优化发酵控制策略等，控制生产过程中 γ-谷氨酰半胱氨酸合成酶和谷胱甘肽合成酶的合成以及谷氨酰转肽酶的降解，同时，构建高效的 ATP 再生系统，实现 GSH 合成-ATP 再生的耦合，最终提高 GSH 的产率和质量。

④ 固定化细胞（或酶）的发酵生产法　是近年来 GSH 生物合成研究中的新方向。

（二）GSH 制备的基本工艺

1. 萃取法制备 GSH 的基本工艺

（1）工艺流程

原料──→提取（破坏细胞壁）──→谷胱甘肽提取液──→沉淀──→水洗──→脱盐──→浓缩──→干燥──→成品

（2）操作要点

① 原料　植物种子胚芽、动物内脏、酵母等都可作为谷胱甘肽萃取的原料，但以酵母作为原料居多。

② 萃取　萃取目的是使谷胱甘肽从细胞中释放出来，可以选用机械破碎法、化学抽提法和酶溶解法中任意一种处理。

③ 分离、沉淀　传统的方法是铜盐法。目前研究提出采用离子交换法、有机汞亲和层析法、双水相分配结合温度诱导相分离法等技术，能产生较好分离效果。采用铜盐法进行沉淀。在谷胱甘肽提取液中加入 Cu_2O，搅拌，沉降 30min，过滤。

④ 水洗　用清水洗滤渣至无硫酸根离子，并将其溶解在水中。

⑤ 脱盐　通入 H_2S 除去铜离子，过滤，在滤液中通入 H_2 排去 H_2S。

⑥ 浓缩　蒸馏法浓缩滤液。

⑦ 干燥　可采用喷雾干燥法、冷冻干燥法或电热真空干燥法，其中冷冻干燥法效果最好，但是产品的水分含量较高，不易保存。采用喷雾干燥法，其产品得率较冷冻干燥法低，但产品的水分含量较低而易保存。电热真空干燥法，其产品的色泽和谷胱甘肽的含量均不如以上两种方法。

（3）质量指标　谷胱甘肽质量指标见表 7-8 和表 7-9。

表 7-8　高纯度结晶谷胱甘肽的质量指标（中国企标）

指　标　名　称	数　　值
含量/℃	≥98.0
熔点/℃	175～185

表 7-9　谷胱甘肽质量标准（日本企标）

指　标　名　称	数　　值	指　标　名　称	数　　值
性状	淡黄色粉末,有特殊气味	杂菌数/(个/g)	≤3000
Pb/(mg/kg)	≤20	霉菌数/(个/g)	≤200
干燥失重/%	≤5	大肠杆菌	阴性
谷胱甘肽含量/%	8～15		

2. 酵母发酵法制备 GSH 的基本工艺

（1）工艺流程

酵母──→诱变──→高产酵母──→热水提取──→离心──→调节 pH──→树脂吸附──→酸洗脱──→混合搅拌──→沉淀──→过滤──→浓缩──→干燥──→谷胱甘肽成品

（2）操作要点

① 酵母菌种　一般选用酿酒酵母（*Saccharomyces cerevisiae*）及假丝酵母属（*Candida*）中的某些种。

② 诱变方法　出发株经摇瓶培养 15h 后制成菌悬液，采用紫外光诱变后，筛选某些物质的抗性株。

③ 发酵条件　pH5.5，温度 28～30℃，时间 32h。

④ 热水提取　将发酵液保持在 95～100℃水中，10min，迅速冷却，用 10mol/L 硫酸调 pH 至 3.0，在 10000r/min 下离心。

⑤ 树脂的选择和预处理　选择国产 732 阳离子交换树脂。先将树脂磨碎，筛选出 60～

80 目组分，然后用酸碱交替洗涤，装柱后用 1mol/L H_2SO_4 平衡。

⑥ 树脂吸附　提取液上柱流速为 6mL/min，1mol/L H_2SO_4 洗脱，洗脱流速为 2mL/min。

沉淀、浓缩、干燥等工艺同前。

3. 重组大肠杆菌工程菌发酵法制备 GSH 的基本工艺

（1）工艺流程

菌种——斜面培养——种子培养——扩大培养——流加培养——离心——提取——浓缩——干燥——成品

（2）操作要点

① 菌种　重组大肠杆菌（Escherichia coli）WSH-KEI，含构建了谷胱甘肽合成酶 gsh Ⅰ 和 gsh Ⅱ 基因的拷贝数为 2 : 1。

② 发酵条件　斜面培养温度 30℃，pH7.2，时间 24h。种子培养温度 30℃，pH7.2，摇瓶振荡培养 24h。扩大培养：以 10% 的接种量接种，摇瓶培养 24h，pH7.2，30℃。流加培养：以 20% 的接种量接种至发酵罐。初糖浓度 10g/L，7h 后，补加 10g/L 糖。其中，在 10h 时，加入 2.0g/L ATP。12h 时，加入 9mmol/L 的谷氨酸，半胱氨酸和甘氨酸。

提取、分离、浓缩、干燥工艺同前。

4. 固定化细胞（或酶）发酵法制备 GSH 的基本工艺流程

（1）工艺流程

菌种——细胞培养——大肠杆菌细胞的处理——酵母细胞的处理——成型剂制备——固定化载体的处理——固定细胞——发酵反应——分离——提取——浓缩——干燥——成品

（2）操作要点

① 菌种　重组大肠杆菌（Escherichia coli WSH-KEI），含构建了谷胱甘肽合成酶基因 gsh-Ⅰ、gsh-Ⅱ 和氨苄青霉素抗性基因的重组质粒 pGH501。面包酵母（Saccharomyces cerevisiae 2107）。

② 培养基　VB 培养基和 YEPD 培养基

③ 培养条件　大肠杆菌在 VB 培养基中于 37℃ 摇瓶培养 20h，S.cerevisiae 面包酵母细胞在 YEPD 培养基中于 30℃ 培养 24h，而后分别于 10000r/min 和 3000r/min 下离心，收获细胞并用蒸馏水充分洗涤，离心后备用。

④ 细胞处理　大肠杆菌细胞悬浮在 10% 甲苯和 0.5mmol/L L-Cys 的 pH7.0、5.0mmol/L 磷酸钾缓冲液中，37℃ 振荡 30min 后离心收集细胞，用上述缓冲液洗涤两次，备用。酵母细胞悬浮在 90% 丙酮和 0.5mmol/L L-Cys 的 pH7.0、5.0mmol/L 磷酸钾缓冲液中，室温震荡 10min 后离心收集细胞，用上述缓冲液洗涤两次，备用。

⑤ 成型剂制备　将适量硼酸溶于一定量的蒸馏水中，加入 0.2mol/L 的 KCl，混匀，用 K_2CO_3 调节 pH 至 6.4，成为 KCl-饱和硼酸成型剂。目前选择固定化的载体有聚乙烯醇、卡拉胶、海藻酸钠等。

⑥ 固定化载体的处理　取一定量的聚乙烯醇，浸泡在蒸馏水中 1 天，加入一定量的卡拉胶，使聚烯醇和卡拉胶的浓度分别为 10% 和 0.5%，混匀后置高压锅中 110℃ 保温 20min，使聚乙烯醇充分溶化，然后置 45℃ 水浴中保温。

⑦ 细胞固定　将处理后的细胞按照比例（大肠杆菌：酵母菌＝1 : 2）混合，悬浮在 45℃、0.85% 的 NaCl 溶液中，置 45℃ 水浴保温。然后将细胞悬浮液与等量的聚乙烯醇-卡拉胶溶液混合，再滴入到 KCl-饱和硼酸溶液中，4℃ 下静止一定时间。

⑧ 发酵反应体系　L-Glu 60mmol/L，L-Gys20mmol/L，L-Gly20mmol/L、$MgCl_2$ 20mmol/L、葡萄糖 400mmol/L、磷酸缓冲液 50mmol/L。pH7.5，固定化大肠杆菌与酵母菌 1g/mL，在 37℃、150r/min 的摇床中反应 2h。

提取、分离、浓缩、干燥工艺同前。

（三）GSH 在功能性食品中的应用

由于 GSH 具有重要的生理作用，使其广泛地应用于肝脏疾病、肿瘤、药物中毒、重金属中毒、氧中毒、衰老和内分泌疾病等的治疗，效果显著。目前，GSH 作为生物活性添加剂及抗氧化剂在食品加工领域中的应用也日益受到人们重视。

1. 在肉制品及海鲜类制品加工中的应用

利用 GSH 的抗氧化作用，在肉类、海鲜类食品中添加 GSH，不仅可大大延长保鲜期，还可防止罐头褐变，保持食品的色泽。另外，GSH 具有同 L-谷氨酸钠、核酸系一样的呈味性，添加到肉制品中，能增加其风味。GSH 还可以防止冷冻鱼片不愉快的色变及鱼肉的褐变。

2. 在奶制品及婴儿食品加工中的应用

在酸奶及儿童食品中加入 GSH，可以抗氧化，起到稳定剂的作用。有效地防止奶制品的酶促和非酶促褐变，改善口味并可最大限度地提高奶制品的品质。

3. 在面制品加工中的应用

GSH 加入到面制品中，从营养上起到强化氨基酸的作用，同时还起到还原作用。从食品工艺上 GSH 能直接或间接地切断面筋蛋白质分子间的二硫键，从而影响蛋白质的三维网状结构和面团的流变性质，可较大范围地控制面团的黏度，降低面团的强度，并有效地缩短面制品的干燥时间，强化面制品的品质和风味。

4. 在果蔬制品加工中的应用

在水果蔬菜类食品加工中添加 GSH 可起到抗氧化的作用，有利于保持原有的营养和诱人的色、味，可防止色素沉着，并可防止褐变。

5. 在饮料加工中的应用

GSH 可应用于各类饮料中，常见的是以富含 GSH 的酵母提取物添加到饮料中。此外，也有生产高 GSH 含量抗癌系列啤酒等。

（四）GSH 含量检测方法（循环法）

1. 原理

在还原性辅酶Ⅱ（NADPH）和谷胱甘肽还原酶（GR）维持谷胱甘肽（GSH）总量不变的条件下，GSH 和 DTNB（5,5′dithiobis-2-nitrobenzoate acid）发生反应，在此反应中，NADPH 量逐渐减少，TNB（5-硫代-2-硝基苯甲酸盐）量逐步增加，TNB 在 412nm 吸收增加的速率 A_{412}/min 与样品中总谷胱甘肽量成正比。由于采用了 γ-GT（γ-谷氨酸转肽酶）抑制剂（SBE 抗凝剂）和快速测定，克服了血浆中谷胱甘肽含量极低、离体后消退极快、不易准确测定的困难。该法灵敏度可达 0.1nmol/L 左右，加样回收率为 93%～106%。由于该法中 GSH 和 GSSG 氧化型谷胱甘肽循环交替，周而复始，总量不变，故称此法为循环法（recirculatingassay）。循环法是目前较灵敏的测定总 GSH（即 GSH＋GSSG）的方法。

2. 仪器

带动力学功能的分光光度计（或普通分光光度计）、高速离心机。

3. 试剂

GSH 标准品购自美国 Sigma 公司；

50U/mL 谷胱甘肽还原酶（GR）：0.260mLGR（美国 Sigma 公司，500U/2.6mL）加缓冲液 0.74mL（使用当天配制）；

SBE 抗凝剂（pH7.4），内含 0.8mol/L L-丝氨酸；

0.8mol/L H_3BO_3；0.05mol/L EDTA，以浓 NaOH 调节 pH7.4（室温存放）；10% TCA（三氯乙酸）室温存放；0.3mol/L Na_2HPO_4（室温存放）；0.125mol/L Na_2HPO_4-NaH_2PO_4；pH7.5 的 6.3mol/L EDTA 缓冲液，0～4℃保存；6.0mmol/L DTNB：23.8mg DTNB（相对分子质量 396.4）溶于 10mL 上述缓冲液中（0℃以下冰冻保存）；2.1mmol/L NADPH：17.5mgNADPH（相对分子质量 833.4）溶于 10mL 上述缓冲液中（使用当天配制）。

4. 操作方法

（1）GSH 标准系列　称取 15.3mgGSH，用重蒸水准确稀释至 100mL，得 0.5mmol/L GSH。取此液 0.08mL，加重蒸水 1.92mL，得 20nmol/L 标准溶液；再顺序以 1∶1 稀释，则得 4nmol/L、2nmol/L、1nmol/L、0.5nmol/L、0.25nmol/L 的标准系列。

（2）样品液的制备

① 血浆　取 1.5mL 静脉全血迅速放入含 0.09mL SBE 的小离心管中，混匀，即刻高速（约 10000r/min）离心 1.5min。取出上层血浆 0.6mL，移入含 0.24mL6.0mmol/L DTNB 的小管中，混匀，迅速取出 0.35mL（内含 0.1mLDTNB 和 0.25mL 血浆）移入 1mL 比色皿中测总 GSH。从取人血开始测定应控制在 3min 之内，大鼠、猪血应控制在 1.5h 内。

② 全血　取 0.1mL SBE 抗凝全血，移入含 0.5mL 10% TCA 的小离心管中，混匀，高速离心 2min，取上清液 0.1mL，加入 0.4mL 0.3mol/L Na_2HPO_4、0.5mL 0.05mol/L EDTA 缓冲液，混匀。取此全血制备液 0.1mL 移入比色皿中测定总 GSH。

③ 速冻组织（心、肝、肾等）　取约 1g 组织块，加 5mL 10% TCA 匀浆，以 10000r/min 离心 5min，取上清液 0.1mL，加入 0.4mL 0.3mol/L Na_2HPO_4、0.5mL 0.05mol/LEDTA 缓冲液，混匀。取此组织制备液 0.1mL 移入比色皿中测总 GSH。

（3）GSH 的测定　若采用有动力学功能的分光光度计，则测定条件为：波长 412nm，吸光度范围 0～3.0，延后时间 20min，反应时间 2min；若为普通分光光度计，则人工定时读 A_{412nm}，计算出 A_{412nm}。总 GSH 测定步骤见表 7-10。

表 7-10　总 GSH 测定步骤

试 剂 或 样 品	GSH 标准管	样 品 管		
		血浆	全血	组织
2.1mmol/L NADPH/mL	0.10	0.10	0.10	0.10
6.0mmol/L DTNB/mL	0.10		0.10	0.10
GSH 标准系列/mL	0.20			
DTNB 血浆/mL		0.35		
全血制备液/mL			0.10	
组织制备液/mL				0.10
缓冲液(pH=7.5)/mL	0.50	0.55	0.70	0.70
直接加在 1mL 比色皿(1cm)中				
50U/mL GR/mL	0.01	0.01	0.01	0.01

加在比色皿壁上，比色前混匀，即刻开始读 A_{412nm}

5. 结果计算

绘制 A_{412nm}-GSH（nmol）标准曲线，得

血浆：
$$\frac{G}{0.25\text{mL}} = \text{nmol GSH/mL 血浆}$$

红细胞：
$$\frac{G \times 90}{0.1\text{mL} \times 血球容积比} = \text{nmol GSH/mL 红细胞}$$

组织：
$$\frac{G \times 50}{0.1\text{mL} \times 匀浆组织块质量} = \text{nmol GSH/g 组织}$$

二、蛋清高 F 值寡肽的生产技术

蛋清寡肽主要是指通过酶解蛋清中的多种蛋白质，从而生成具有 2～9 个氨基酸残基的小肽，这种肽就称之为蛋清寡肽。蛋清寡肽具有较多的功能特性，同时机体对于寡肽的吸收速度比游离的氨基酸快、吸收效率高等特点。目前对于蛋清寡肽混合物的制备主要采用的是酶法水解蛋清蛋白。

（一）蛋清高 F 值寡肽制备方法

1. 工艺流程

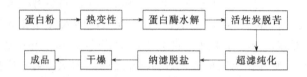

2. 操作要点

（1）热变性　热变性破坏蛋白质结构，使之变成无秩序的肽链状态，分子结构松散而暴露出来，从而使蛋白水解酶的作用点大大增加，提高了酶解速度，适宜变性条件为：热变性温度为 90～95℃，变性时间 10～20min。

（2）酶解　制备高 F 值寡肽的酶解过程可分为两步：首先使用蛋白酶 I 水解蛋白质原料形成可溶性肽。要求水解发生在特定的位置使得切下的肽段的 N-末端或 C-末端为芳香族氨基酸。然后利用蛋白酶 II 切断芳香族氨基酸旁的肽键，并将其从肽链中释放出来。

枯草杆菌碱性蛋白酶（Alcalase）的作用下，水解温度 50～65℃，pH 值 9～11，水解时间 3～4h。水解完成后，加入 6mol/L 的盐酸调节 pH 值至 4.5，Alcalase 在 pH 为 4 时，50℃以上 30min 便可使其失活。

（3）脱苦　蛋清蛋白质在酶水解过程中，需要不断加入氢氧化钠溶液来维持反应所需pH 值，在反应终止时，加入盐酸调节水解液 pH 值至蛋清蛋白质的等电点（pI 4.5），因此，水解物中粗盐分含量（主要为 NaCl）占固形物的 20％左右。

盐分的脱除有多种方法，如离子交换、超滤、电渗析等物理、化学方法。超滤和电渗析可以有效脱除大分子化合物中的盐分，但对蛋白质水解物来说，采用超滤或渗析技术处理会造成一些低肽分子的损失，影响氮回收率。通常采用离子交换法脱除蛋白水解液中的盐分，在经过 H⁺离子交换树脂和 OH⁻离子交换树脂后，大部分盐分被交换除去，使水解液中残留盐分与蛋白质的相比不超过生理需要量。

为了提高 F 值脱出芳香族氨基酸产生的苦味，必须从寡肽混合物中去除芳香族氨基酸。目前分离氨基酸和肽的方法很多，如离子交换法、膜分离法、凝胶过滤法、高效液相层析法、泳技术、活性炭吸附色谱法等。因活性炭吸附氨基酸能力强、成本便宜、易于扩大化企业生产，所以用活性炭吸附法脱除芳香族氨基酸成为人们研究的焦点，最优工艺参数为温度50～55℃，活性炭加入量 3％～5％。

（4）纯化　蛋白质分子大小、组成及结构等方面的多样性，导致了蛋白质酶解液的成分复杂化，而想要制备出分子量小于 1000Da 的寡肽，要选择经济合理的、适用于工业生产的分离纯化方法。超滤技术由于具有工艺流程短、耗用化学试剂少、无相变等优点，按膜的截留分子质量对混合寡肽液进行分离纯化，此方法是目前较有前途的方法之一。在操作压力 7～85Pa，操作温度 30～40℃，料液含量 10％条件下，得到最高的氮回收率。

（5）脱盐　食品中盐分的脱除有多种方法，如离子交换、膜技术、电渗析等物理、化学方法。纳滤是膜分离技术中的一种，此技术具有分离效率高、分离条件温和、流程简单及能耗较低等优点，因此在蛋白产品的浓缩、酶的分离与精制、发酵产品的分离与精制等方面应用广泛。试验选择 NF100B 型芳香聚酰胺纳滤膜，对纯化后的寡肽液进行脱盐处理。

（6）脱异味　水解过程中由于肽键的断裂，一些巯基化合物释放出来，使水解物具有异味，影响产品品质。异味的浓淡程度与温度相关，温度越高，异味越大，当温度高于 50℃ 时，异味明显；当温度低于 20℃ 时，异味不明显。

去除异味的方法有活性炭选择性分离，苹果酸等有机酸及果胶、麦芽糊精的包埋等，考虑到活性炭处理会造成蛋白质的损失，通常可选用 β-环状糊精对异味物质进行包埋。

（7）干燥处理　常用的干燥方法有常温常压干燥、喷雾干燥、冷冻干燥、热风干燥等多种方法，喷雾干燥法是工业化生产产品常用方法。其工艺参数为：进风温度为 160～180℃，出风温度 80～95℃。

（二）蛋清高 F 值寡肽测定方法

1. 原理

在氨基酸混合物中，支链氨基酸（BCAA）与芳香族氨基酸（AAA）的摩尔比称为 Fischer 值，简称 F 值。采用氨基酸分析仪分析试样中氨基酸的组成，测定出 F 值。

2. 仪器

氨基酸自动分析仪。

3. 试剂

2％苯酚溶液、过甲酸试剂、4.8％偏重亚硫酸钠、6mol/L 氢氧化钠溶液、pH2.0 柠檬酸缓冲液 \ 氨基酸标准溶液（17 种氨基酸的浓度是 10^{-4}mol/L，脯氨酸的浓度是 2×10^{-4}mol/L）。

4. 操作方法

（1）色谱条件

分析柱：4.0mm×150mm 不锈钢柱，内填 2169 号阳离子交换树脂；

去氨柱：4.0mm×120mm 不锈钢柱，内填 2650 号树脂；

温度：柱温，58℃；反应盘温度，100℃；

泵 1 流速，0.55mL/min；泵 2 流速，0.3mL/min；

进样量：50 L。

（2）样品的制备与测定　称取一定量的样品（含蛋白质 5mg 左右）于试管中，加 0.25mL，2％苯酚溶液，再加 0.5mL 过甲酸试剂，20℃ 下氧化 4h 或 0℃ 氧化过夜。加 0.2mL 14.8％偏重亚硫酸钠，轻微振摇几次，于喷灯下距管 2cm 左右拉管，待冷却后，加 6.67mol/L 盐酸 9mL，用喷灯封管，置于 110℃ 恒温箱中水解 24～28h。取水解管，冷却至室温，在喷灯上开管，加 9mL 6mol/L 氢氧化钠溶液中和水解液，用 pH＝2.0 的柠檬酸缓冲液定容至 50mL。定容后的样品溶液经过滤即可用于色谱测定。

5. 结果计算

样品中氨基酸 i 的含量（％）按式(7-4)计算。

$$W_i = \frac{A_{样i} C_{标i} M_i V}{A_{标i} m} \times 100\%$$ (7-4)

式中，$A_{样i}$ 为样品中氨基酸 i 的峰面积；$A_{标i}$ 为标准溶液中氨基酸 f 的峰面积；M_i 为氨基酸 i 的相对分子质量；$C_{标i}$ 为标准溶液中氨基酸 i 的浓度，mol/L；V 为样品溶液的总体积，mL；m 为样品的质量。

F 值按式(7-5) 计算。

$$F = \frac{M_1}{M_2}$$ (7-5)

式中，M_1 为支链氨基酸的总含量，mg；M_2 为芳香族氨基酸的总含量，mg。

三、大豆多肽的生产技术

大豆多肽即 "肽基大豆蛋白水解物" 的简称，是大豆蛋白质经蛋白酶水解作用后，再经特殊处理而得到的产物。大豆多肽通常由 3～6 个氨基酸组成的，为相对分子质量低于 1000 的低肽混合物，相对分子质量主要分布在 300～700 范围内。大豆多肽的必需氨基酸组成与大豆蛋白质完全一样，含量丰富而平衡，且多肽化合物易被人体消化吸收，并具有防病、调节人体生理机能的作用。大豆多肽较之相同组成的氨基酸及其母本蛋白，具有许多独特的理化性质与生物学活性，如易吸收性和低过敏原性、降低血脂和胆固醇、降低血压、增强肌肉运动力和加速肌红蛋白恢复、促进脂肪代谢等方面的生物活性，是极具潜力的一种功能性食品基料，已逐渐成为 21 世纪的健康食品。

（一）大豆多肽的制备工艺

大豆多肽的生产主要是以大豆、豆粕或大豆分离蛋白质为原料，将大豆蛋白质水解而成。生产大豆多肽的关键是蛋白的水解，一般水解方法有化学水解法和酶水解法两种。化学方法是采用酸水解，酸水解虽然简单、经济，但其缺点是在生产过程中不能按规定的水解程度进行水解，生产条件苛刻，氨基酸会受到损害，降低其营养价值，因此一般很少用此方法。酶水解的方法是在比较温和的条件下进行，能很好地控制水解度，保证产品质量的均一性，有效地保存了氨基酸的营养价值。

1. 工艺流程

大豆分离蛋白——加水混合——高速搅拌——预处理——调 pH——加酶——搅拌反应——灭酶——调 pH——离心——蒸馏浓缩——高温杀菌——喷雾干燥——成品

2. 操作要点

① 水粉混合　将大豆蛋白按一定比例溶于水中，以确定适宜的酶解浓度。一般以 9%～12% 为宜。用高速搅拌机搅拌均匀，使大豆蛋白充分混合。

② 预处理　将蛋白液加热并不断搅拌，使溶液温度上升至一定温度（90～95℃）并保持恒温 5min，降温并调节 pH 值（5～6）。

③ 酶解　酶解过程中水解液应恒定于适宜温度（40～50℃），并不断搅拌。肽键酶解时，由于羧基与氨基之间的质子发生交换，会使水解液的 pH 值发生改变，影响酶解速率，所以应不断地加入碱液调整，以维持适宜的 pH 值。

④ 灭酶处理　可采用将水解液加热到 80～85℃。保持 5min，使酶失活。

⑤ 酶种类的选择　酶的种类很多，不同的酶对底物的专一性、键的专一性、立体结构的专一性都是不同的。生产大豆蛋白肽的酶选择蛋白水解酶，在生产过程中，正确选择使用蛋白酶至关重要。通常，可选用胰蛋白酶、胃蛋白酶等动物蛋白酶，也可使用菠萝和木瓜等

植物蛋白酶，但目前应用较广的主要是枯草杆菌1389、放线菌166、栖土曲霉3942、黑曲霉3350和地衣型芽孢杆菌2709等微生物蛋白酶。经实验及研究表明，单一酶水解蛋白液会产生苦味。为提高大豆蛋白肽的产品质量现一般都采用复合蛋白酶，这种酶较能彻底水解植物蛋白。

当大豆蛋白质被酶解成肽后，往往产生不同程度的苦涩味，这些苦味的成分主要是亮氨酸、蛋氨酸等疏水性氨基酸及其衍生物和低分子苦味肽。这些疏水性氨基酸常常隐蔽在天然蛋白质中，避免了与味蕾的接触，而在酶水解过程中，由于蛋白质被水解成较小分子的肽类或游离氨基酸，使疏水性氨基酸暴露出来，产生苦味，并随水解程度的加深，苦味不断加重。这会对产品风味产生很大影响。此外，大豆本身还含有少量的胰蛋白酶抑制剂、外源凝聚素、致甲状腺肿素、抗维生素因子和金属络合物等抗营养成分。人或动物长期摄入含有这些有害物质的大豆制品，会产生不同程度的消化不良、甲状腺肿大、氨基酸和维生素等营养成分利用率下降以及生长停滞等一系列蓄积性中毒症状。为此，在生产大豆多肽时，可采用适当加热处理、加入化学试剂（除臭剂、活性炭等）、控制蛋白质的水解度（DH）和特殊酶解处理等方法将大豆多肽制品中的不良风味和抗营养物质除去，以确保从根本上改善大豆多肽的风味和提高其营养价值。

（二）大豆多肽在功能性食品中的应用

大豆多肽在较大的pH、温度、离子强度范围内均具有很好的溶解性。大豆多肽的流动性、吸湿保湿性、热稳定性、储存稳定性和低黏度，都为大豆多肽良好的加工性能提供了方便。因此，可以广泛应用于食品、饮料、医药、保健品、化妆品、生物制品等领域。据统计，每年生产的蛋白饮料为33万吨，豆奶为30万吨，肽的市场需求量为5000吨以上。以肽为原料，可以制成片剂、口服液、胶囊。除此之外，还可以添加到其他食品和饮品中，如含肽咖啡、肽白酒、肽啤酒、肽饮料、各类含肽面包糕点、肽儿童食品、肽液体奶、肽酸奶、肽化妆护肤品、肽饮品、肽燕麦粥、肽珍稀动物饲料、肽酱油、肽方便面及肽果汁等。

1. 用于医疗保健食品

（1）替代一般的蛋白制品　大豆多肽的易消化性、易吸收性和功能调理作用可替代一般的蛋白制品　大豆多肽主要是给那些不能摄入常规食品的人提供完全或增补的营养，也可对有特殊生理和营养需求的病人提供特殊营养。据估算，欧美、日本就有近1000万病人和亚健康人食用这类食物，其销售额超过了2亿多美元，并且还有继续增长的趋势。肽产品已成为有效的医疗辅助制剂。

（2）用于降血脂、降胆固醇产品、减肥食品　大豆多肽能阻碍肠道内胆固醇的吸收，促使胆固醇排出体外，降低血液中血脂和胆固醇的浓度，防止胆固醇和血脂在血液中沉积。大豆多肽不仅能够阻碍脂肪的吸收，并且还可以促进脂质代谢。一般的减肥方法主要是通过低能膳食的摄入，适当增加运动量，促进贮藏脂肪消耗，但会导致减肥者体质下降。食入大豆多肽既可减肥又能使体内的氮保持平衡，不致使减肥者身体受到损害。

（3）用于降血压产品　高血压和心脑血管疾病已是当前世界上死亡率最高的疾病之一，高血压病人必须每天服用一定量的降压药方能维持血压的正常。但是，长期服用降压药会对肾功能和性功能造成很大的伤害。血压是在血管紧张素转换酶（ACE）的作用下进行调节的，血管紧张素Ⅰ（AngiotensinⅠ）不具有活性，但是AⅠ在ACE的作用下可以转变为具有活性的血管紧张素Ⅱ（AⅡ），AⅡ具有收缩血管平滑肌的活性功能，从而引起血压升高。大豆蛋白活性肽可以抑制ACE的活性，防止血管平滑肌的收缩，达到降血压的目的。大豆多肽对正常的血压没有降压作用，对肾和性功能没有任何影响，是安全可靠的。

（4）用于补钙产品　大豆多肽具有和钙及其他微量元素有效结合的活性基团，可以形成有机钙多肽络合物，大大促进钙的吸收。据统计，人群中 30 岁以上缺钙的人在 75％以上。目前，补钙制剂主要是乳酸钙，但吸收率并不高。而大豆多肽和钙形成的络合物其溶解性、吸收率和输送速度都明显地提高。此外，大豆多肽还可以与铁、硒、锌等多种微量元素结合，形成有机金属络合肽，是微量元素吸收和输送的很好载体。

（5）用于双歧杆菌促进剂　大豆多肽对肠道内双歧杆菌和其他正常微生物菌群的生长繁殖具有促进作用，能保持肠道内有益菌群的平衡，对防止便秘和促进肠道的蠕动具有显著的作用。实验证明，便秘严重的人每天服用 30g 大豆多肽，连续服用 7 天便秘可得到明显缓解，面部肤色也有明显改善，继续服用，便秘则完全消失。据统计，便秘的人达到 40％以上，如果利用大豆多肽的通肠润便排毒功能，制成防止便秘的产品，其市场容量是不容忽视的。

（6）用于抗血栓形成食品　血栓形成是由于纤维蛋白原参与的结果，肽能抑制血小板的凝聚和纤维蛋白原结合到 ADP 活化的血小板上。因此，肽具有抗血栓形成的功能。目前，血液黏稠、血栓病、心脑血管病已成为危害人类健康的重要疾病，人到了中年以后，都不同程度地患有血稠、血栓病，这种疾病有年轻化的趋势，开发预防中老年血稠、抗血栓形成的产品市场是广阔的。

2. 用于老人营养食品

人类随着年龄的增大，身体机能逐渐变弱，但是单位体重对氮和氨基酸的需求并未降低。这时，如果得不到充分的补给，体质会很快下降，食欲和免疫力会明显降低，再加上消化吸收功能的衰退造成了老年人营养的严重不足，会迅速呈现老态。大豆多肽不经消化就可以被有效吸收的特性，可以成为老年人食品中的理想氮源强化剂和人体内源调节剂。

3. 用于孕妇、哺乳期妇女和婴幼儿食品

孕妇和哺乳期妇女需要较多的营养和蛋白质，如果缺乏氮源，则对婴儿的智力发育造成较大的影响。如果孕妇为了获得营养而过分进食，则会形成肥大儿。大豆多肽对大脑、神经发育具有良好的促进作用，并且大豆多肽是人体蛋白合成的基本构筑单元。因此，孕妇和婴幼儿补充大豆多肽对孩子们的智力和身体发育是有好处的。大豆多肽还具有催乳功能，并且肽又是乳汁蛋白的组成成分。这对胎儿、婴幼儿的生长发育是很有利的。我国有 8000 多万孕妇、哺乳期妇女和婴幼儿，开发适合其食用的产品，对整个民族素质的提高都大有益处。

4. 用于运动营养食品

大豆多肽属于小分子类物质，可经小肠绒毛上皮细胞直接吸收进入血液，运送到各个功能部位被迅速吸收，可抑制和缩短体内的负氮平衡。因此，在运动前或运动中，由于大豆多肽的迅速吸收和补充，减轻了肌蛋白的降解，维护体内正常蛋白质合成，减轻和延缓由运动引发的一些生理方面的改变，可起到增强运动员的体力、耐力、迅速消除疲劳，恢复体力的作用。日本研究人员对柔道运动员进行大豆多肽饮服试验，每天除常规饮食外，再增加 20g 大豆多肽，连续进行 5 个月饮服试验，结果发现试验组的体能明显好于对照组。有学者给竞走运动员进行饮服大豆多肽试验，在运动前饮服 20g 大豆多肽竞走 20km 后，测定血液中肌红蛋白的变化情况。结果发现，饮服大豆多肽的试验组肌红蛋白减少值比未服大豆多肽的要小，即肌肉细胞破坏的少。

5. 用于学生和脑力劳动者食品

一般说来，学生的学习压力大，已超过生理所能承受的负荷，许多人甚至出现神经衰弱、抑郁、烦躁、注意力分散、厌学苦闷、头痛健忘等症状。出现这一症状的原因，主要是脑部氨基酸营养供应不足。大脑的一切思维记忆和创造活动都和蛋白质密切相关，大豆蛋白活性肽分子小，吸收快，可以迅速输送到脑部，激活脑细胞并供给充足的营养，提高学习的记忆力，肽类物质的这种作用是一般食物所不能替代的。长期的脑力劳动会使人疲乏困倦、健忘、思维迟钝、工作效率降低等，这也是与大脑缺乏营养和脑细胞活性下降有关。以大豆多肽为基本原料开发脑力劳动者的早餐食品和中餐营养补充食品是非常重要的。

6. 用于美容养颜护发产品

大豆多肽具有保护表皮细胞，防止黑色素沉积的功能。大豆多肽分子量小，很容易透过表皮细胞和毛囊孔进入真皮层，肽具有很强的吸湿性，能保持表皮细胞湿润，起到护肤养颜护发的作用。大豆多肽能清除体内氧自由基、阻止皮肤色素的沉积，不使皮肤衰老松弛。将大豆多肽用于养颜护肤品已成为 21 世纪的新趋势。

7. 用于微生物发酵促进剂

氮源是微生物发酵不可缺少的基本营养成分，如果培养基缺乏氮源，微生物的生长和代谢将会受阻和停止。在微生物发酵中 C/N 是培养基一个非常重要的指标，如乳酸发酵、抗生素发酵和酶制剂等发酵产品均离不开氮源。大豆多肽可满足微生物的生长需求，可使微生物的生长茁壮，活性提高。另外，酸奶如果加入一定的大豆多肽作为促进剂，乳酸菌则生长旺盛和健壮，菌种容易存活且口感较好。据统计，2000 年全国的酸奶产量 20 多万吨，需要大豆多肽作为发酵促进剂的量高达 5000 多吨，并且每年以 10％速度在增长。

四、超氧化物歧化酶的生产技术

超氧化物歧化酶（SOD）是一种能够清除机体中过多自由基的活性物质，可能与机体的衰老、肿瘤发生、自身免疫性疾病和辐射防护等有关。此酶无抗原性，不良反应较小，是一种医疗价值很高的酶。目前已应用于治疗炎症患者，特别是类风湿性关节炎、慢性多发性关节炎及放射性治疗后的炎症患者，同时还被应用于保健食品、化妆品、牙膏等中。

SOD 是金属酶，按其分子中金属辅基不同至少可分为 Cu·Zn-SOD、Mn-SOD 和 Fe-SOD 三种。

① Cu·Zn-SOD　呈蓝绿色，主要存在于真核细胞的细胞浆内，相对分子质量在 32000 左右，由 2 个亚基组成，每个亚基含 1 个 Cu 和 1 个 Zn。在酶分子中，Cu 和 Zn 的作用是不同的。Zn 仅与酶分子的结构有关，与催化活性无关，而 Cu 却与催化活性有关。透析除去 Cu，则酶活性全部丧失，重新加入 Cu，其活性又可恢复。Cu·Zn-SOD 对氰化物敏感，只要 1～2mmol/L 的氰化物，酶的活性就会全部丧失。

② Mn-SOD　呈粉红色，其相对分子质量随来源不同而异，来自原核细胞的相对分子质量约 40000，由两个亚基组成，每个亚基各含 1 个 Mn；来自真核细胞线粒体的 Mn-SOD，由 4 个亚基组成，相对分子质量约 80000。Mn-SOD 中的 Mn 对酶的活性是必需的辅基。Mn-SOD 能抗氰化物，在 5～8mmol/L 的氰化物中，其活性仍可维持不变。

③ Fe-SOD　呈黄色，只存在于原核细胞中，相对分子质量在 38000 左右，由 2 个亚基组成，每个亚基各含 1 个 Fe。此外，还在牛肝中发现了 Co·Zn-SOD。Fe 对酶的活性是必需的辅基。

（一）SOD 制备原料

SOD 在生物界中分布极广，几乎从人体到细菌、从动物到植物都有存在。国内外研究者已从细菌、藻类、霉菌、昆虫、鱼类、高等植物和哺乳动物等生物体内分离得到 SOD。制备超氧化物歧化酶的原料很多，主要有以下几类。

① 动物　主要有牛血、猪血、马血、兔血、鸭血、蛋黄、猪肝、牛乳等。

② 植物　包括刺梨、大蒜、小白菜、大豆等。

③ 微生物　酵母菌等。

（二）SOD 制备的基本工艺

超氧化物歧化酶的制备工艺是依据酶蛋白质的性质而设计的，其方法也是常用的蛋白质分离方法如热变性法、等电点沉淀法、盐析法、有机溶剂沉淀法、超滤法、层析法等，或者几种方法的结合使用。

1. 沉淀法制备 SOD

SOD 是一种热稳定性较好的酶，当温度低于 80℃，短时间的热处理酶活力损失不大，而一般杂蛋白却在高于 55℃ 易变性沉淀。也可根据酶蛋白在等电点时，溶液中的静电荷为零，酶蛋白的溶解度最小而沉淀下来。或者在超氧化物歧化酶粗酶溶液中加入一些弱极性有机溶剂如丙酮，改变了溶液的介电常数，可使不同种类的蛋白质的溶解度产生不同程度的下降，因此，利用上述方法可以把超氧化物歧化酶和其他杂蛋白分开。通常选用邻苯三酚、磷酸氢二钾、硫酸铜、酒石酸钾钠、丙酮、标准蛋白（牛血清蛋白）等化学试剂。沉淀法制备大蒜 SOD 工艺流程如下。

原料──→清洗──→破碎──→浸提──→变性──→高速冷冻离心──→调整 pH──→高速冷冻离心──→加丙酮沉淀──→高速冷冻离心──→溶解沉淀──→透析──→冷冻干燥──→成品

2. 离子交换层析法制备 SOD

离子交换层析是在以离子交换剂为固定相，液体为流动相的系统中进行的。沉淀法制备 SOD 是一种弱酸性蛋白质，等电点 pI 在 4～6 之间，pH＞7.0 时带负电，能被阴离子交换剂吸附，根据离子交换剂对蛋白质的结合力的差异，用具有一定离子强度流动相进行洗脱，就可以把沉淀法制备 SOD 和其他杂蛋白分开。然后经透析，冷冻干燥即可得成品。通常选用柠檬酸钠、磷酸二氢钾、磷酸氢二钾、氯仿、丙酮、DEAE-维生素等化学试剂。离子交换层析法制备牛血红细胞 SOD 工艺流程如下。

牛血清──→加入抗凝剂──→低温离心──→除血红蛋白──→丙酮沉淀 SOD──→透析──→上 DEAE-纤维素柱──→洗脱──→收集活性部分──→透析──→冷冻干燥──→成品

3. 盐析法和金属螯合亲和层析法制备 SOD

盐析法原理是当溶液中盐浓度增高到一定数值时，使水活度降低，导致蛋白质分子表面电荷逐渐被中和，水化膜被破坏，引起蛋白质分子间相互聚集并从溶液中析出。选择一定浓度范围的盐浓度（如 1%～25% 饱和度硫酸铵），使部分杂质呈"盐析"（沉淀）状态。有效成分呈"盐溶"（溶解）状态。经离心分离后得到上清液，再选择一定浓度范围的盐浓度（如 25%～60% 饱和度的盐溶液），使 SOD 呈盐析状态，而另一部分杂质呈盐溶状态，用离心法收集的沉淀即为初步分离制备的 SOD。

亲和层析法是把对 SOD 具有识别能力的配体 Cu^{2+} 以共价键的方式固化到含有活化基团基质（如壳聚糖）上，然后装入层析柱，把欲分离的 SOD 粗酶液通过该柱时，由于静电引力、结构互补效应等作用使其被吸附，而无亲和力或非特异吸附的物质则被起始缓冲液洗涤出来。然后，适宜地改变起始缓冲液的 pH，或增加离子强度，或加入抑制剂等，即可把 SOD 解离下来。显然，通过这一操作程序可把 SOD 和杂蛋白分开。

盐析法和金属螯合亲和层析法制备大蒜 SOD 工艺流程如下。

原料──→清洗──→破碎──→浸提──→第一次盐析──→离心──→第二次盐析──→离心──→透析──→上柱（装柱）──→ 洗脱──→透析──→冷冻干燥──→成品

4. 酵母发酵法制备 SOD

将酵母菌种进行摇瓶培养，离心收集菌体，悬浮于磷酸钾缓冲液中，超声波破壁，离心除去残渣，得粗酶提取液，经盐析和柱层析即可得酵母 SOD。通常选用磷酸缓冲液、硫酸铵、DFAE-纤维素、氯化钠、硫酸铜、酒石酸钾钠等化学试剂。酵母发酵法制备 SOD 工艺流程如下。

菌体培养──→超声波破壁──→离心──→盐析──→透析──→上柱──→洗脱──→浓缩──→冷冻干燥──→成品

（三）SOD 修饰的基本工艺

为了提高 SOD 的稳定性，对 SOD 分子进行必要的修饰改造。

修饰酶不仅完全保留了天然酶的活性，较天然酶稳定，而且在耐热、耐酸、耐碱和抗胃蛋白酶水解能力等方面明显优于天然酶。目前，对 SOD 分子进行分子修饰改造的途径有：

① 对 SOD 氨基酸残基进行化学修饰；

② 用水溶性大分子对 SOD 氨基酸进行共价修饰；

③ 对 SOD 进行酶切修饰。

常用的修饰剂有硬脂酸、月桂酸、聚乙二醇、葡萄糖酸内酯、右旋糖酐等。

1. 硬脂酸修饰 SOD

将硬脂酸活化成硬脂酰氯，在一定条件下对 SOD 分子中的赖氨酸 ε-氨基进行修饰，提高了其稳定性。通常选用硬脂酸、丙酮、磷酸钾缓冲液等化学试剂。硬脂酸修饰 SOD 的工艺流程如下。

硬脂酸活化──→SOD 修饰反应（SOD 的制备）──→加入丙酮沉淀──→离心──→洗涤──→冷冻干燥──→硬脂酰-SOD 成品

2. 糖酯修饰 SOD

在一定条件下，将葡萄糖酸内酯与 SOD 上赖氨酸的 ε-氨基结合，提高其稳定性。通常选用葡萄糖酸内酯、丙酮、十二醇、对甲苯磺酸、甲苯、氯仿、磷酸盐缓冲液、碳酸钠、三乙胺等试剂。糖酯修饰 SOD 的工艺流程如下。

糖酯的合成──→SOD 修饰反应（SOD 的制备）──→离心冲洗涤──→冷冻干燥──→糖酯──→成品

3. 聚乙二醇修饰 SOD

在一定条件下，经活化的聚乙二醇对 SOD 非活性部位上赖氨酸的 ε-氨基进行修饰，增强了 SOD 对环境的稳定性。通常选用聚乙二醇、三聚氰氯、四硼酸钠、磷酸二氢钾、磷酸氢二钾等试剂。聚乙二醇修饰 SOD 工艺流程如下。

聚乙二醇的活化──→SOD 修饰反应（SOD 的制备）──→透析──→冷冻干燥──→聚乙二醇-SOD 成品

（四）Cu·Zn-SOD 的制备工艺

目前国内的 SOD 生化制品主要是从动物血液（如猪血、牛血和马血的红细胞）、牛乳、高等植物中提取的，产品一般都属于 Cu·Zn-SOD。

1. 从牛血中提取 SOD

（1）加热除杂蛋白法从牛血中提取 SOD　利用加热除杂蛋白法从牛血中提取 SOD 工艺流程如图 7-12 所示。其操作要点：取新鲜牛血，加柠檬酸三钠 3.8（g/100kg 牛血）投料，搅拌均匀后装入离心管中，经 3000r/min 离心 15min，后收集血细胞。用 0.9％NaCl 溶液清洗 3 次（每次用 2 倍于血细胞体积的 NaCl 溶液），然后加入与牛血等量的蒸馏水，在 0～4℃条件下搅拌溶血 30min，再缓慢加入溶血的血细胞 0.25 倍体积的 95％乙醇和 0.15 倍体积的氯仿，其中乙醇和氯仿要预先冷却至 4℃以下。搅拌均匀后静置 20min，离心 30min 后收集上清液，弃去沉淀物。在上清液中加入 2 倍体积的冷丙酮，搅拌均匀并冷却静置 20min，离心收集沉淀。沉淀物用 1～2 倍其体积的水溶解，在 55℃水浴中保温 15min，离心收集上清液。再用 2 倍体积冷丙酮使上清液沉淀，静置过夜。然后离心收集沉淀，上清液可回收丙酮。将上述沉淀物溶于 pH7.6，$2.5\mu mol/L$ K_2HPO_4-KH_2PO_4 缓冲溶液中，用离心法除去杂质，收集上清液注入 DEAE-Sephadex A-50 层析柱中，用 pH7.6，（2.5～50）$\mu mol/L$ K_2HPO_4-KH_2PO_4 缓冲溶液进行梯度洗脱。收集具有 SOD 的活性峰，将洗脱液倒入透析袋中，在蒸馏水中进行透析后经浓缩、冷冻干燥后即为微带蓝绿色的 SOD 产品。

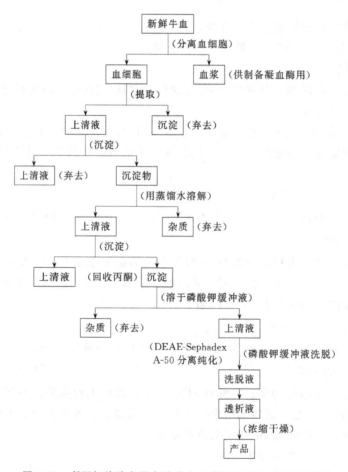

图 7-12　利用加热除杂蛋白法从牛血中提取 SOD 的工艺流程

（2）磷酸氢二钾法提取牛血中 SOD 利用 KH_2PO_4 法从牛血中分离 SOD 的工艺流程如图 7-13 所示。其操作要点：取新鲜牛血 100kg 加入 3.8g 柠檬酸三钠，搅拌均匀后装入离心管中以 3000r/min 速度离心 15min，收集血细胞。用 0.9％NaOH 溶液洗血细胞 3 遍，每次用 2 倍血细胞体积的 NaCl 溶液，然后加入等体积蒸馏水搅拌溶解 30min（0～4℃），再缓慢加入 0.25 倍溶血的血细胞体积的 95％冷乙醇和 0.15 倍体积的冷氯仿（4℃ 以下），搅拌 15min 后，静置 20min，用离心法收集上清液。在离心的上清液中加入约为其重量 40％的 KH_2PO_4，搅拌使 KH_2PO_4 充分混匀，然后倒入分液漏斗中分层，收集上层溶液。将萃取分出的上层溶液倒入塑料桶中，加入 2 倍冷丙酮，搅拌均匀后静置 20min，离心收集沉淀。同上操作，注入 DEAE-Sephadex A-50 层析柱中进行提纯处理。

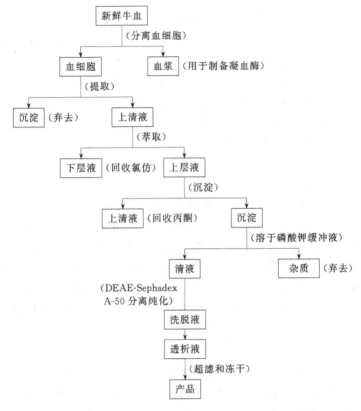

图 7-13 利用 KH_2PO_4 法从牛血中分离 SOD 的工艺流程

2. 从猪血中提取 SOD

从猪血中分离 SOD 的工艺流程如图 7-14 所示。其操作要点：取新鲜猪血，事先加入为猪血体积 1/7 的 3.8％柠檬酸三钠溶液搅拌均匀后以 3000r/min 的速度离心 15min，除去黄色血浆收集血细胞。用 2 倍于血细胞体积的 0.9％NaCl 溶液离心洗涤 3 次，然后向洗净的血细胞中加入等体积去离子水，剧烈搅拌 30min，于 0～4℃ 静置过夜。再向溶液中分别缓慢加入 0.25 倍于其体积的预冷乙醇和 0.15 倍于其体积的预冷氯仿，搅拌 15min。后静置 30min，离心除去沉淀，收集微带蓝色的清澈透明粗酶液体，加入等量冷丙酮，搅拌均匀即有大量白色沉淀产生，静置 30min，离心收集沉淀物。将沉淀溶于 pH7.6、2.5µmol/L K_2HPO_4-KH_2PO_4 缓冲溶液中，加热至 55～65℃ 保持 20min。然后迅速冷却到室温，离心收集上清液并弃去沉淀物。在上清液中加入等体积的冷丙酮，静置 30min，离心分出沉淀，

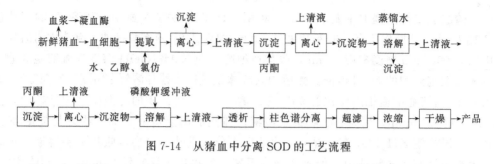

图 7-14 从猪血中分离 SOD 的工艺流程

脱水干燥即得粗品 SOD。经提纯等工艺（同前）处理后即为成品 SOD。

3. 从沙棘果中提取 SOD

沙棘果中含有较多的 SOD。首先精选沙棘果进行清洗，在弱碱性条件下制成匀浆。匀浆液在 $-4 \sim 4 ℃$ 低温下进行机械离心，得到的上清液即沙棘 SOD 粗提液。往上清液中加入有机溶剂氯仿乙醇，其中乙醇的含量占溶剂的 $20 \% \sim 30 \%$，进行 2 次离心。往上清液中加入浓度为 $35 \% \sim 95 \%$ 的 $(NH_4)_2SO_4$ 沉淀，再进行低温离心分离，得到的沉淀物为粗品 SOD 混合物。在上述沉淀物中加入 Na_2HPO_4 溶液调整其 pH 呈弱碱性，使沉淀物溶解，其溶液经超滤膜分离器后，使有效成分得以浓缩。之后与前述的提纯方法一样操作，即得纯净的 SOD 产品。本法是采用多级离心分离、超滤膜浓缩及凝胶精制，减少了有机溶剂的用量，提高了 SOD 的提取率。

4. 从大蒜中提取 SOD

将大蒜与 pH 为 7.8 磷酸钾缓冲液按质量/体积比为 1:1.5 添加，组织捣碎，在 $4 ℃$ 的环境中浸提 3h，4 层纱布过滤，得粗酶液。再把粗酶液用 $60 ℃$、20min 进行热变性，然后进行 $4 ℃$、12000r/min 离心。用磷酸调整溶液的 pH 至 3.5 进行等电点沉淀，然后 $4 ℃$、12000r/min 离心。加入丙酮（体积分数为 1.0%）沉淀，$4 ℃$、12000r/min 离心，去除大部分杂蛋白，在所得上清液中加入 $1.2 \% \sim 1.4 \%$ 体积分数的丙酮使 SOD 全部沉淀下来。将沉淀溶解在少量的缓冲液中，在 $4 ℃$ 环境中透析 10h。将透析过的样品进行冷冻干燥，即得成品。

5. 从牛乳中提取 SOD

将鲜奶置于 $2 ℃$ 的低温环境中去除乳脂，用 0.7mol/L 的 H_3PO_4 水溶液调节 pH 至 4.6，加热至 $38 ℃$ 以使酪蛋白凝固，过滤所得乳清用 0.5mol/L NaOH 调节 pH 至 6.0。乳清中加入 $(NH_4)_2SO_4$ 进行盐析（31g/100mL 乳清），离心去除无 SOD 活力的淡棕色沉淀物，上清液继续用 $(NH_4)_2SO_4$ 进行盐析（9g/100mL 上清液），再次离心得到的无色沉淀物即为牛乳 SOD 粗制品。后续的提纯方法与前述相同，所得产品也属于 Cu·Zn-SOD。据报道，牛乳中 SOD 含量随牛的品种和喂养条件不同而异，通常的含量仅为动物血中的 0.6%，或是 $1.1 \sim 7.2$ 活力单位/mL 乳清。

6. 从高等植物中提取 SOD（以小白菜叶为例）

取小白菜叶片置于 50mmol/L 的磷酸钾缓冲液（pH = 7.8，含 1mmol/LEDTA、0.4mmol/L 蔗糖和 0.01% 巯基乙醇）中搅打匀浆，过滤后的滤液经离心机处理 15min 取叶绿体。用 50mmol/L 缓冲液冲洗叶绿体两次，放入 5mmol/L 磷酸钾缓冲液（pH = 7.8，含 1mmol/L 巯基乙醇）中搅拌并结合超声波处理，经离心机处理后所得上清液即为粗酶液。往粗酶液中加入硫酸铵至饱和度达 55%，静置后离心处理 30min 取上清液，再加硫酸铵至饱和浓度为 95%，静置后再经离心处理 40min，所得沉淀物即为粗制 SOD 酶。此粗制酶用

5mmol/L 磷酸钾缓冲液溶解并透析，浓缩后经 SephadexG-75 凝胶柱或 DEAE-Sephadex A-50 离子交换柱进行提纯。凝胶柱的洗脱液为 5mmol/L 磷酸钾缓冲液，离子交换柱的洗脱液为 5～300mmol/L 磷酸钾缓冲液，进行梯度洗脱。收集具有 SOD 活性的洗脱液，经浓缩、冷冻干燥后即得高纯度的小白菜叶绿体 SOD 制品。从 3kg 菜叶中可以提取出 475μg 高纯度的 SOD 制品，此产品为 Cu·Zn-SOD。

（五）各种剂型的 SOD 或复合型功能食品的生产技术

目前，SOD 作为保健食品的功效因子或食品营养强化剂而被广泛地应用于蛋黄酱、可溶性咖啡、啤酒、果汁饮料、奶糖、冷饮类等保健食品；SOD 还可以作为抗氧化剂而被应用于罐头食品、啤酒、果汁等食品中，以防止过氧化酶引起的食品变质及腐败现象的发生；SOD 还可以作为水果和蔬菜良好的保鲜剂；SOD 也被越来越多的开发成口服液、胶囊、片剂、脂质体、颗粒剂等形式的 SOD 保健食品。

1. 口服液

野生植物刺梨含有 SOD、硒及其他丰富的营养素，但是在刺梨加工过程中，刺梨所含的 SOD 和维生素等有效成分容易受到破坏。

为了解决刺梨加工过程中 SOD 易被破坏的问题，我国专利文献报道了一种以刺梨提取物为主要原料，并强化了抗氧化物及营养素的口服液，其主要成分是 1500～9000U SOD、30～60g 刺梨原汁提取物、20～50mg 维生素 E、1～2g 甘露醇和 8～15mg $ZnSO_4·7H_2O$，并加水至 100g。其技术要点：先在刺梨原汁中加入明胶，低温下自然沉淀，除去沉淀物。将 SOD 制成脂质体，其他辅料用净化水加热溶解，与处理过的刺梨原汁、SOD 脂质体混合，再经杀菌、罐装即成。由于采用低温沉淀方法使刺梨汁在加工过程中 SOD 和维生素不易被破坏，同时将 SOD 制成脂质体，故口服后 SOD 在体内的半衰期可达 5h 以上，并且易被吸收和易于透过血脑屏障进入脑组织，在体内能维持较高的 SOD 活性。

另有人研制的产品中添加有锌，其每千克品中配料含量为：SOD1000～10000U，Zn^{2+} 600～1200mg 及维生素 B_2 50～500mg，其中的 Zn^{2+} 可采用 $ZnSO_4$ 或葡萄糖酸锌。

2. 胶囊

由于 SOD 的活性受温度、pH 和水解酶的影响，当 pH 低于 3.0 时，SOD 的活性基本丧失。在许多水解酶中，胃蛋白酶对 SOD 活性的影响较为明显，为了避免胃酸和胃蛋白酶对 SOD 活性的破坏，已研制出供口服的肠溶胶囊。其组成为：动物血中提取的 SOD（按临床使用要求定）、保护剂乳糖（2%～4%）、填充剂淀粉（50%～70%）、黏合剂糖粉（20%～40%）和 40% 医用酒精（适量）。其操作要点：将提取出的 SOD 溶于适量 40% 医用酒精中。淀粉、糖粉和乳糖混合均匀，制成混合物。再把 SOD 酒精溶液加入上述混合物中搅拌均匀，制成颗粒状，在 60℃ 以下干燥，最后将干燥的颗粒装入易溶胶囊中即可。

另有人研制成一种可以保持 SOD 原来活性，并可增强 SOD 在体内功效的固体营养剂 SOD 胶囊。这种 SOD 胶囊每 1000g 胶囊内容物中含有：2000000～5000000USOD，150mg 维生素 E 及适量枸杞子、桑椹、人参、西洋参、绞股蓝、党参、黄芪、杜仲和灵芝等中草药中的一种或数种提取液及其他辅料。

3. 片剂

我国专利报道的一种供口服用的 SOD 片剂，其组成成分为：SOD（550U）、淀粉（56.7%）、糖粉（40%）、乳糖（3%）、硬脂酸镁（0.3%）和 40% 酒精（适量）。把 SOD 溶于适量 40% 医用酒精中。淀粉、糖粉和乳糖混合均匀后加入 SOD 酒精溶液中搅拌均匀，制成颗粒状，在 60℃ 以下干燥，再将润滑剂硬脂酸镁加入干燥后的颗粒中混合均匀，压片后用丙烯酸树脂包衣成片剂。

（六）SOD 在功能性食品中的应用

目前，SOD 作为药物在临床上被广泛应用，且经过多年的研究证明了经口摄入 SOD 是有效的，这一论断为 SOD 应用于功能性食品的开发提供了理论依据。欧、美、日等发达国家和地区 SOD 保健食品已被消费者广泛接受。在我国，SOD 牛乳、SOD 口服液、SOD 饮料、SOD 保健酒已相继问世。随着 SOD 资源的开发和制备技术的改良，SOD 作为一种抗衰老、抗肿瘤、增强免疫的功能性因子，在食品工业中拥有广泛的应用前景。

1. SOD 在牛乳中的应用

牛乳的 SOD 含量为 3.2U/mL，人乳 SOD 含量为 7.1U/mL。因此，在牛乳中添加 SOD，使牛乳中 SOD 与人乳中的含量相接近具有重要意义。牛乳是一种近乎中性的食品，可直接添加 SOD，但是添加 SOD 的脂质体或修饰产品，更易保证其活性稳定；Cu·Zn-SOD 能抵抗 63℃的巴氏消毒，80℃巴氏消毒时 SOD 活性降低一半；在酸牛乳制品中，若 SOD 在发酵后添加，对保存其活性有利，保藏时乳酸菌在低温下仍不断产酸，造成 pH 下降对保存 SOD 不利，但 4~6℃冷藏 20 天后，SOD 剩余酶活力仍在 70% 以上。因此，以牛乳为载体生产富含 SOD 的乳制品是可行的。

2. SOD 在饮料中的应用

SOD 对人体发挥作用，每人每天至少摄入量为 1000U。SOD 在饮料中的添加量一般为 5U/mL。为保证饮料中的 SOD 酶活力稳定，应使用修饰 SOD。生产应在较低温度下进行，应控制饮料酸度，pH 最低为 4，采用高温瞬时杀菌，杀菌后的料液快速降温至 20℃后，进行无菌分装。产品常温下放置半年，剩余 SOD 酶活力在 50% 以上。

（七）SOD 的测定方法

1. 原理

超氧化物歧化酶（SOD）是体内清除自由基的重要物质，它的作用是催化下述反应。

$$O_2^- \cdot + O_2^- \cdot + 2H^+ \xrightarrow{SOD} H_2O_2 + O_2$$

SOD 随着衰老过程而减少，故 SOD 含量可作为机体衰老的定量指标。$O_2^- \cdot$（超氧离子自由基）使 NBT 还原成甲䐶，在 560nm 处有吸收峰，SOD 清除 $O_2^- \cdot$ 而抑制甲䐶的形成，因此测甲䐶生成的减少量，可知样品中 SOD 的含量。

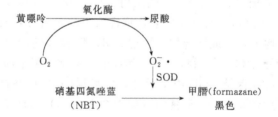

2. 仪器

分光光度计、旋涡振荡器、匀浆器。

3. 试剂

SOD 标准溶液（以 20% 乙醇配成 1mg/mL 溶液，再稀释成 10μg/mL 为 58.52U/mL），0.4U/mL 黄嘌呤氧化酶 pH7.8（在 -20℃保存，以 50mmol/L 硝酸钾缓冲液稀释成 0.04U/mL），A 液为 0.2mol/L 磷酸钾盐缓冲液（pH7.8），B 液为 0.4mol/L 的 EDTA-NaOH 缓冲液，C 液为 10mmol/L 的黄嘌呤溶于 0.1mol/L 的 NaOH 内，D 液为 7.5mmol/L

的硝基四氮唑蓝溶于 20％乙醇，混合底物缓冲液（取 A 液 135mL、B 液 0.188mL、C 液 4.5mL、D 液 3.75mL，最后加水补足至 240mL，即为混合底物缓冲液），乙醇，氯仿等。

4. 操作方法

（1）样品的处理　将肝素抗凝血 2mL 去血浆及白细胞，以 2～3 倍体积生理盐水洗 2 次，红细胞以冷蒸馏水等体积稀释，充分溶血，并矫正该溶血的血红蛋白含量为 100g/L 以上。吸取该血溶液 0.5mL，依次加蒸馏水 3.5mL，冷乙醇 1mL，氯仿 0.6mL，混匀，振荡 1min，以 3000r/min 离心 5min，沉淀血红蛋白，上清液中含 SOD。

（2）样品的测定　取小试管 3 支，每管各加混合底物缓冲液 2.4mL，于第 1 管加样品红细胞提取液 0.15mL，第 2 管加 SOD 标准液 0.15mL，第 3 管加去离子水 0.5mL，1、2 管也以水补量至 0.5mL。各管于 30℃水浴中预热 5～10min，每间隔 30s 依次加入黄嘌呤氧化酶（0.04U/mL）0.3mL，反应 12mm 后，用分光光度计比色计算各样品的抑制百分率，与标准 SOD 抑制百分率对比，计算红细胞内 SOD 含量。

5. 结果计算

最后按式(7-6)计算成相当于 1gHb 含量的红细胞内 SOD 的含量（μg）。

$$红细胞内 SOD 的含量(\mu g/gHb) = \frac{A_3 - A_1}{A_3 - A_2} \times 1 \times \frac{5}{0.15} \times \frac{1}{0.05}$$

$$= \frac{A_3 - A_1}{A_3 - A_2} \times 666.6 \tag{7-6}$$

式中，A_1 为测定样品的吸光度；A_2 为标准 SOD 的吸光度；A_3 为未受 SOD 抑制的吸光度；5 为 5mL 红细胞的总体积；0.05 为 0.5mL 血中 100g/L 血红蛋白液中 Hb 含量；0.15 为 SOD 提取液用量，mL。

第三节　油脂类功能性食品

一、EPA 和 DHA 的生产技术

EPA（5,8,11,14,17-二十碳全顺五烯酸，即 $C_{20:5n-3}$）和 DHA（4,7,10,13,16,19-二十二碳六烯酸，即 $C_{22:6n-3}$）均属于 $n-3$ 系列多不饱和脂肪酸。

日本发表的许多关于 EPA 和 DHA 功效的研究结果可归纳为 8 个方面：

① 降低血脂、胆固醇和血压，预防心血管疾病；

② 能抑制血小板凝集，防止血栓形成与中风，预防老年痴呆症；

③ 增强视网膜的反射能力，预防视力退化；

④ 增强记忆力，提高学习效率；

⑤ 抑制促癌物质前列腺素的形成，因而能预防癌症（特别是乳腺癌和直肠癌）；

⑥ 预防炎症和哮喘；

⑦ 降低血糖，预防糖尿病；

⑧ 抗过敏。

因此，EPA 和 DHA 必将会越来越引起人们的广泛关注和兴趣。

陆地植物油中几乎不含 EPA 和 DHA，在一般的陆地动植物油中也测不出。但一些高等动物的某些器官与组织中，例如眼、脑、睾丸及精液中含有较多的 DHA。海藻类及海水鱼中，都含有较高含量的 EPA 和 DHA。在海产鱼油中，含有 AA（花生四烯酸）、EPA、

DHA 和 DHA 四种多不饱和脂肪酸，但以 EPA 和 DHA 的含量较高。海藻脂类中含有较多的 EPA，尤其是在较冷海域中的海藻。因此，EPA 和 DHA 则多是从海水鱼油中提取并进行纯化，得到高含量 EPA 和 DHA 的精制鱼油，作为功能性食品的基料使用。

（一）EPA 和 DHA 鱼油的提取工艺

EPA 和 DHA 鱼油的提取是充分利用鱼油在甲醇、乙醇、己烷等有机溶剂中的可溶特性，将海产鱼切碎后，利用有机溶剂萃取可制得粗鱼油，再经脱胶、脱酸、脱色及脱臭等进一步精加工后，即可制得精制鱼油。

1. 工艺流程

海产鱼──→切碎──→萃取──→油层分离──→脱胶──→脱酸──→脱色──→脱臭──→鱼油

2. 操作要点

① 原料　沙丁鱼、金枪鱼、黄金枪鱼和肥壮金枪鱼等海水鱼是提取 EPA 和 DHA 的理想原料。尤其是海产鱼眼窝脂肪中含量最高，故一般从鱼的头部取出眼窝脂肪，以此为原料制备 EPA 和 DHA 鱼油。此外，鱼类加工的下脚料也是主要原料之一，但要求无腐烂，无杂质。

② 切碎　用切碎机将原料切成 2~3cm 的小块，然后用绞肉机进行细化。

③ 萃取、分离　细化后的鱼糜送入萃取罐，加入 3~4 倍重量的有机溶剂，浸提 1~2h，而后取出并尽量沥干溶有鱼油的萃取液，被萃取的物料应通过分子蒸馏除尽残余的有机溶剂，收集浸出液，分离出粗鱼油。

④ 脱胶　粗制鱼油中加入适量软化水，并充分搅拌，使鱼油中既带有亲水基团又带有亲油非极性基团的磷脂吸水膨胀并相互聚合形成胶团，从油中沉降析出，经过滤后除去水化油脚，即可达到鱼油脱胶的目的。

⑤ 脱酸　脱胶后的鱼油升温至 40~45℃，喷入 50% 烧碱溶液并充分搅拌，而后加热至 65℃，继续搅拌 15min，静置分层后吸取上清液，于 105℃下脱水，即完成脱除鱼油中游离脂肪酸的目的。

⑥ 脱色　脱色分为常压脱色和减压脱色两种，常压操作易发生油脂的热氧化，而减压操作（真空度为 93.3~94.7kPa）可防止油脂氧化。将鱼油加热至 75~80℃，加入适量的干燥的酸性白土，并不断搅拌使吸附剂在油中分布均匀，利于色素与酸性白土充分接触并被吸附。脱色后在没有过滤完以前，搅拌不能停止，以防吸附剂沉淀，然后用压滤机分离油脂。

⑦ 脱臭　脱色后的鱼油泵入真空脱臭罐，在 93kPa 的真空度下进行脱臭处理，除去鱼油中存在的自然或加工过程中生成的醛类、酮类、过氧化物等臭味成分。精炼处理后得到淡黄色的鱼油。

（二）鱼油中 EPA 和 DHA 的分离纯化方法

海产鱼油中的 EPA 和 DHA 含量一般为 3%~20%，要用在功能性食品上需对其所含的 EPA 和 DHA 进行分离纯化以提高含量。鱼油中 EPA 和 DHA 分离纯化可采用低温溶剂结晶法、脂肪酸盐结晶法、尿素包合法、硝酸银吸附法、超临界萃取法、减压蒸馏与分子蒸馏法、选择性脂酶水解法和工业制备色谱法等。

1. 低温结晶法纯化 EPA 和 DHA

利用饱和脂肪酸与不饱和脂肪酸的凝固点的差异，将混合脂肪酸中的不饱和脂肪酸分离开。再利用脂肪酸在不同溶剂中的溶解度差异，结合低温处理（饱和脂肪酸在 −40℃下几乎不溶解，而油酸在－60℃下才变得不溶解），往往会得到更好的分离效果。但这些方法只能粗略分离，一般作为 EPA 和 DHA 的预浓缩处理，产物中的 EPA 浓度可达总脂肪酸的25％～35％。低温结晶法纯化 EPA 和 DHA 具体操作过程：在鱼油中加 7 倍体积的 95％丙酮溶剂萃取和过滤。经过滤后的鱼油，先于－20℃下静置过夜，滤去未结晶的饱和脂肪酸及低度不饱和脂肪酸，再于－40℃低温静置过夜并再次过滤后，即可得到多不饱和脂肪酸 EPA 和 DHA。

2. 尿素复合法

当某些长链有机化合物存在时，尿素会与脂肪酸相结合并结晶析出，这种结合能力与有机化合物分子大小与形状有关。一般饱和脂肪酸较不饱和脂肪酸更容易形成稳定的复合物，单不饱和脂肪酸比多不饱和脂肪酸更容易形成复合物。利用这一特性可除去混合物中饱和及低度不饱和脂肪酸。

3. 硝酸银柱法/银盐络合法

硝酸银与多不饱和脂肪酸能形成可逆的强极性复合物，因此可用硝酸银柱等来富集 EPA 和 DHA。但要解决硝酸银的稳定性问题，以防硝酸银泄漏造成污染。

此外，获取高纯度 DHA 产品的一种精制方法——银盐络合法。DHA 等高度不饱和脂肪酸在浓硝酸银溶液中形成可溶于水的物质，不溶解的脂肪酸进入己烷溶剂被除去。DHA 和银形成的可溶于水的物质，经加水搅拌稀释后，解离生成不溶于水的 DHA 脂，再加入己烷溶剂萃取，经去除己烷后就可得到含量在 95％以上 DHA 产品，或进行二次操作可得到含量在 99％以上的产品。在实际生产中，通常采用尿素复合法与银盐络合法相结合进行纯化 EPA 和 DHA，其工艺流程如下。

鱼油──→皂化──→分离脂肪酸──→尿素复合浓缩──→银盐络合纯化──→鱼油 DHA

具体操作过程：鱼油中加入 95％乙醇溶液混合均匀，于 50～60℃加热皂化 1h。皂化液加水稀释后，用 6mol/L 盐酸酸化处理，静置片刻后就可使脂肪酸分离出来，收集上层脂肪酸。在脂肪酸中加入 25％尿素-甲醇溶液，搅拌加热至 60℃，保持 20min 后于室温下冷却12h，过滤收集滤液；滤液于 40℃减压蒸馏回收甲醇，再用等量蒸馏水稀释，并用 6mol/L 盐酸调节 pH 为 5～6，离心收集上层浓缩物。于富含 DHA 的浓缩物中加入浓的硝酸银溶液，并加入己烷溶剂充分搅拌。再经去除己烷后就可得到 DHA 成品。

4. 超临界 CO_2 萃取法纯化 EPA 和 DHA

超临界 CO_2 流体萃取（SFE）分离过程的原理是利用超临界流体的溶解能力与其密度的关系，即利用压力和温度对超临界流体溶解能力的影响而进行的。在超临界状态下，将超临界流体与待分离的物质接触，使其有选择性地把极性大小、沸点高低和分子质量大小的成分依次萃取出来。当然，对应各压力范围所得到的萃取物不可能是单一的，但可以控制条件得到最佳比例的混合成分，然后借助减压、升温的方法使超临界流体变成普通气体，被萃取物质则完全或基本析出，从而达到分离提纯的目的，所以超临界 CO_2 流体萃取过程是由萃取和分离组合成的。

用超临界 CO_2 萃取提纯 EPA 和 DHA，一般需先将多不饱和脂肪酸的甘油三酯形式转变为游离脂肪酸或脂肪酸甲酯（乙酯），以增加在超临界 CO_2 中的溶解度。鱼油中脂肪酸随其链长和饱和度不同，在超临界 CO_2 和油相中的分配系数不同，从而得到分离。为了增加溶解度和选择性，还可添加些辅助溶剂（如乙醇、己烷）。

用超临界 CO_2 萃取提纯 EPA 和 DHA 工艺流程如下。

鱼油──→酯化──→萃取──→精馏──→分离──→纯化的 EPA 和 DHA

具体操作过程：将鱼油醇解甲酯或乙酯化后，用尿素复合结晶法，将鱼油中的饱和度较小的脂肪酸除去，以提高 EPA 和 DHA 的浓度。打开钢瓶，CO_2 经过滤、冷凝后，由高压计量泵加压至设定压力，再预热至工作温度。设定萃取温度为 35～40℃，以最大限度地将鱼油乙酯萃取出来。精馏塔精馏压力设定为 11～15MPa，精馏温度为 40～85℃，顶端温度定在 85℃为宜，柱底温度定为 40℃，与萃取温度相近，保持较高的柱顶温度可以使鱼油乙酯析出回落，提高回流比。将鱼油乙酯引入萃取罐，打开 CO_2 钢瓶，$SC-CO_2$ 携带着鱼油乙酯进入精馏柱。溶有鱼油脂肪酸乙酯的 $SC-CO_2$ 在沿精馏柱上升过程中，温度逐渐升高，$SC-CO_2$ 的密度逐步降低。由于鱼油乙酯在 $SC-CO_2$ 相中分配系数的差异，碳链较长的重质成分的溶解度比碳链较短的轻质成分的溶解度下降得更快。重质成分不断从 $SC-CO_2$ 析出，形成回流，回流液与上升组分进行热量与质量交换，结果使重质组分不断落下而富集。轻质组分不断上升而导出精馏柱。鱼油乙酯按相对分子质量差异，即按碳链长度分离，在较低压力下，馏分较轻的 C_{14}、C_{16} 酸首先得到富集，随着压力的升高，低碳成分逐渐减少，中碳成分 C_{18}、C_{20} 酸相继被萃取出来，最后的馏分主要是最重的 C_{22} 酸。利用超临界 CO_2 萃取法可将 EPA 与 DHA 提纯至 90%，如采取两步分离法，则可使 EPA 提纯至 67%，DHA 提纯至 90%以上。

5. 减压蒸馏和分子蒸馏法

根据脂肪酸碳数不同其沸点亦不同的原理将不同碳数的脂肪酸用蒸馏法分离出来。由于脂肪酸的沸点较高，常压下蒸馏时可能出现分解现象，因此需在减压条件下进行蒸馏。通常是将脂肪酸酯化（如甲酯化或乙酯化）后再行蒸馏，因为脂肪酸酯的沸点较相应的游离脂肪酸沸点低，而且脂肪酸酯的沸点间隔可以拉开。高真空分子蒸馏法是通过控式分子蒸馏装置借助离心力形成薄膜，分离脂肪酸可起到浓缩、分离和精制等多方面效果，已成功地应用在 EPA 和 DHA 的分离精制上。高真空分子蒸馏法蒸发效率高，但结构复杂，制造及操作难度大。为了提高分离效率，工业上往往需要采用多级串联使用，即离心薄膜式和转子刷膜式联合使用，实行多级分子蒸馏（三级、五级等）后，可大大提高提纯效果。

但是，采用减压蒸馏和分子蒸馏法进行 EPA 和 DHA 的分离精制时，需要注意以下几个方面。

① 由于碳数相同，如油酸（$C_{18:1}$）与硬脂酸（$C_{18:0}$），蒸气压相差不大，故很难通过蒸馏分离开。所以在预处理时，一定要把饱和及低度不饱和脂肪酸尽可能地去除。

② 在减压蒸馏时，为降低脂肪酸的沸点，通常先甲酯化来进行蒸馏。EPA 在 665Pa 压力下沸点在 200℃以上，而 DHA 的沸点则更高。在此高温下操作，可能会发生聚合及环肽化等反应。因此，应尽可能地提高真空度，维持稳定的压力。而精馏部分的性能对分离效果影响也很大，精馏装置一定要极精密才行。如果一次减压蒸馏馏出物纯度不够时，可重复操作以提高纯度。

③ 大量分离 EPA 时，必须使用高浓度减压蒸馏法，在特殊情况下也可使用分子蒸馏法。普通的蒸馏是以物质蒸气压大于外界气压而发生激烈的沸腾现象。而分子蒸馏时，由于高度的真空，分子有极自由的挥发性，理论上的沸点已不存在，但仍可从温度和浓度关系中求出目的物蒸出量的极大值。在鳕鱼肝油脂肪酸用锂盐丙酮法得到的多不饱和脂肪酸甲酯化，然后在 0.013Pa 压力进行分子蒸馏，可有效地得到接近纯粹的 EPA 及 DHA。

6. 脂肪酸盐结晶法

利用脂肪酸的不同盐（或酯）在不同溶剂中的溶解度不同来进行分离，如铅盐乙醇法、锂（或钠）盐丙酮法和钡盐苯法。

7. 选择性酶水解和酯交换

利用脂肪水解酶的专一性,选择性水解三甘油酯中非多不饱和脂肪酸部分,或利用酯交换特性在三甘油酯分子上接上 2～3 个多不饱和脂肪酸分子而起到富集纯化作用。

8. 工业制备色谱法

工业制备色谱可用来制备高纯度的 EPA 与 DHA,分离效果很好,只是成本较高,难以推广。

9. 综合方法

Fldita 等人发明的一种工业化提取 EPA 及其酯的专利方法,可使 EPA 含量达到总脂肪酸的 93%。生产过程主要包括 2 种方法,即尿素络合法和蒸馏法。工艺流程如图 7-15 所示。

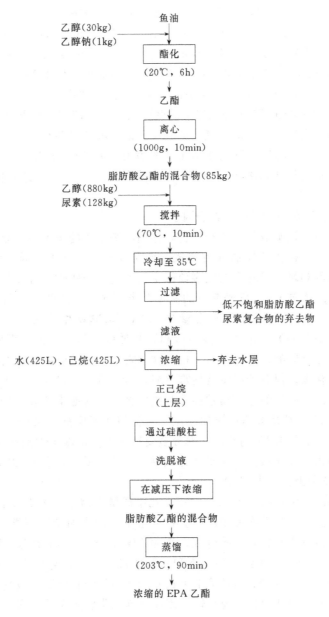

图 7-15 高浓度 EPA 及其酯的提取工艺流程

10. 酶水解、低温结晶与富集相结合合法（简易浓缩法）

近年来提出的一种简单浓缩方法，结合酶水解与低温结晶法，用以高度富集多不饱和甘油三酯，其工作原理是：

① 根据脂酶作用于甘油三酯具有专一性的原理，含有 EPA 和 DHA 的甘油三酯被脂酶水解速度比不含有 EPA 和 DHA 的甘油三酯慢得多；

② 饱和甘油三酯在丙酮中的溶解性随着链长度增加而明显减少，但随不饱和程度的提高其在丙酮中的溶解性也提高。因此，多不饱和甘油三酯在－60℃下很容易溶解在丙酮中，而含饱和脂肪酸或含有饱和脂肪酸与单烯酸的甘油三酯在－60℃低温下经固化就可被去除。这样，就提高了鱼油中 EPA 和 DHA 含量。

（三）发酵法制备 EPA 和 DHA 的基本工艺

Hulanicka 等人（1964 年）报道了苔藓 *Euglena gracilis* 含有 EPA；Gellerman 等人（1979 年）发现真菌 *Saprolegnia Parasitica* 含有 EPA；Seto 等人（1984 年）发现海藻 *Chlorella minutissa* 似产生 EPA；Iwamoto（1986 年）报道淡水藻 *Monodus Subterraneus* 能合成 EPA；Wirsen 等人（1987 年）报道了利用海洋细菌产生 EPA。Shimizu 等人（1988 年）利用真菌 *Mortereua alpiua* 在一定条件下生产 EPA 油脂，达到 27mg/g 干菌体含量。而后多位学者也发现了相关 EPA 与 DHA 的微生物。由于使用微生物大量生产多不饱和脂肪酸，比从海水鱼中提取有明显的优点。若利用基因工程选育菌种，则可能大大增加藻类和真菌产生 EPA、DHA 和其他多不饱和脂肪酸的潜力。藻油中的 EPA 比鱼油显示有更大的氧化稳定性，没有鱼的气味和滋味。所以，由真菌和藻类生成有一定含量的 EPA 和 DHA，具有实用价值或应用前景。

1. 微生物合成 EPA 与 DHA 的影响因素

微生物脂肪酸是通过碳链的增长和去饱和作用将细胞中的单不饱和脂肪酸、油酸等底物合成多不饱和脂肪酸。微生物脂肪酸的组成与含量受培养因素的影响，培养基的组成、通气、光照强度、温度和培养时间会对大多数微生物不饱和脂肪酸的合成与积累产生影响。

（1）培养基的组成与 pH　培养基中的氮量会影响绿藻、细菌和真菌生成饱和与不饱和脂肪酸的比例，增加氮含量以产生高含量的 EPA。培养基中高 C/N 将增加拉曼被孢霉（*Mortierella ramanniana*）生成物中多不饱和脂肪酸的含量。不同氮源对微生物体内多不饱和脂肪酸的积累也有影响。例如，对于拉曼被孢霉，培养基中高含量的硝酸钾比铵盐更能增加菌体中的脂质含量。但对于深黄被孢霉（*Mortierglla isaellina*），高含量的硫酸铵能产生更多的脂质。游离脂肪酸的存在通常会抑制微生物体内其他脂肪酸的合成。但对于纤维裸藻（*Euglena gracilis*）往培养基中添加油酸、亚油酸或亚麻酸都会增加多不饱和脂肪酸含量，特别是花生四烯酸和 EPA 的含量。部分金属离子可促进微生物菌丝体内脂肪酸的合成，如 Cu^{2+} 和 Zn^{2+} 可促使罗氏被孢霉角孢变种积累更多的脂质。培养基的初始 pH 保持在 6.0～7.6，有利于真菌和藻类产生 EPA。

（2）温度　嗜冷微生物在低于 20℃温度下比嗜温微生物会产生更多的多不饱和脂肪酸，嗜热微生物一般很少产生多不饱和脂肪酸。在低温下，能增加蓝绿藻类、细菌、真核藻类、酵母和真菌菌丝体内不饱和脂肪酸的合成。真菌 *Mortierella* 仅在低温（12～15℃）下才能产生大量的 EPA。其原因是在合成多不饱和脂肪酸过程中，参与去饱和及增长链长度的酶活性对热可能不稳定。真菌在低温环境下生长所产生的不饱和脂肪酸较高温环境多，微生物为适应低温环境，要增加细胞膜的流动性，因而不饱和脂肪酸含量增多。当温度下降时，细胞膜结构成分（如磷脂、神经鞘氨脂、糖脂）中的不饱和脂肪酸增加，而作为储存脂的甘油三酯的脂肪酸不饱和度变化则很小。

（3）时间 在很多微生物体内，不饱和脂肪酸随着时间的延长而减少。但在光合的原生生物中的多不饱和脂肪酸浓度（特别是 EPA），会随着培养时间的延长而不断增加。一般微生物中多不饱和脂肪酸的变化符合 S 形生长曲线，大约在对数生长期的末尾或稳定期的开始，多不饱和脂肪酸浓度达到最大值，在随后的稳定期与衰亡期逐渐减少。

（4）通气量 去饱和作用需要分子氧，氧的有效性决定菌丝体内产生脂肪酸的不饱和程度。增加培养基中的氧浓度有助于提高甲藻中的不饱和脂肪酸含量。

（5）光照强度 对于许多硅藻和裸藻，如梅尼小环藻和新月菱形藻等，较低的光照强度有助于增加多不饱和脂肪酸的形成与积累。但对于绿藻类和红藻类，光照强度的作用效果正好相反。对于许多光合成藻类，光照不足将增加 $n-6$ 脂肪酸的合成而抑制 $n-3$ 脂肪酸的合成。

2. 放大试验

Molina Grima 等人报道了用黄绿等金鞭藻进行培养大规模生产 EPA 和 DHA 技术，其培养条件是 20℃ 及 pH8。研究中发现，当生长速率接近于最大时，虽然 EPA 在总脂肪酸中的百分比增加了，但 EPA 的含量却从干重 5.21% 降到 2.80%，同时，生物量浓度也从 1015mg/L 降到 202mg/L。他们认为适于细胞大量生长与高含量脂质的生长条件是相反的。

美国 Martek 公司筛选异养微藻得到的微藻 MK8805，在优化条件下油脂量为细胞干重的 10%，其中 DHA 占总脂肪酸的 30%。将 MK8805 在 350L 发酵罐中培养 84h 后，细胞产量为 25g/L。虽然其含油量稍低，但由于油脂中仅含 DHA 一种多不饱和脂肪酸而易于提取，分馏后 DHA 浓度达到 80%。

3. 酶催化合成富含 EPA 的植物油

在微生物系统中，已经证实 α-亚麻酸可以通过 $n-3$ 途径可被转化为 EPA。Shimizu 等人发现被孢霉属真菌可把亚麻籽油脂中（亚麻籽油由于含有约占总脂肪酸 60% 的 α-亚麻酸，最适合用来作为原料油）α-亚麻酸在以葡萄糖为主要碳源的培养基中转化生成 EPA。转化方法是在 6～20℃ 标准培养温度下，真菌生长快速密集，与低温培养相比用在温度控制上的能源消耗少。此外，在优化的培养条件下，亚麻籽油中有 5.1% 的 α-亚麻酸可转化为 EPA。除了 EPA 外，菌丝中还含有 12.3% 花生四烯酸、4.4% 棕榈酸、3.2% 硬脂酸、13.5% 油酸、13.7% 亚油酸、38.5% α-亚麻酸和 0.9% γ-亚麻酸。

（四）鱼油 EPA 和 DHA 的抗氧化及微胶囊包埋

鱼油是鱼粉生产的副产品，过去一般用作工业原材料，例如用来制造肥皂、油漆、清漆、地板漆、油布、油墨、橡胶、皮革、润滑油、化妆品和杀虫药等。现在用来作为功能性食品基料，对质量要求也相应提高了。因多不饱和脂肪酸暴露于空气中极易发生自动氧化，会产生多种有毒成分对人体健康造成危害。为了充分发挥 EPA、DHA 的生理功能，对它的抗氧化保护是首先要解决的问题。既要保证有效成分不受损失，又需除去污染物质和不良气味。

1. 鱼油 EPA 和 DHA 的抗氧化

鱼油的抗氧化保护，可采用避光、避热、低真空、充氮、加抗氧剂和除氧等方法，还可制成胶囊或微胶囊来保存。对于大批量的鱼油或 EPA-DHA 产品可通入充足的氮气；维生素 E 是最常用的油脂抗氧化剂，但海产鱼油中的天然含量不高。卵磷脂具有乳化和抗氧化双重作用，而且与维生素 E 有协同抗氧化效果。茶多酚是具有多种生理功能的天然抗氧化剂，在鱼油中的使用效果明显。维生素 C 同维生素 E 具有明显的协同抗氧化作用。有人用卵磷脂作乳化剂制备 W/O 微乳状液，水相中含维生素 C，油相中含维生素 E，对多不饱和脂肪酸具有良好的抗氧化作用。除此之外，还有报道用黄酮化合物、草莓提取物及芝麻酚来防止鱼油的氧化。

在鱼油的提取、精制、贮藏、运输以及后续加工过程中，必须随时防止氧化。空气的存在是氧化的主要条件，紫外光、高温以及 Cu^{2+}、Fe^{2+} 离子因素都要尽量避免。添加抗氧化剂可以适当延缓多不饱和脂肪酸的氧化，但抗氧化剂并不能把氧气抵制在外，而只能适度延缓。要防止 EPA 和 DHA 的氧化，需要综合进行排除氧气、降低保藏温度、添加抗氧化剂和避免混入 Cu^{2+}、Fe^{2+} 等措施。

2. 鱼油微胶囊包埋

将鱼油进行微胶囊包埋，可防止由于氧、光照等造成的氧化变质，掩盖不良风味和色泽。目前已研制的鱼油微胶囊技术大致有以下几种类型。

① 将蛋白质、碳水化合物与鱼油混合制成乳状液后喷雾干燥。如 Lin 等人以明胶、酪蛋白酸钠和麦芽糊精为壁材制备鱿鱼油胶囊。

② 用酶法改性的多孔淀粉吸附。如铃木正用酶处理玉米淀粉得到多孔的具有大比表面积的多孔淀粉，并与玉米醇溶蛋白结合来包埋 DHA（产品的包埋率以油脂计可达 50%，其中 DHA 为 10%）。

③ 卵蛋白包埋。T. Kuniko 用鸡蛋白与鱼油（9:1）混合后，以喷雾干燥和冷冻干燥 2 种方法制备油微胶囊。

④ 浜千代用水解鸡卵清蛋白所得多肽，结合酪蛋白酸钠包埋 EPA，并研究其在室温、加热条件下及在溶液中的稳定性。

⑤ 此外，还有用环糊精包埋和用蛋黄粉包埋等。

各种微胶囊化产品由于壁材和加工方法不同而具有不同的溶解、分散、乳化特性，可添加于各种食品中，包括婴儿配方奶粉、乳制品、肉制品、焙烤食品、蛋黄酱和饮料等。还可以与其他活性物质配合，制成片剂和胶囊。

（五）EPA 和 DHA 应用

目前，EPA 和 DHA 应用主要体现在以下几个方面。

1. 用于胶丸/鱼油微胶囊的生产

利用微胶囊包埋技术，将鱼油微胶囊化后可以防止鱼油氧化，掩盖不良风味和色泽，使用方便，能扩大其应用范围，具有很广阔的市场。如日本制备的以 DHA 为主胶丸的每粒 300mg，内含 135mgDHA，12mgEPA 和 0.9mg 维生素 E；以 EPA 为主胶丸的每粒 300mg，内含 84mgEPA、36mgDHA 和 8mg 维生素 E。

2. 作为功能食品的重要基料

由于多不饱和脂肪酸的功能保健作用，目前已大量应用于如"脑黄金"等功能性食品中。粉末状微胶囊的各种产品 DHA 含量不同，在 40～108mg/g，包埋后还可添加到婴儿配方奶粉中，其中 DHA 含量 70mg/100g。

3. 作为强化食品的强化剂

EPA 和 DHA 可作为食品营养强化因子添加于婴儿配方奶粉、乳酸菌饮料、鱼罐头、调味品、火腿肠和腊肠、人造奶油、蛋黄酱、巧克力糖果和蛋糕等食品中。

（1）婴儿配方奶粉　自 1987 年起日本明治乳业就开始销售添加了 DHA 油的婴儿配方奶粉。母乳中含有一定的 DHA，但其含量根据母亲的膳食不同有很大差异。调查表明，每

100g 母乳中所含的 DHA，日本人大约 22mg，美国人大约 7mg。FAO/WHO 为了使婴幼儿的大脑及脑网膜等发育正常，把高度不饱和脂肪酸的摄取比例标准规定为 $n-6$ 系/$n-3$ 系为 5，而日本人母乳中的其比值为 6.2。

(2) 罐头食品 日本幡食品株式会社开发了强化 DHA 的碎片金枪鱼罐头，不出现鱼腥味问题，且起到强化作用。1992 年 6 月产品上市，80g 碎片金枪鱼罐头的鱼肉本身约含 100mgDHA，添加由金枪鱼眼窝脂肪制得的含 DHA28% 的精制 DHA 油后，每罐的 DHA 含有量高达 200mg。

(3) 鸡蛋 日本的强化营养素鸡蛋有碘强化品和维生素 D 强化品等，其中 EPA 和 DHA 强化鸡蛋的价格最高，主要是采用 EPA 和 DHA 含量高的特殊饲料喂养母鸡所产的鸡蛋，该鸡饲料调制是添加了 EPA 和 DHA 含量较高的鱼肉或粗制鱼油。与普通鸡蛋相比，富集蛋中 EPA 和 DHA 的含量明显增多，EPA 含量高 5 倍约 30mg，DHA 含量高 2.5 倍约 200mg。

(4) 调味酱 1993 年 2 月，洼田味噌酱油株式会社开始销售调配有 DHA 油（DHA 为 27%）的商品名称为"百岁食味噌"的调味酱。

品种有下面 3 种：①特殊食品用，每餐相当于摄入 270mg DHA，向老年家庭或医院提供；②强化食品用，每餐相当于摄入 135mgDHA；③普通食品用，每餐相当于 54mgDHA。这类产品的开发瞄准了目前日本国民的健康导向以及日本餐和家庭餐的回归倾向，零售价格比同类的一般产品高 40% 左右。

(5) 冷冻食品 1992 年 8 月，日本雪印株式会社开始销售一种作为幼儿园儿童、中小学生快餐的商品名称为"沙丁鱼之元气"的冷冻菜。这类产品是在沙丁鱼块中拌有牛蒡、菜豆和胡萝卜，再浇上含有白芝麻的红烧调味汁，这是一种日本风味的家常便菜。其产品的 EPA 和 DHA 含量没有标明，但标注了 EPA 和 DHA 的各种摄取效果。产品上市后大大超出了厂商当初的销售计划。

(6) 糖果 日本播州化成株式会社开发一种添加了精制 DHA 油的糖果已经上市。

(7) 其他产品 研究强化 EPA 和 DHA 油的食品很多，例如火腿和腊肠；人造奶油、蛋黄酱和调味品，酱油、调味汁和食醋，粉末蛋黄和粉末油脂，巧克力、糖果和蛋糕等。在水溶性食品和调味料中添加 EPA 和 DHA 必须有特殊的乳化技术。

（六）EPA 和 DHA 的测定方法（气相色谱法）

1. 原理

多不饱和脂肪酸（PUFA）是指含有两个或两个以上双键、碳数在 $16\sim22$ 的直链脂肪酸。目前，受到人们普遍关注的主要有 γ-亚麻酸（GLA）、二十碳五烯酸（EPA）及二十二碳六烯酸（DHA）。采用盐酸水解法来提取其油脂，并用 $CHCl_3$-KOH-CH_3OH 一步提取、甲酯化方法，运用毛细管气相色谱分析，以外标法定量测定甲酯化样品中多不饱和脂肪酸的含量。

2. 仪器

气相色谱仪（配有氢火焰离子化检测器 FID、数据处理机或色谱工作站）、大振幅恒温摇床。

3. 试剂

γ-亚麻酸（GLA）甲酯标准品、二十碳五烯酸（EPA）甲酯标准品、二十二碳六烯酸（DHA）甲酯标准品均为美国 Sigma 公司生产，混合试剂石油醚（$30\sim60$℃）-苯（体积比 = 1：1），氯仿。

4. 操作方法

(1) 色谱条件

色谱柱：HP-IN-NOWAX 交联聚乙醇毛细管柱，0.25mm × 30m，0.25μm；

二阶程序升温：150℃→200℃（△=15℃/min，升至 200℃后持续 15min）240℃（△=2℃/min，升至 240℃后持续 2min）；

进样口温度 260℃；检测器，氢火焰离子化检测器（FTD）；

检测器温度 260℃；氢气流速，30mL/ min；

空气流速，150mL/min；氮气流速，30mL/min；

柱流速，1mL/min；尾吹气流速，29mL/min；

分流比，100∶1；进样量，1μL。

(2) 标准曲线的绘制　分别以 GLA 甲酯、EPA 甲酯及 DHA 甲酯标准溶液的气相色谱峰面积对其浓度（μg/mL）作图，以求出 3 种脂肪酸甲酯标准品的线性回归方程和相关系数。

(3) 样品的制备

① 直接酯化法　将含有多不饱和脂肪酸的样品干燥，称取 1g 样品于具塞试管中，加入 4mL HCl₃ 和 2mL 0.5mol/L KOH-CH₃OH，剧烈振荡 2min；并于 50℃水浴保持 10min（充氮气保护），剧烈振荡 2min；加入 3.6mL 双蒸水，再剧烈振荡 1min。过滤，静置分层，取下层 CHCl₃ 相用于色谱分析。

② 酸水解法　取一定量样品，样品可以是湿样品或脂肪，以 0.4mol/L 盐酸水解所得油脂 30～100mg 于 25mL 具塞试管中，加入 2mL 混合试剂，轻摇使溶解后加入 2mL 的 0.5mol/LKOH-CH₃OH 于室温酯化 10～15min 后水洗，静置分层后取上层有机相用于色谱分析。

5. 结果计算

由标准曲线样品中 EPA、DHA 和 GLA 的含量按式(7-7)计算。

$$W = \frac{VC}{m} \tag{7-7}$$

式中，W 为样品中 EPA、DHA 或 GLA 的含量，μg/g；V 为样品溶液的最终定容体积，mL；C 为测定液中 EPA，DHA 或 GLA 的浓度（从标准曲线上查得），μg/mL；m 为样品质量，g。

6. 注意事项

① 由于多不饱和脂肪酸极易被空气所氧化，一般都要对其充氮气或加入抗氧化剂保护。

② 在测定油脂中多不饱和脂肪酸的含量时，需将油脂抽提出来。经典的方法是取干燥研磨的样品于索氏脂肪提取器中以非极性有机溶剂抽提，而采用魏氏盐酸水解法来提取其油脂，样品无需干燥，所需时间较短，且油脂提取率较高，适合于微生物油脂的提取。

二、大豆磷脂的生产技术

大豆磷脂是以大豆为原料提得的磷脂类等物质，是卵磷脂、脑磷脂、磷脂酰肌醇、游离脂肪酸等近 40 种含磷化合物组成的复杂混合物，其中最主要的是磷脂酰胆碱。大豆磷脂有强化大脑、增强记忆力、延缓衰老、降低胆固醇、调节血脂、维持细胞膜结构和功能完整性、保护肝脏、增强免疫功能等生物活性作用。大豆磷脂是目前世界上最主要的卵磷脂商品，约占卵磷脂市场的 90%。在国际保健品市场上，大豆磷脂的销售量仅次于复合维生素和维生素 E 而名列第三。作为重要的营养保健食品，已风靡美国、日本及欧洲各国。我国卫生部批准，大豆磷脂可以用于调节血脂、调节免疫、延缓衰老和改善记忆功能等保健食品的开发生产。

目前在国内市场上的大豆磷脂基本分为"糊状大豆磷脂"和"高纯度粉状卵磷脂"两种。前者为丙酮不溶物在 60% 以上，后者为丙酮不溶物在 95% 以上。目前用于提取磷脂的原料主要是大豆和鸡蛋。大豆、鸡蛋磷脂的组成如表 7-11 所示。

表 7-11 大豆、鸡蛋磷脂的组成   单位：%

极性类脂	大 豆	鸡 蛋	极性类脂	大 豆	鸡 蛋
磷脂酰胆碱	20~22	68~72	神经鞘磷脂		2~4
磷脂酰乙醇胺	21~23	12~16	其他磷脂	15	10
磷脂酰肌醇	18~20	0~2	甘油类脂	9~12	
磷脂酸	4~8				

（一）大豆磷脂的制备工艺

磷脂的分离技术发展迅速，到目前为止，磷脂的分离提纯方法有溶剂法分离技术、薄层色谱分离技术、柱色谱分离技术、高效液相分离技术、超临界萃取技术等。

以大豆油为原料制备大豆磷脂简介如下。

（1）工艺流程

大豆油──→加热水合──→分离──→磷脂浆──→脱色──→浸洗──→分离──→干燥──→成品（高纯度粉状大豆磷脂）──→包装

（2）操作要点 大豆油加热到 60~80℃，加入 2%~3% 的水（加水量与油中磷脂含量有关，一般用水量与毛油中的磷脂含量基本相当），或在大豆油中通入水蒸气，使其升温至 50~70℃，在管式静态搅拌器内充分搅拌，维持 30~60min，使磷脂水合形成磷脂水合物胶状沉淀，通过离心或沉降静置分离得到磷脂浆。其中水分含量约 40%，磷脂 40%，豆油 20%。磷脂浆中含有多种色素，如类胡萝卜素、类黑素等可用过氧化氢除去黄色色素，或用过氧化苯甲酰除去红色物质，在脱色过程中，过氧化物通过氧化磷脂中类胡萝卜素及其他色素实现脱色，且对磷脂功能不产生影响。脱色时，加入浓度为 30% 的双氧水，用量为磷脂质量的 1%，搅拌 1h 可得浅棕色磷脂浆。脱色后的磷脂用丙酮浸洗，丙酮能溶解油脂和游离脂肪酸，但不溶解磷脂，因而可以将磷脂中的油脂等除去。浸洗后分离回收丙酮。经脱色、浸洗后的磷脂含水分 25%~50%，送入搅拌薄膜蒸发器中于 6.7~40kPa 真空条件下，80~105℃ 温度下，干燥 1~2min，使水分降至 1% 左右立即冷却到 55~60℃，及时包装，制得大豆磷脂成品。

（二）大豆磷脂在功能性食品中的应用

1. 大豆磷脂在人造奶油、起酥油、糖果中的应用

大豆磷脂具有乳化性、润湿性、胶体性及生理活性而在食品中得到广泛应用，磷脂的使用量相对较少，一般为食品中脂肪的 0.1%~2%。磷脂是人造奶油生产最常用的乳化剂，其用量一般为脂肪的 0.1%~0.5%，通常与单甘酯或甘二酯混合使用，它能防止渗水，防溅，促进烘干过程的褐变，增强起酥效果，增强强化奶油中维生素 A 的抗氧化性。如果加入 0.5%~1.0% 磷脂就会得到混合完全、质地均匀的起酥油。

为油脂工业脂肪代用品的生产提供原料或直接生产脂肪产品（如磷脂与单甘酯）。此外，特定磷脂（如 PA）在烹饪油中具有降低脂肪吸附、促使食物烹饪更为均匀的作用。

大豆磷脂在糖果中的应用主要是因为它具有三大特性：乳化性（如焦糖）、防黏结/释放性和黏度调节（如巧克力）。这些性质共同对产品产生重要影响。例如，胶糖乳化效果将会影响其货架寿命与质构，在巧克力生产中，黏度调节会影响产品价格及最终产品的质构。

生产甜饼所用巧克力中加入 0.25%～0.5%大豆磷脂可使其黏度显著降低，生产者就可对产品均匀涂层，并可减少可可脂的用量，增加巧克力的稳定性。含磷脂的巧克力不易产生脂糖霜或"灰变"。氢化磷脂是良好的乳化剂，脂肪起霜的防止剂，是巧克力生产的理想添加物。

2. 大豆磷脂在焙烤食品中的应用

大豆磷脂是面包、蛋糕、甜点心、饼干及脆饼等焙烤食品中必不可少的乳化剂，它可加快面团中起酥油均匀混合，促进发酵与水分吸收，改善面团加工过程，增加产品的营养性，使产品质地更加柔软细腻。在焙烤的配料中，通常需要含磷脂的低脂或高脂豆粉（含量一般为 15%）。

酵母发酵面团中加入 0.1%～0.3%磷脂可改善水分吸收，降低加工难度，改善耐发酵性、脂肪的起酥性、体积与质构及货架寿命。在糕点配料时加入磷脂，能在其与水或乳混合时起快速润湿作用。在饼干、脆饼、馅饼与蛋糕生产中加入 1%～3%磷脂（以起酥油计）可促进脂肪分散，改善起酥效果。

总之，磷脂在焙烤中的作用主要有三点：①乳化剂（单独使用或与其他乳化剂共同使用），降低乳化剂费用，稳定乳状液及水油体系，改善持水性，保证组分均匀分散；②润湿剂，加速粉末物料润湿，减少混合时间；③脱模剂，使产品快速、彻底地与模体分离。实践证明在面包加工中，磷脂与单甘磷、甘油二酯及其他表面活性剂的协同效应。磷脂与单苷酯共同使用可以改善原料的质量特性、优化加工过程、减少起酥油用量、改善产品的整体质量。

3. 大豆磷脂在乳品与人造乳品中的应用

大豆磷脂可用于奶粉、麦乳精、营养补充饮品及可可配制品等速溶型产品中，改善产品的分散性与润湿性。几乎所有的幼儿食品配方中使用了亲水性或脱油磷脂作为脂肪乳化剂。鸡蛋代替品使用脱油磷脂作乳化剂；在发泡涂层中用磷脂可改善产品的气泡性。

脱油磷脂的一项新用途是作为罐装动物脂肪或冷冻肉制品的一种关键组分。如果配方得当，磷脂可以大大降低甚至完全消除辣椒罐头、流质咖啡、肉汁及其他高含量动物脂肪产品的"脂肪覆盖"现象。

4. 大豆磷脂作为膳食补充剂

作为膳食补充的磷脂产品已有商品出售，磷脂胶囊或颗粒状磷脂中磷脂酰胆碱含量低于35%。医生在治疗神经紊乱时通常要配给 20～30g 磷脂，从而使饮食中能量大大增加，在这种情况下一般使用脱油纯化磷脂（95%磷脂酰胆碱）。表 7-12 所示的是，大豆磷脂在一般食品中的应用，表 7-13 所示的是大豆磷脂在保健食品中的应用。

表 7-12　大豆磷脂在一般食品中的应用

食品类型	大豆磷脂	用途、作用
烘烤食品，如面包、耐储面包、点心、华夫饼、威化饼、速用面粉、加蛋、奶的面团等	含磷脂 90%的精磷脂，大豆磷脂，去油粉剂	改善磷脂分布，加强面盘结构，改善揉面团过程，改善发酵稳定性，体积大，气孔均匀，延长储存期限
食用期长的品种，挤压品种，雪糕甜筒	含磷脂 90%的精磷脂，食品级标准，大豆磷脂，粉剂	均质体，易从烘盘分离，抗破碎性强，褐变棕色均匀
面包，小点心，食用期长的品种花式馅饼、华夫饼、威化饼、加蛋、奶的面团等	含磷脂 90%的精磷脂，食品级标准，大豆磷脂，粉剂	改善揉面团过程，改善发酵稳定性，体积大，气孔均匀，改善保存期间质量

食品类型	大豆磷脂	用途、作用
速用面粉，改善面粉	改性磷脂，食品级标准，大豆磷脂，粉剂	使不同的面粉均匀化，体积大，发酵耐受性及保存期长
空收食品的覆盖物，巧克力包心，巧克力块果味糖(太妃糖)	精细脂，含磷脂52%～62%，大豆卵磷脂，有PC,PE含量有规定，液体	降低巧克力浆黏稠度和软化点，具有重现性效果
可可饮料，酱汁，汤，咖啡漂白剂，儿童食品，婴儿食品	改性磷脂，含量52%～62%，大豆卵磷脂，精制植物油及单甘油二酯、低黏度，可喷雾	速溶剂，改善湿润特性，预防粉尘形成
速溶食品，可可饮料，儿童食品，奶粉	高纯磷脂，含量98%，大豆磷脂，脱脂，粉状	速溶性，改善润湿性佳，无异味

表 7-13　大豆磷脂在保健食品中的应用

剂型、用途	大豆磷脂	功能、作用
食品添加剂、糖衣片、片剂、饮料、糖浆、明胶硬胶囊	粉状高纯磷脂，含量96%大豆磷脂、去油、食品级标准	降低血脂，改善记忆，增强机体功能，保护细胞，补充多不饱和脂肪酸
明胶软胶囊	液体、精细磷脂，含量62%大豆卵磷脂，脱色，透明，PC、PE含量有规定	降低血脂，改善记忆，增强机体功能，保护细胞，补充多不饱和脂肪酸

(三) 大豆磷脂的测定方法

1. 原理

大豆磷脂能溶于正己烷、石油醚、乙醚、氯仿、甲醇等有机溶剂，但不溶于丙酮。将大豆磷脂溶解在有机溶剂中，用磷脂饱和丙酮溶液使大豆磷脂析出。用重量法测定大豆磷脂的含量。此方法简单、易于掌握、准确度高、精密度较好；所用仪器、试剂一般实验室都具备，是一种极易推广的方法。

2. 仪器

恒温水浴、恒温箱、玻璃回流装置、G3玻璃砂芯漏斗。

3. 试剂

甲醇、氯仿、磷脂饱和丙酮溶液。

4. 操作方法

(1) 磷脂饱和丙酮溶液的制备　取大豆磷脂约2g，在100mL烧杯中用10mL石油醚溶解，加25mL丙酮使磷脂析出。通过G3玻璃砂芯漏斗抽滤，用30mL丙酮分四次洗涤磷脂，最后尽量抽除残留丙酮。立即将粉状磷脂移入1000mL容量瓶中，加丙酮至1000mL，在0～5℃下浸泡2h，每隔15min剧烈振动1次，用快速滤纸过滤上清液，滤液于0～5℃冷藏备用。

(2) 样品的制备　取样品置于200mL烧瓶中，加氯仿-甲醇(体积比=2:1)混合溶剂60mL，烧瓶上口接上冷凝管在65℃水浴上回流1h，用G3玻璃砂芯漏斗过滤。用上述混合液多次淋洗烧杯和漏斗，合并滤出液，于已恒重的烧杯中，在水浴上蒸干。在烧杯中加磷脂饱和丙酮溶液5mL(0～5℃)，用已恒重的玻璃棒搅拌残渣，将上清液倒入恒重的G3漏斗中。将残渣再用少许磷脂饱和丙酮液(0～5℃)洗数次，将液体倒入G3漏斗中。以上所用烧杯，第二次所用的G3漏斗、玻璃棒已恒重。将G3漏斗、玻璃棒放进相应的烧杯中，在(100～102)±1℃恒温箱中恒温至恒重，称重，计算出大豆磷脂的含量。

5. 结果计算

按式(7-8)计算样品中大豆磷脂的含量。

$$W = \frac{m_1 - m_2}{m} \times 100\% \qquad (7\text{-}8)$$

式中，W 为样品中大豆磷脂的含量，%；m_1 为砂芯漏斗、烧杯、玻璃棒和样品提取物恒重的质量，g；m_2 为砂芯漏斗、烧杯和玻璃棒的质量，g；m 为样品的质量，g。

6. 注意事项

① 大豆磷脂属于脂溶性物质，能溶于正己烷、石油醚、乙醚、氯仿、甲醇等有机溶剂，当氯仿-甲醇混合溶剂体积比控制在 2：1 时可获得豆奶粉中大豆磷脂的最佳提取效果。

② 在操作时应注意在加磷脂饱和丙酮溶液时，需要快速，且保持溶剂的温度在 0～5℃ 之间，将残渣一直洗成白色粉末，不得有黄色颗粒，否则影响测定结果。

③ 在使大豆磷脂质量恒定时，由于大豆磷脂极易吸水，在干燥器内冷却时间不宜过长，称重要快，天平内要保持干燥。

三、卵磷脂的生产技术

卵磷脂（lecithin）主要成分有磷脂酰胆碱（PC）、脑磷脂（PE）、肌醇磷脂（PI）和磷脂酸（PA），是人体生物膜的基础构成物质，有极高的营养和医学价值，具有延缓衰老、提高大脑活力、防治动脉硬化、解除心脑血管疾病、预防脂肪肝、滋润皮肤等多种生理功能。同时还具有很好的乳化作用和抗氧化性能。因此，卵磷脂在医药、食品、化妆品等行业的应用十分广泛。蛋黄卵磷脂的提取方法包括有机溶剂法、柱层析法、金属离子沉淀法、膜分离法、超临界 CO_2 萃取法和有机溶剂法结合高压脉冲电场提取法。

（一）以大豆油脚为原料制备卵磷脂

1. 工艺流程

工艺流程如下。大豆毛油提取糊状卵磷脂的连续生产示意图见图 7-16。

新鲜大豆油脚 ⟶ 脱水 ⟶ 脱油 ⟶ 粗大豆磷脂 ⟶ 加乙醇提取 ⟶ 脱色 ⟶ 干燥 ⟶ 精制大豆卵磷脂成品

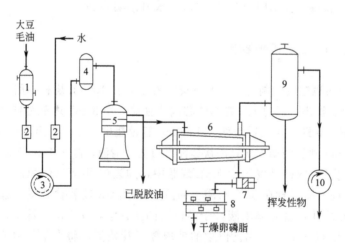

1—预热器；2—控制器；3—搅拌器；4—贮槽；5—离心机；6—薄膜蒸发器；7—阀门；8—冷却器；9—冷凝器；10—真空泵

图 7-16 大豆毛油提取糊状卵磷脂的连续生产示意图

2. 操作要点

将新鲜大豆油脚用旋转蒸发器脱水，加入丙酮脱油 3～5 次，分离得粗大豆磷脂，然后加入 3 份浓度为 85％的乙醇溶液（pH 值为 10.5），于 20～30℃下搅拌 20min。静置后分出上层含大豆磷脂的乙醇溶液，如此重复提取 3 次，合并提取液，减压蒸馏回收乙醇，得半固体状大豆磷脂，最后经脱色，丙酮洗涤数次，真空干燥，得微黄色蜡状精制大豆磷脂。图 7-17 所示的是高浓度磷脂酰胆碱连续生产装置示意图。

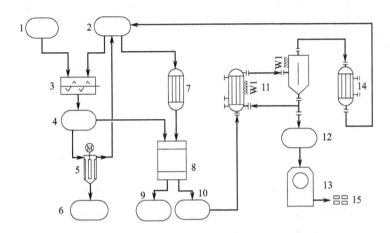

1—卵磷脂；2—乙醇；3—混合器；4—浸提器；5—薄膜蒸发器；6—乙醇不溶部分；
7—热交换；8—二氧化硅色谱柱；9—预流液槽；10，12—磷脂酰胆碱液；
11—循环式蒸发器；13—干燥器；14—冷却器；15—磷脂酰胆碱

图 7-17　高浓度磷脂酰胆碱连续生产装置示意图

（二）蛋黄卵磷脂

有机溶剂法提取蛋黄卵磷脂简介如下。

1. 有机溶剂分离技术是根据蛋黄中各组分在不同溶剂中的溶解度差异进行分离的一种传统分离提纯卵磷脂的方法。

（1）工作原理　卵磷脂在低级醇中溶解度较大，但卵磷脂不溶解于丙酮。通过调整溶剂的 pH 值、浓度、温度等条件，使蛋白质发生变性和沉淀，利用此性质将蛋黄粉或鲜蛋黄与一定量的有机溶剂一起搅拌，然后调整 pH 值、静置、离心，沉淀部分为蛋白质，上清液则为中性脂肪和卵磷脂的混合物，再将此溶液减压浓缩，除去溶剂。因为卵磷脂不溶于丙酮而中性脂肪易溶，再用丙酮对混合溶液进行萃取，即可分离出卵磷脂。这种方法是先去除蛋白质后，然后分离卵磷脂和中性脂肪，也可以先去除蛋黄油，再分离卵磷脂和蛋白质。此方法的缺点在于卵磷脂和水一同回收，因此需要脱水和干燥，但是考虑卵磷脂是不宜提高温度的，所以只能用冷冻干燥法进行干燥，使产品的成本加高。

（2）工艺流程　有机溶剂法提取蛋黄卵磷脂工艺流程如下。

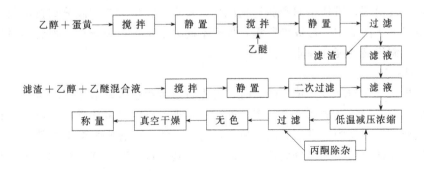

（3）操作要点

① 有机溶剂的选择　常用有机溶剂一般为石油醚、乙醚、氯仿、甲醇、乙醇、丙酮等。

② 有机溶剂萃取　在均质鸡蛋蛋黄（去蛋清）中加入一定量的乙醇，强力搅拌 30min 后静置一定时间，加入乙醇用量 1/3 的乙醚，搅拌 15min，静置相同时间后过滤，滤渣进行二次萃取，加入乙醇-乙醚混合液（体积比 3∶1），搅拌静置相同时间，二次过滤。

③ 分离　合并两次滤液，低温减压浓缩后，加入一定量丙酮除杂，卵磷脂沉淀，然后过滤，滤饼用丙酮冲洗，直到冲洗液无色。

④ 干燥　在真空干燥箱中干燥，充入氮气后称量，计算提取率。

2. 层析法

用吸附柱层析制备高纯度卵磷脂的方法（赵彬侠 2003 年）：取 73kg 蛋黄，用 9L 乙醇萃取 2 次后，用乙醇-己烷混合液萃取 3 次（体积比分别为 3∶4、2∶4 和 15∶35），分离己烷上清液，通过硅胶柱，用乙醇-己烷-水（体积比为 60∶30∶120）洗脱，可获卵磷脂含量高于 97% 的产品。

另外，用 15cm×40cm 的色谱柱，以硅胶为吸附剂，用剃度差为 $V_{(CH_3OH)}$ ∶ $V_{(CHCl_3)}$ ＝（1∶2）~（2∶1）的甲醇/氯仿混合液（pH 值为 3~4）进行凹型梯度洗脱，可以对卵磷脂进行分离，洗脱剂仅为柱体积的 5~6 倍，洗脱时间仅为 6h 左右。

有专利报道将粗磷脂 200g 溶于 2L 热甲醇中，冷却，取上清液，用 25L 80% 的甲醇溶液稀释，过 XAD-2 型离子交换柱，柱温保持 20℃，用 4.65L 90% 的甲醇溶液洗脱，可获得 632g 卵磷脂。

3. 金属离子沉淀法

卵磷脂可与金属离子发生配合反应，形成配合物，生成沉淀。利用此性质可以把卵磷脂从有机溶剂中分离出来，由此除去蛋白质、脂肪等杂质，再用适当溶剂分离出无机盐和磷脂杂质（主要是脑磷脂、鞘磷脂），这样可以大大提高卵磷脂的纯度。$CaCl_2$、$MgCl_2$、$ZnCl_2$ 均可与卵磷脂发生配合反应形成复盐，但 $CaCl_2$ 和 $MgCl_2$ 提取卵磷脂较低，且毒性较大，所以 $ZnCl_2$ 是较理想的沉淀剂。

赵彬侠（2003 年）研究的用 $ZnCl_2$ 乙醇纯化卵磷脂的具体方法：将 100g 粗卵磷脂溶于 1L 95% 的乙醇中，再加入 45g $ZnCl_2$，生成淡黄色卵磷脂 $ZnCl_2$ 复盐沉淀，离心分离此沉淀物，在氮气保护下，用 25mL 冰丙酮与沉淀物混合，搅拌 1h，可得到含量高达 99.5% 的卵磷脂。

4. 膜分离法

膜分离法提取的蛋黄粗卵磷脂中含有一定量的蛋白质、中性脂肪、脑磷脂、鞘磷脂等杂质，它们的粒度大小、分子量与卵磷脂有较大区别，所以它们通过半透膜的难易程度不同，由此卵磷脂得到分离。用己烷-异丙醇混合溶剂溶解的粗磷脂通过聚丙烯半透膜，收集流过膜的溶液，蒸发溶剂，可使粗卵磷脂得到纯化。日本也在试验应用膜分离技术制备高纯度卵磷脂，将磷脂溶于溶剂中，形成微胶囊，根据不同分子量进行膜分离，得到不同分子量的磷脂组分，从而制得高纯度卵磷脂产品。

5. 超临界 CO_2 萃取

用超临界二氧化碳萃取蛋黄卵磷脂时，首先将蛋黄粉装入萃取器，将液态二氧化碳经泵送入气化器，形成所需要的超临界状态，处于超临界状态的二氧化碳经过蛋黄粉时，胆固醇和甘油三酯便溶解在其中，进入分离器后，通过降低压力破坏它的溶解条件，胆固醇和甘油三酯便与二氧化碳分别聚集在分离器中，而二氧化碳经过冷凝器变为液体进入液态储罐，这样密闭循环数小时后，蛋黄粉中的胆固醇和甘油三酯便被萃取掉，所余物质即为含有卵黄蛋白和磷脂的粗蛋黄卵磷脂。

日本专利昭 60-4548 利用有机溶剂（乙醇）萃取蛋黄粉，得到中性脂质、卵磷脂和乙醇的液体混合物，用减压蒸馏将乙醇除去，得到含磷脂的蛋黄脂质；然后用超临界 CO_2 将蛋黄脂质中的中性脂质除去，最后剩下的就是高纯度的卵磷脂。该工艺流程如图 7-18 所示。

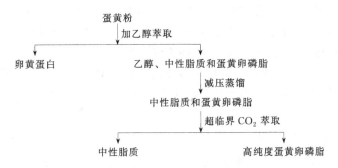

图 7-18　乙醇溶剂萃取＋超临界 CO_2 萃取法工艺流程图

日本专利特开昭 62-22556 首先用超临界 CO_2 萃取蛋黄粉，以除去中性脂质，然后在超临界 CO_2 中加入一定比例的携带剂乙醇进行萃取，所得产物经蒸馏去除乙醇得到高纯度的蛋黄卵磷脂。该工艺流程如图 7-19 所示。

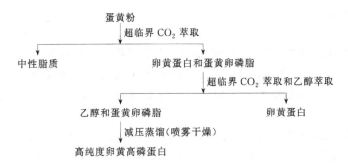

图 7-19　超临界 CO_2 萃取＋超临界 CO_2 和携带剂乙醇萃取工艺流程图

武练增等提出了首先用超临界 CO_2 进行萃取可将蛋黄粉中的中性脂质去除，而蛋黄卵磷脂和卵黄蛋白作为萃余物留下来；然后采用溶剂萃取法从已去除中性脂质的蛋黄粉中提取高纯度的蛋黄卵磷脂，用浓度大于 95％的食用乙醇进行抽滤，可得含有卵磷脂的提取液，将该提取液经减压蒸馏或喷雾干燥后，即可得到高纯度的蛋黄卵磷脂。该工艺流程见图 7-20 所示。

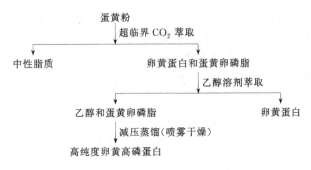

图 7-20　超临界 CO_2 萃取＋乙醇溶剂萃取法工艺流程图

6. 有机溶剂法结合高压脉冲电场

蛋黄可以被看成一种蛋白质（卵黄球蛋白）溶液中含有多种悬浮颗粒的复杂体系，其中游离着卵黄高磷蛋白与卵黄磷脂蛋白的聚集体。高压脉冲电场的作用机理分析，该聚集体在几万伏的脉冲电压下，连接键上产生感生电压，使连接键出现断裂现象，从而使得卵磷脂能快速地与有机溶剂接触，提高萃取效率；高压脉冲电场对极性物质具有较强的作用，而对蛋白质、脂肪等大分子物质几乎没有作用，因此易于卵磷脂的进一步分离纯化；脉冲电场的提取是在常温下进行，因此不会影响提取物的生物活性；高压脉冲电场能耗很低，功率只要300W，处理速度可达到50mL/min，是一种比较节能的加工方式。

刘静波等人（2005年）研究有机溶剂结合高压脉冲电场提取蛋黄粉中卵磷脂的方法表明，高压脉冲电场处理蛋黄粉后再采用有机溶剂萃取的方法，能够提取出高纯度、低变性、高产量的卵磷脂产品。

（三）卵磷脂的测定方法

卵磷脂是一种天然的两性表面活性剂，主要测定方法有薄层色谱法、高效液相色谱法等。

1. 薄层扫描法测定卵磷脂

（1）原理　薄层扫描色谱法对样品进行定量分析，方法简捷方便，重现性、稳定性较好。

（2）仪器　薄层扫描仪。

（3）试剂

卵磷脂标准溶液：纯度99%，美国Sigma公司产品，准确称取卵磷脂标准品5mg，用5mL氯仿-甲醇（9∶1）混合溶液溶解，配成浓度为1mg/mL的标准溶液。

显色剂：称取12g溴百里酚蓝，加入到新鲜配制的300mL 0.01mol/L NaOH溶液中，搅拌均匀，备用。

展开剂：氯仿-无水乙醇-三乙胺-水（体积比=10∶11.3∶11.7∶2.7）；

溴百里酚蓝、硅胶GF_{254}、氯仿-甲醇（体积比=9∶1）混合溶液、大豆卵磷脂（进口分装）。

（4）操作方法

① 薄层色谱条件

a. 薄层板的制备。取适量硅胶GF_{254}与0.5%的CMC（羧甲基纤维素钠）溶液，以1∶3.5的比例混合研磨成糊状，用自动铺板仪铺成厚度为0.4mm的薄层板，晾干，在105℃烘箱中活化30min，置于干燥器中备用。

b. 薄层色谱分离。将试样溶于氯仿-甲醇（体积比=9∶1）混合溶液中，用展开剂展开9cm，待展开完毕后，取出薄板，自然晾干。放入溴百里酚蓝染液缸中，染色15s。取出后用滤纸吸干残留的染液，在105℃烘箱中干燥。

c. 薄层扫描条件。扫描方式为反射法锯齿扫描，光源为钨灯，线性化器Sx=3，狭缝为1mm×1mm，测定波长为617nm，参比波长为694nm，在370～700nm范围内扫描，灵敏度中等。

② 标准曲线的绘制　精确吸取卵磷脂标准溶液1μL、2μL、3μL、4μL、5μL点于薄层板上，展开，显色后测定面积积分值。以点样量（μL）为横坐标、斑点峰面积为纵坐标，绘制得一条不通过原点的标准曲线。

③ 样品的测定　样品测定时，根据含量的大小称取20～100mg样品于25mL容量瓶中，

用约 20mL 氯仿-甲醇（体积比＝9：1）混合溶液超声波溶解 5min，用氯仿-甲醇（9：1）混合溶液稀释至刻度，摇匀后经 0.45μm 滤膜过滤。在硅胶板上交叉点上样品液、标准液，展开，显色，扫描。

（5）结果计算　以样品斑点峰面积在标准曲线上求出样品中卵磷脂的含量。

（6）注意事项

① 展开薄层板前，展开槽最好用展开剂预饱和 30min，这样可以尽量避免边缘效应，以减少误差，并可将薄层板的边缘各刮去 2mm 的硅胶，效果会更好。

② 展开的距离一般为 7～18cm。该方法中展开 9cm 的斑点较圆。

③ 显色后，烘板的温度、时间对斑点扫描结果的影响甚大。在该方法中当薄板上的黄绿色背景刚刚转为天蓝色时最为适宜；没到转色，则看不清斑点；转色太过，则斑点颜色与背景色界线模糊，扫描基线不稳定。

④ 对于卵磷脂的显色，一般有碘蒸气显色法及磷钼酸乙醇溶液喷雾显色法。采用碘蒸气显色法的局限性较大，显色不稳定，在很短的时间内颜色就会淡去；并且因上述实验选择的展开剂体系中含有三乙胺，根本不能用碘蒸气法来显色。而喷雾型的显色方法比较复杂，喷雾量太少显色不完全，定量结果偏低；喷雾量太多则吸附剂不能承担，显色剂就会流下来，造成背景很不均匀，严重影响结果的准确性，并且往往用肉眼观察困难，一般需要通过一段较长的实践摸索阶段。

2. 高效液相色谱法测定卵磷脂

（1）原理　文献报道高效液相色谱方法中，大多采用紫外检测器，但存在低紫外波长（一般为 205nm）限制洗脱液选择的问题。采用高效液相色谱-示差折光检测器对卵磷脂产品中的卵磷脂含量进行测定，卵磷脂工作曲线下限为 10mg/L，可满足卵磷脂质量分数大于 1% 的产品要求。该分析方法操作简便，一次进样分析时间不超过 20mm。

（2）仪器　高效液相色谱仪，配有示差折光检测器、数据处理机或色谱工作站。

（3）试剂　甲醇、乙腈、磷酸、卵磷脂标准溶液将卵磷脂标准品（美国 Sigma 公司）用流动相配制成 1.00mg/mL 的标准溶液。

（4）操作方法

① 色谱条件

色谱柱：Lichrosorb Si60 柱，4.6mm×250mm，5μm；

流动相：乙腈-甲醇-磷酸-水（体积比＝100：100：4：2）；

流速：1.0mL/min；柱温，30℃；

检测器：示差折光检测器；

检测器温度：350℃；

进样量：10μL。

② 样品的测定　样品测定时，根据卵磷脂含量的大小称取 20～100mg 样品于 25mL 容量瓶中，加入流动相约 20mL，超声波溶解 5min，用流动相稀释至刻度，摇匀后经 0.45μm 滤膜过滤，滤液用于色谱分析。

（5）结果计算　采用外标法定量样品中卵磷脂的含量计算按式(7-9)。

$$W=\frac{A_2 cV}{A_1 m} \tag{7-9}$$

式中，W 为样品中卵磷脂的含量，mg/kg；A_1 为标准品的峰高或峰面积；A_2 为样品的峰高或峰面积；c 为标准溶液中卵磷脂的含量，ng；V 为样品溶液的最终定容体积，mL；

m 为样品的实际质量，g。

四、大豆脑磷脂的制备与测定

1. 大豆脑磷脂的制备

以糊状大豆磷脂为原料，用丙酮反复提取，去掉油脂和胆固醇后，滤渣用己烷和丙酮提纯一次，离心分离，干燥后，加乙醇，搅拌，萃取。不溶物用己烷萃取后，再加丙酮过滤并干燥，加氯仿和甲醇使溶解，过滤后加乙酸铅沉淀，滤液经真空干燥后，即得纯度较高的脑磷脂制品。

2. 高效液相色谱法测定大豆磷脂中的卵磷脂、脑磷脂、肌醇磷脂

（1）原理　大豆磷脂中最主要的活性成分是磷脂酰胆碱（PC，俗称卵磷脂）、磷脂酰乙醇胺（PE，俗称脑磷脂）、磷脂酰肌醇（PI，俗称肌醇磷脂）。定量测定大豆磷脂中活性成分的含量，对评价各种大豆磷脂保健品的生理功效有着重要的意义。过去，产品中卵磷脂含量的测定多以丙酮不溶物、含磷量、乙醚不溶物等为指标，这些测定方法不能反映磷脂各组分的真实含量。用高效液相色谱法能够快速准确测定大豆磷脂中主要活性成分的含量。采用硅胶色谱柱，以正己烷-异丙醇-磷酸-水为流动相，紫外检测器在 206nm 下检测，样品各磷脂组分可完全分离。样品经溶解后可直接进样，不需任何预处理。

（2）仪器　高效液相色谱仪（配有紫外检测器、数据处理机或色谱工作站）

（3）试剂　磷脂酰胆碱（PC，卵磷脂）、磷脂酰乙醇胺（PE，脑磷脂）、磷脂酰肌醇（PI，肌醇磷脂）均为美国引 Sigma 公司产品，正己烷，异丙醇，磷酸。

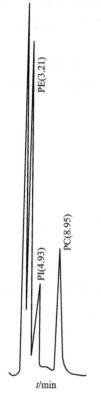

图 7-21　大豆磷脂样品的色谱图

（4）操作方法

① 色谱条件

色谱柱：Lichrosorb Si60，$4.6mm \times 250mm$，$5\mu m$；

流动相：正己烷-异丙醇-H_3PO_4-H_2O（体积比＝$45：48：0.15：7.5$），混匀后脱气 3～5min；

流速：1.0mL/min；

紫外检测器：检测波长 206nm，检测灵敏度 0.02AUFS，衰减 128；进样量：$10\mu L$。

② 标准溶液的测定　精确称量 15mgPC、15mgPE、15mgPI，用丙醇（体积比＝1：1）超声溶解，并定容于 10mL 容量瓶中。在上述色谱条件下分析标准溶液。

③ 样品的测定　精确称取样品 85mg，用正己烷-异丙醇（体积比＝1：1）超声溶解，并定容于 10mL 容量瓶中。摇匀后经 $0.45\mu m$ 滤膜过滤，滤液用于色谱分析。大豆磷脂样品的色谱图见图 7-21。

（5）结果计算　磷脂样品的采用外标法定量计算式(7-10)大豆磷脂样品中卵磷脂、脑磷脂、肌醇磷脂的含量。

$$W = \frac{A_2 cV}{A_1 m} \tag{7-10}$$

式中，W 为样品中卵磷脂、脑磷脂或肌醇磷脂的含量，mg/kg；A_1 为标准品的峰高或峰面积；A_2 为样品的峰高或峰面积；c 为标准溶液中卵磷脂、脑磷脂或肌醇磷脂的浓度，$\mu g/mL$；V 为样品溶液的最终定容体积，mL；m 为样品的实际质量，g。

参 考 文 献

[1] 葛可佑主编. 中国营养师培训教材. 北京：人民卫生出版社，2005.

[2] 郑建仙编著. 功能性食品学. 北京：中国轻工业出版社，2005.

[3] 钟耀广主编. 功能性食品. 北京：化学工业出版社，2004.

[4] 金宗濂主编. 功能食品教程. 北京：中国轻工业出版社，2005.

[5] 李世敏主编. 功能食品加工技术. 北京：中国轻工业出版社，2003.

[6] Gibson Glenn R，Williams Christine M 著，霍军生等译. 功能性食品. 北京：中国轻工业出版社，2005.

[7] 唐传核编著. 植物功能性食品. 北京：化学工业出版社，2004.

[8] 陈合，许牡丹主编. 新型食品原料制备技术与应用. 北京：化学工业出版社，2004.

[9] 陈仁惇编著. 营养保健食品. 北京：中国轻工业出版社，2001.

[10] 王光亚主编. 保健食品功效成分检验方法. 北京：中国轻工业出版社，2002.

[11] 凌关庭主编. 保健食品原料手册. 北京：化学工业出版社，2003.

[12] 何照范，张迪清编著. 保健食品化学及其检测技术. 北京：中国轻工业出版社，1999.

[13] 马莺，王静，牛天娇编著. 功能性食品活性成分测定. 北京：化学工业出版社，2005.

[14] 毛跟年，许牡丹主编. 功能食品生理特性与检测技术. 北京：化学工业出版社，2005.

[15] 温辉梁主编. 保健食品加工技术与配方. 南昌：江西科学技术出版社，2002.

[16] 王放，王显伦主编. 食品营养保健原理及技术. 北京：中国轻工业出版社，1998.

[17] 尤新主编. 功能性低聚糖生产与应用. 北京：中国轻工业出版社，2004.

[18] 于守洋，崔洪斌. 中国保健食品的进展. 北京：人民卫生出版社，2001.

[19] 吴谋成编著. 功能食品研究与应用. 北京：化学工业出版社，2004.

[20] 金宗濂主编. 保健食品的功能评价与开发. 北京：中国轻工业出版社，2001.

[21] 徐贵发，蔺新英主编. 功能食品与功能因子. 济南：山东大学出版社，2005.

[22] 刘景圣，孟宪军主编. 功能性食品学. 北京：中国农业出版社，2005.

[23] 刘志皋主编. 食品营养学（第二版）. 北京：中国轻工业出版社，2004.

[24] Frances Sienkiewicz Sizer，Eleanor Noss Whitney 编著，王希成主译. 营养学. 北京：清华大学出版社，2005.

[25] 孙远明，余群力主编. 食品营养学. 北京：中国农业大学出版社，2002.

[26] 刘会文编著. 现代饮食营养指南. 济南：山东人民出版社，2003.

[27] 宁正祥，赵谋明编著. 食品生物化学. 广州：华南理工大学出版社，1997.

[28] 刘海玲编著. 饮食营养与健康. 北京：化学工业出版社，2005.

[29] 蔡东联主编. 实用营养学. 北京：人民卫生出版社，2005.

[30] 崔洪斌主编. 大豆异黄酮——活性研究与应用. 北京：科学出版社，2005.

[31] 胡国华编著. 功能性食品胶. 北京：化学工业出版社，2004.

[32] 赵晋府主编. 食品技术原理 [M]. 北京：中国轻工业出版社，2002.

[33] 高福成主编. 现代食品工程高新技术 [M]. 北京：中国轻工业出版社，2000.

[34] 涂顺明，邓丹雯，余小林等编. 食品杀菌新技术 [M]. 北京：中国轻工业出版社，2004.

[35] 张守勤，马成林，左春柱主编. 超高压食品加工技术 [M]. 长春：吉林科学技术出版社，2000.

[36] 张裕中主编. 食品加工技术装备 [M]. 北京：中国轻工业出版社，2004.

[37] 李良铸，由永金等著. 生化制药学 [M]. 北京：中国医药科技出版社，2005.

[38] 吴梧桐主编，生物制药工艺学 [M]. 北京：中国医药科技出版社，2002.

[39] 李宏伟，张守勤，窦建鹏等. 不同生长期山楂叶中黄酮类化合物的含量测定 [J]. 时珍国医国药，2007，18（4）：773-774.

[40] 张格，张玲玲，吴华等. 采用超高压技术从茶叶中提取茶多酚 [J]. 茶叶科学，2006，26（4）：

291-294.

[41] 郭文晶，张守勤，王长征. 超高压法从甘草中提取甘草酸的工艺研究 [J]. 食品工业科技，2007，03：194-196.

[42] 陈瑞战. 超高压提取人参皂苷工艺及机理研究 [D]. 吉林：吉林大学生物与农业工程学院，2005.

[43] 刘春明，朱俊杰，张守勤等. 高压技术提取朝鲜淫羊藿总黄酮的研究 [J]. 中国中药杂志，2005，30（19）：1511-1512.

[44] 殷涌光，金哲雄，王婷等. 茶叶可食性 DNA 的 PEF 快速提取方法 [J]. 食品科技 2007，（4）：187-189.

[45] 殷涌光，金哲雄，王春利等. 茶叶中茶多糖茶多酚茶咖啡碱的高压脉冲电场快速提取 [J]. 食品与机械，2007，23（2）：12.

[46] 殷涌光，刘静波，林松毅. 食品无菌加工技术与设备. 北京：化学工业出版社，2006.

[47] 赵金光，韩继福主编. 营养与食品安全. 长春：吉林科学技术出版社，2005.

[48] 董昆山，王秀琴. 董一凡编著. 现代临床中药学. 北京：中国中医药出版社，2001.

[49] 龙致贤主编. 中药疗效学概论. 北京：中国医药科技出版社，2001.

[50] 王华，王泽南，赵晓光. 维生素 A 微胶囊化工艺的研究 [J]. 食品科学，2006，11.

[51] 汤化钢，夏文水，袁生良. 维生素 E 微胶囊化研究 [J]. 食品与机械，2005，01.

[52] 范国梁，渠荣遴，周维义，阎颖，赵秋雯. 水溶性维生素微囊包裹研究 [J]. 天津大学学报，1996，04.

[53] 鲍建民. 多不饱和脂肪酸的生理功能及安全性 [J]. 中国食物与营养，2006，01.

[54] 李强，谭天伟. 维生素 D2 微囊的制备与研究 [J]. 食品与发酵工业，2004，02.

[55] 赵新淮. 大豆蛋白水解物的精制研究 [J]. 食品工业，1996，（3）：11-12.

[56] 郝慧. 林松毅. 刘静波. W/O 型蛋清高 F 值寡肽乳状液稳定性的试验研究 [J]. 食品科学，2007，（11）.

[57] 管正学，张宏治，王建立. 保健食品开发生产技术与配方 [M]. 北京：中国轻工业出版社，2000（3）：1-139.

[58] 赵江燕. 具有抗疲劳作用的保健食品. 中国食品，1999（3）：14-15.

[59] 金宗濂，文镜，唐粉芳. 功能食品评价原理及方法. 北京：北京大学出版社，1995：24-67.

[60] 胥云主编. 中药及保健品研究开发技术指南. 北京：中国医药科技出版社，1994：295-361.

[61] 韩雨梅，邸慧君. 动物实验在抗疲劳中药研究中的应用现状. 首都体育学院学报，2003，15（1）：93-96.

[62] 孙敬方主编. 动物实验方法 [M]. 北京：人民卫生出版社，2002：92-107，154-160，356-358，459-509.

[63] 林松毅. 复方中药功能液抗疲劳和耐缺氧作用功能学评价的方法研究（D），吉林大学博士论文，2005 年.

[64] Lin Songyi, Yin Yongguang, Liu Jingbo, Cheng Sheng. Anti-anoxic effects for mice of functional liquid from Chinese traditional compound medicine. *Jilin Daxue Xuebao（Gongxueban）/Journal of Jilin University（Engineering and Technology Edition）*, vol 35（1），January，2005：106-110.

[65] Lin Songyi, Liu Jingbo, Cheng Sheng. Experimental study of anti-fatigue on the functional liquid of Chinese traditional medicine. *Food Science*, 2005（9）.

[66] 郑建仙编著. 现代功能性粮油制品开发. 北京：科学技术文献出版社，2003.

[67] 石彦国主编. 大豆制品工艺学（第二版）. 北京：中国轻工业出版社，2005.

[68] 王凤翼，钱方等编著. 大豆蛋白质生产与应用. 北京：中国轻工业出版社，2004.

[69] 李里特，王海主编. 功能性大豆食品. 北京：中国轻工业出版社，2002.

[70] 李里特主编. 大豆加工与利用. 北京：化学工业出版社，2004.

[71] 江洁，王文侠，栾广忠编. 大豆深加工技术. 北京：中国轻工业出版社，2004.

[72] 尤新主编. 功能性发酵制品. 北京：中国轻工业出版社，2000.

[73] 张延坤，刘炳智. 大豆肽在食品工业中的应用 [J]. 食品工业，1997，(3)：5-6.

[74] 宋俊梅，曲静然，徐少萍. 大豆肽的研究进展 [J]. 山东轻工业学院学报，2002，16 (3)：1-3.

[75] 李小满. 大豆异黄酮分子结构、生物活性及其市场现状 [J]. 中国食品添加剂，2002，(2) 66-71.

[76] 黄骊虹. 大豆多肽的生理功能及应用（一）[J]. 北京：食品科技，1999，(3)：50-51.

[77] 雄辉. 大豆多肽提取工艺的研究 [J]. 食品科学，1999，(9)：28-30.

[78] 张延坤，刘国忠. 大豆低聚糖的功能及在食品中的应用 [J]. 食品工业，1999，(3) 4-5.

[79] 郑桂富. 大豆低聚糖在碱液中的浸出及在食品中的加工特性 [J]. 食品工业科技，1999，20 (2)：24-25.

[80] 兰建丽. 大豆低聚糖生产工艺技术 [J]. 大豆通报，2001，(4)：21-22.

[81] 唐传核，彭志英. 大豆功能性成分的开发现状 [J]. 中国油脂，2000，25 (4)：44-47.

[82] 王亚伟，张一鸣. 大豆膳食纤维在面包中的应用 [J]. 郑州粮食学院学报，2000，21 (3)：66-67.

[83] 罗建民，周晓明. 大豆蛋白质及副产物的功能与应用 [J]. 江苏食品与发酵，2001，104 (1)：31-32.

[84] 徐晨. 大豆卵磷脂的提纯研究 [J]. 天然产物研究与开发. 1998，(2)：75-78.